中青年科研领军人才高水平学术文库

岩土工程可靠基础理论及工程应用

陈立宏　著

北京交通大学出版社
·北京·

内 容 简 介

本书在大量一手实验资料的基础上对抗剪强度统计方法、岩土体材料变形特性及对抗滑稳定的影响、可靠度设计方法、分项系数设计等进行了深入的探讨。

本书可供从事岩土工程科研与工程实践的科研人员和工程技术人员参考，也可作为高等学校研究生及高年级本科生教材。

图书在版编目（CIP）数据

岩土工程可靠基础理论及工程应用 / 陈立宏著. —北京：北京交通大学出版社，2022.9

ISBN 978-7-5121-4795-9

Ⅰ. ① 岩… Ⅱ. ① 陈… Ⅲ. ① 岩土工程–可靠性–计算方法 Ⅳ. ① TU4

中国版本图书馆 CIP 数据核字（2022）第 167469 号

岩土工程可靠基础理论及工程应用
YANTU GONGCHENG KEKAO JICHU LILUN JI GONGCHENG YINGYONG

责任编辑：刘 辉
出版发行：北京交通大学出版社　　电话：010–51686414　　http://www.bjtup.com.cn
地　　址：北京市海淀区高梁桥斜街 44 号　　邮编：100044
印 刷 者：北京虎彩文化传播有限公司
经　　销：全国新华书店
开　　本：185 mm×260 mm　　印张：12.375　　字数：283 千字
版 印 次：2022 年 9 月第 1 版　　2022 年 9 月第 1 次印刷
定　　价：52.00 元

本书如有质量问题，请向北京交通大学出版社质监组反映。对您的意见和批评，我们表示欢迎和感谢。
投诉电话：010-51686043，51686008；传真：010-62225406；E-mail：press@bjtu.edu.cn。

序

接触岩土工程可靠度是在二十多年前攻读博士期间，我在导师陈祖煜院士的指导下开展了土石坝坝坡稳定相关的可靠度研究，当时工程界对于可靠度和风险概念在实际应用上有大量的争议。传统的容许应力法将工程中所有材料、荷载、模型乃至人为的不确定性都归结于统一的、单一的安全系数上，伴随着大量的工程经验，传统安全系数法在实际应用中获得了成功和大量的应用。岩土体由于天然变异性较大，采用可靠度和风险框架进行材料变异特性、计算方法、评判标准等方面的研究面临比较大的困难，但是可靠度方法能对工程中不同的不确定性加以一定程度上的定量考虑。采用安全度来评价工程，在工程中有着可观的生命力和应用场景，而且传统安全系数法在处理材料、荷载等不确定性时也采用了保证率或者分位数等可靠度概念来减少设计的不确定性，我们不应把可靠度和传统方法对立起来，而应有选择地采用不同的方法，或者同时采用两种方法来综合评价一个工程，从而为决策提供更科学的依据。随着可靠度研究的深入和发展，目前岩土工程可靠度与风险分析已经被学术界和工程界广泛接受。目前国际国内大量的岩土设计规范纷纷采用基于可靠度的极限状态设计法和分项设计法，这是岩土工程可靠度走向实际运用的良好开端，但是依然存在大量的问题。

博士毕业后，我前往香港科技大学土木学院跟随张利民老师进行了短期的专业学习，同时在陈祖煜院士的带领下进一步开展了土石坝、混凝土坝抗滑等方面的水利工程可靠度与风险研究。在研究过程中，收集了大量土石坝心墙料、堆石坝堆石料、坝基接触面和坝基岩体抗剪强度等方面的一手实验资料，在此基础上针对抗剪强度统计方法、岩土体材料变形特性，以及对抗滑稳定的影响、可靠度设计方法、分项系数设计等进行了深入的研究。近几年我和师弟李旭教授一起在北京交通大学为研究生开设岩土工程可靠度课程，讲授岩土工程可靠度的基本概念、分析方法和工程案例。本书的主要内容即是在这些研究和教学成果的基础上撰写而成的。

感谢导师陈祖煜院士多年如一日的指导，感谢师兄王玉杰教授，师弟李旭教授，孙平教授，赵宇飞教授，师弟陈文，学生柴小兵、秦晓鹏、王思敏等在本书撰写过程中提供的支持和所做的工作。

由于作者水平有限，书中难免存在错误和不足之处，恳请广大读者批评指正。

作　者

2022年8月于北京

目录

第1章 综　述

岩土体是通过长期的地质风化作用而形成的，由于矿物组成和沉积条件不同，使得岩土参数具备了很强的变异性，其空间变异性在局部上表现出随机性，而在整体上却又表现出其结构性，因而其又具有天然的不确定性和离散性。不仅不同场地的岩土的性质有很大差异，即便是同一场地的岩土，其性质也有所不同。一方面由于室外勘察试验的限制，经费、设备条件及实际现状的约束，人们无法精确掌握地基岩土中每一点的信息，只能对某一个点进行近似的估计。另一方面，虽然随着岩土力学的发展和计算机技术的提高，复杂的本构模型及有限元等强大的计算手段不断成熟，但是合理模型参数的获取依然是工程的瓶颈。所谓上天容易入地难，其中很大的原因在于很难准确掌握岩土体的工程性质。因此在实际的工程中，工程师们在进行工程设计和安全评价时，不仅要很好地了解已经掌握的各种基础资料、数据，以及相关的分析、判断手段，而且更需要把握在分析过程中所包含的各项不确定因素及其影响。工程建设中的重大决策实际上往往是综合了各种不确定因素和随机因素造成的风险的评价及经济与安全的平衡。

岩土工程问题存在着天然的不确定性，处理不确定性是岩土工程师一项重要的工作内容。诚如 1964 年，Casagrande 在太沙基讲座所提及的那样，“风险作为一种用来包含和评估工程实践中诸多不确定和无法预测因素而导致工程失事的一种手段时，是所有岩土工程中先天固有的”。在当今的工程技术还没有发展到能准确确定这些因素时，工程技术人员应清醒地意识到不确定性在工程实践中的先天存在性，并运用安全与经济相平衡的原则对工程的风险进行分析计算。

传统的确定性方法将不确定的因素和参数都定值化，然后把所有的不确定因素都归结于安全系数上。随着科学的发展，人们渐渐发现在很多情况下，仅用安全系数无法很好地评价工程或者结构，很难完整地考虑各种不确定性的影响。例如大家熟知的土体抗剪强度往往用摩擦系数和黏聚力两个指标来衡量，而众所周知，黏聚力的不确定性比摩擦系数要高很多，用同一个安全系数来评价往往与实际情况不相符。在水利水电工程中坝体或者深层抗滑稳定出现剪摩和纯摩两种就是一个典型例子。而可靠度理论能够在工程设计中正式地包括不确定因素并评估其在实施中的影响，例如为摩擦系数和黏聚力应用不同的分项系数，从而为风险的定量分析提供一个正式的基础，同时在信息不完整时也能提供一个可靠的决策基础。确定性方法和可靠度分析的成果能够互为补充，从而提高分析成果的精度。

在20世纪70年代早期引入概率方法后，进行风险分析和可靠度研究成了岩土工程的一个重要研究方向。近年来，风险分析成为结构和岩土工程师日益关注的课题。一大批著名学者都以这一方向发表了许多重要的论文。在此基础上，许多学术机构也编制了有关风险分析及基于可靠度的指导手册、规范等。

20世纪70年代末，国内才开始开展岩土工程可靠度方面的研究工作，至今取得了不少可喜的进展。例如在基础沉降、承载力和稳定的可靠度分析，边坡、围岩稳定等方面取得了一批成果。1983年，中国力学学会岩土力学专业委员会在同济大学举行了“概率论与统计学在岩土工程中的应用专题座谈会”，1986年，在长春召开了“岩土力学参数的分析与解释讨论会”。我国在工程结构可靠度研究的过程中，先后编制了《工程结构可靠度设计统一标准》《水利水电工程结构可靠度设计统一标准》等6本统一标准，主要采用以随机可靠度理论为基础、以分项系数表达的概率极限状态设计方法，作为我国土木、建筑、水利等专业结构设计规范改革、修订的准则。20世纪80年代后，建筑、水利、铁道、港口、公路等专业的规范进行了大规模的修订或新编，从原先以安全系数为主的传统方法转向以概率分析为基础的极限状态设计法，工程界形象地称这一过程为“转轨”。

目前，可靠度方法已经应用在岩土工程的许多领域中，例如勘测过程的设计、岩石节理模型、滑坡风险评价、隧道设计、海上基础性能、大坝风险分析，等等。近年来，在岩土设计中使用概率理论、可靠度概念及风险分析已成为趋势。

在风险分析中，最关键的问题是分析和评估不确定因素。2017年，洪华生和邓汉忠将工程中的不确定性分为与天然随机性有关的固有型不确定性及对客观世界预测和估计不精确性有关的认知型不确定性两类。1995年，Morgenstern则将岩土工程分析中包含的不确定因素分为人为的不确定因素、模型的不确定因素和参数的不确定因素三大类。人为不确定因素指由于人们的行为不当导致的岩土工程失事。最常见的例子是勘察、设计和施工质量方面的问题。模型的不确定因素反映了采用的分析方法在模拟实际情况方面的局限性。由于岩土体自身物理力学特性的复杂性和应力依赖性，几乎所有的岩土工程数学模型在模拟岩土材料的特性时都存在近似性，例如莫尔–库仑强度准则、达西渗透定律等在模拟岩土材料抗剪强度特性方面存在明显的局限。这些例子所包含的误差总体来说是较小的。

对于岩土材料参数，受制于勘察的精度和覆盖面、室内外实验的约束条件、土体的代表性、土体模型不完备等一系列问题，参数的不确定性在岩土工程问题中非常突出，相应的岩土工程可靠度理论和应用一直以来发展要慢于土木工程的其他领域。

进行岩土工程可靠度分析通常包括两个核心步骤：（1）研究影响结构稳定性的材料、荷载等各项参数的变异特征，包括均值、标准差等特征参数及概率分布型式等，对于岩土工程问题，由于材料变异性问题非常突出，研究主要建立在对岩土材料基本特性上。（2）计算可靠指标和失效概率。在确定的各种影响因素和自变量的概率特性和变异特征基础上，结合一次二阶矩法、响应面法、蒙特卡罗法等可靠度计算方法及工程经验来计算和评估对象在承载力和功能上的失效可能与风险。

本书主要针对岩土材料特性及相应的可靠度计算方法展开，首先对常见的参数概率特性统计方法进行了深入的讨论，结合大量的实测数据阐述了作者对抗剪强度指标统计方法的研究成果，同时讨论了抗剪强度指标的概率分布特性对稳定计算结果的影响，系统地介绍了目前常用的各种可靠度计算方法，改进了常规响应面法和子集模拟法，提出了基于事件的并行可靠度计算方法应用于大坝变形可靠度和隧道衬砌可靠度的计算。

第2章　抗剪强度指标的统计方法

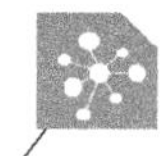

2.1　概　述

土体的抗剪强度指标是岩土工程中十分重要的参数。对于边坡稳定、地基承载力、挡土结构物土压力等问题，抗剪强度指标选择的合理与否及对其离散性的评价都直接影响工程的安全性与经济性。

计算参数的确定是可靠度研究面临的首要问题，参数的准确统计对可靠度研究具有决定性的影响。如果不能科学地确定计算参数，相应的可靠度计算难免会成为一种数学游戏。也正是在确定参数统计特性方面的困难，使可靠度分析在岩土工程中的推广遇到了重大的障碍。

抗剪强度指标——黏聚力c和摩擦角φ或者摩擦系数f几乎是所有岩土工程研究中必需的参数。其确定方法可以分为两大类：经验方法和数理统计方法。

在大量采样和试验的基础上，应用矩法和线性回归两种数理统计方法确定参数的均值和方差是目前最常用，也是最准确的方法。

矩法同时适用于三轴试验和直剪试验，而且简单易行，因此在实际中应用较多，也是各种规范或者规程中通常采用的方法，但是由于抗剪强度试验每组的点数通常只有3～4个，从统计意义上来说，样本数量远不能满足要求，试验误差和人为因素影响较大。分组线性回归存在同样的问题。

将各组的试验点放在同一个坐标系中进行综合线性回归能够较好地解决样本容量问题，同时消除了每组试验获得的c和f本身包含的误差，因此这种方法也应用得十分广泛。例如土工试验规程（SDS01-79）中就曾提出采用最小二乘法线性回归统计，1986年，高大钊推导了完整的直剪试验c、φ的统计公式。

1989年，黄传志、孙万禾提出了适用于直剪试验的假定抗剪强度指标c和f为独立不相关的随机变量的简化相关法。1996 年，孙万禾等又提出具有相同假设的τ平均法，这种方法为港口工程地基规范所采用。

2002 年，杨强利用可靠度方法对抗剪强度指标进行统计。他使用莫尔–库仑强度准则作为功能函数，认为每个试验点对应的一组抗剪强度指标为满足极限状态方程且出现概率最大的数值，即满足极限状态方程的设计验算点，并将这种方法应用于二滩水电站岩体抗剪强度的确定。

对于三轴试验，由于无法直接对莫尔强度包线进行线性回归，因此需要利用破坏主应力线和莫尔强度包线的几何关系。1986 年，高大钊提出首先在$p-q$平面内拟合破坏主应力线，然后根据破坏主应力线和破坏包线的关系求得黏聚力和摩擦系数的均值、标准差和协方差。1981 年，熊兴邦提出的也是相同的方法。这种方法是目前三轴试验成果整理的通用方法。而 1970 年，Lumb 认为常规三轴试验量测得到的是σ_1和σ_3，而不是p和q，因此采用σ_1和σ_3来进行线性回归更为直接，但是 Lumb 并没有讨论这两种方法的区别与联系。

经验方法包括“3σ”法、图形“3σ”法，或者利用基本力学参数相关研究的变量（陈祖煜，赵毓芝于 1995 年提出），利用发表的数据（Duncan 于 2000 年，Chowdhury 于 1982 年提出）和有经验的专家的工程判断（Duncan 于 2000 年提出），等等。根据岩土材料试验资料整理统计参数，经常受到一些试验因素的制约，例如土工试验的组数，试验本身的误差等，因此，在确定材料变异特性时，引入一些其他的分析方法，通过综合分析，最终确定统计参数，是十分有益的。

本章以概率论为基础，结合珍贵的试验资料——沟后大坝坝体填筑料三轴试验结果、关中灌区 6 座大坝坝体填筑料的 CU 试验结果，以及小浪底大坝斜心墙填筑土的 64 组 320 个原状样的三轴固结排水试验结果，对土体抗剪强度指标的各种统计方法进行了研究和讨论，分析了现在常用的根据三轴试验结果利用$p-q$回归求解抗剪强度指标的方法存在的理论缺陷与误差，同时讨论了直接应用回归结果进行可靠度分析时存在的问题，并提出了解决方法。

2.2　土体抗剪强度指标的统计方法

2.2.1　矩法

矩法是较为常用的一种统计方法，它适用于三轴试验和直剪试验。即根据每组试验，利用作图法绘制破坏包线求得c、f，然后进行矩法统计，也就是说，对n组c和$f=\tan\varphi$或φ的成果，分别按下式计算其均值和标准值：

$$\mu_x=\frac{1}{n}\sum_{i=1}^{n}x_i \tag{2-1}$$

$$\sigma_x = \sqrt{\frac{1}{n-1}\sum_{i=1}^{n}(x_i - \mu_x)^2} \tag{2-2}$$

式中：x 为 c、$\tan\varphi$ 或 φ。

《建筑地基基础设计规范》（GB 50007—2011）附录 E 对抗剪强度指标规定，样本数量 n 的修正系数的计算公式为：

$$\psi = 1 - \left(\frac{1.704}{\sqrt{n}}\right) + \left(\frac{4.678}{n^2}\right)\delta_x \tag{2-3}$$

式中：δ_x 为随机变量 x 的变异系数，即 $\delta_x = \sigma_x / \mu_x$。

修正后的μ_x为：

$$\mu_x' = \psi\mu_x \tag{2-4}$$

式中：ψ为修正系数。

由于矩法在求解 c、f 时忽略了同组试验的变异性，而且通常每组试验所测的应力级数都很少，一般仅有 3～4 个试验点，从统计意义上来说，样本数量远远不能满足要求，试验误差和人为因素影响较大。对每一组（设共有 n 组）土样的若干个法向应力级求解获得 c 和 f 时，本身包含一个层次的误差，作图法会引入一些人为误差，如果在求解 c、f 时使用线性回归，则很可能会因为个别点的异常导致出现黏聚力为负数的情况。对 n 组 c 和 f 进行统计，获得其均值和方差时，再出现一个新的层次的误差。通常对一种土不可能进行很多组试验，即 n 值较小，较难获得真正具有统计意义的成果。其分析成果的合理性、准确性通常有所欠缺。特别是得到的抗剪强度指标的标准差往往偏大。为了得到较好的统计结果，除了要减少试验误差外，还需要增加每组试验的应力级数，这将导致试验成本的上升。

2.2.2 简化相关法和τ平均法

简化相关法为黄传志、孙万禾于 1989 年提出的一种抗剪强度指标统计方法。τ 平均法是港口工程地基规范中采用的方法（孙万禾等于 1996 年提出）。这两种方法目前都只适用于直剪试验，它们共同的特点在于假定抗剪强度参数 c 和 f 为独立不相关的随机变量。因此有：

$$\sigma_\tau^2 = \sigma_c^2 + p^2\sigma_{\tan\varphi}^2 \tag{2-5}$$

式中：σ_τ、σ_c 和 $\sigma_{\tan\varphi}$ 分别为剪应力、黏聚力 c 和摩擦系数 $\tan\varphi$ 的标准差；

p 为正应力。

如图 2–1 所示，孙万禾等于 1996 年很清楚地说明了用这两种方法求解标准差的方法。

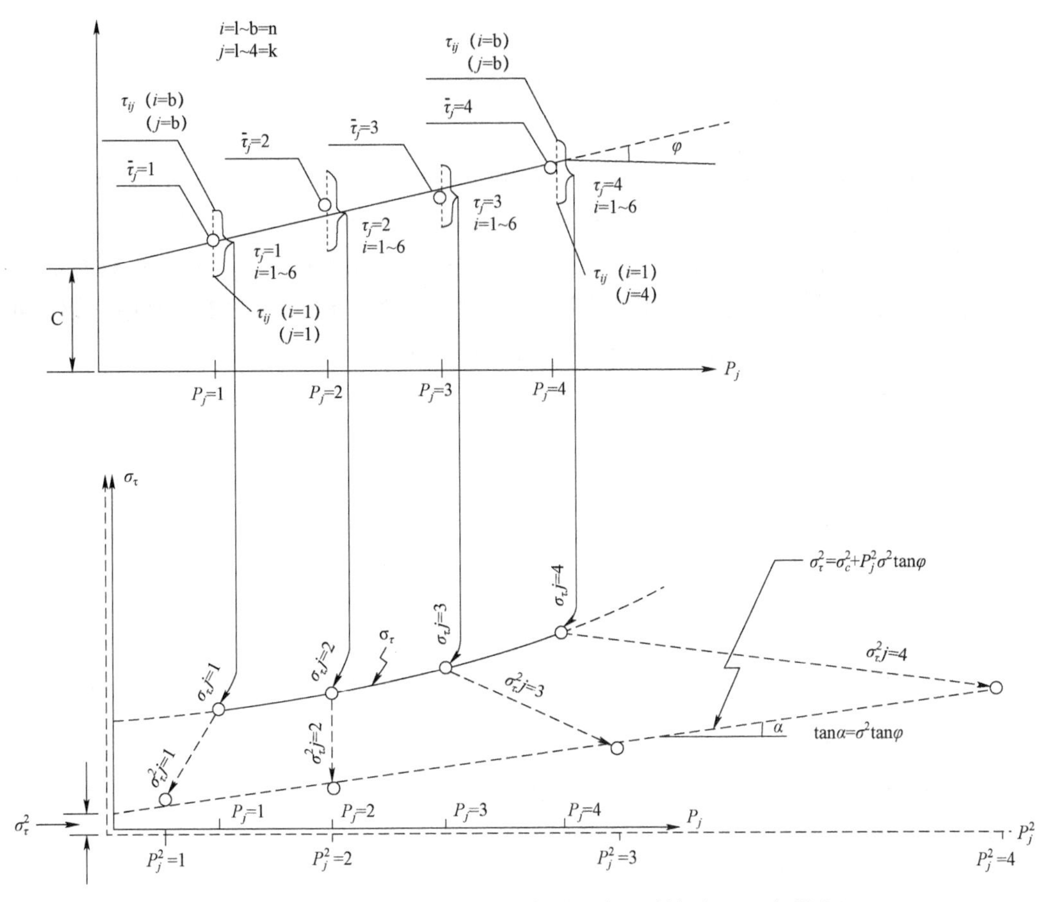

图 2-1　抗剪强度标准差求解示意图（孙万禾等于 1996 年提出）

首先利用矩法求解各应力级别下剪应力的标准差，然后使用线性回归式（2-5）求解黏聚力 c 和摩擦系数 $\tan\varphi$ 的标准差。

简化相关法用矩法统计均值，而 τ 平均法首先求解各应力级别下剪应力的平均值，然后利用线性回归计算抗剪强度指标的均值。有关线性回归的计算公式可参阅附录 A。

这两种方法存在的首要问题依然是样本的数量不足，特别是线性回归标准差，通常仅有 3～4 个点，很难得到理想的结果。而且它们无法反映不同应力级别试验点数不同所造成的影响。此外，抗剪强度参数 c 和 f 一般是相关的（范明桥于 1997 年提出），假设它们不相关，将相关系数的影响综合在标准差内与实际情况会出现一定的误差。

2.2.3　综合线性回归法

将各组试验的点放在同一个坐标系中进行综合线性回归，一次求得两个指标的均值和标准差，不仅解决了试验样本的数量问题，而且消除了每组试验获得的 c 和 f 本身包含的误差（高大钊于 1986 年提出）。

1. τ–σ 法

这种方法适用于直剪试验，利用莫尔–库仑强度准则线性回归式（2-6）求解 c 和 f

的相关参数。有关公式可参阅附录 A 或高大钊于 1986 年发表的文献。

$$\tau = c + f\sigma \tag{2-6}$$

2. $p-q$ 法

三轴试验无法直接得到τ和σ，因此需要进行一定的变换。首先根据 p（这里也可以是p'，具体按需要求解的指标而定）与 q 拟合破坏主应力线，求得破坏主应力线的斜率 k 和截距 a_f，然后根据破坏包线和破坏主应力线之间的关系求得 c 和 f 的相关参数。这也是目前抗剪强度参数统计中最常用的方法之一。高大钊在 1986 年发表的文献中介绍的就是这种方法。为了方便叙述，本书将该方法命名为 $p-q$ 法。

破坏主应力线的方程为：

$$q = a_f + kp = c\cos\varphi + p\sin\varphi = C + Dp \tag{2-7}$$

式中：C 和 D 为系数，$C=c\cos\varphi$，$D=\sin\varphi$

所以有：

$$\begin{cases} f = \tan\varphi = \tan(\arcsin D) \\ c = C/\cos\varphi = C/\cos(\arcsin D) \end{cases} \tag{2-8}$$

由于 c 和 f 的相关参数无法根据线性回归的公式直接得到，因此需要根据泰勒级数展开、线性回归及概率的一些基本知识（盛骤等于 1995 年，Guest 于 1961 年提出）得到间接线性回归的计算公式。

根据附录 A 中式（A-11），c 和 f 的数学期望值为：

$$\begin{cases} f_m = \tan(\arcsin D_m) \\ c_m = C_m/\cos(\arcsin D_m) \end{cases} \tag{2-9}$$

式中：下标 m 表示该值的数学期望。

而

$$\frac{\partial f}{\partial D} = \frac{1+\tan^2\varphi}{\sqrt{1-D^2}} \tag{2-10}$$

$$\frac{\partial c}{\partial C} = \frac{1}{\cos\varphi} \tag{2-11}$$

$$\frac{\partial c}{\partial D} = \frac{CD}{(1-D^2)^{1.5}} \tag{2-12}$$

所以根据式（A-12）和式（A-14），得 c 和 f 的方差及协方差为：

$$\mathrm{var}(f)=\left(\frac{\partial f}{\partial D}\right)^2\sigma_D^2 \tag{2-13}$$

$$\mathrm{var}(c)=\left(\frac{\partial c}{\partial C}\right)^2\sigma_C^2+\left(\frac{\partial c}{\partial D}\right)^2\sigma_D^2+2\frac{\partial c}{\partial C}\frac{\partial c}{\partial D}\mathrm{cov}(C,D) \tag{2-14}$$

$$\mathrm{cov}(f,c)=\frac{\partial f}{\partial D}\frac{\partial c}{\partial D}\sigma_D^2+\frac{\partial f}{\partial D}\frac{\partial c}{\partial C}\mathrm{cov}(C,D) \tag{2-15}$$

3. $\sigma_1-\sigma_3$ 法

在常规三轴试验中，试验量测得到的是σ_1和σ_3，而不是 p 和 q，而且σ_3的变化是受到控制的，Lumb 于 1970 年提出采用σ_1和σ_3进行线性回归的方法，他认为这种方法更为直接。本书将该方法命名为$\sigma_1-\sigma_3$法。Lumb 于 1970 年假设 c 和 f 不相关，因此给出的公式中没有协方差，而且文中黏聚力 c 的方差公式有误。下面给出完整的计算公式。

破坏包线的方程为：

$$\sigma_1=2c\tan(\varphi/2+\pi/4)+\sigma_3\tan^2(\varphi/2+\pi/4)=A+B\sigma_3 \tag{2-16}$$

式中：A 和 B 为系数，$A=2c\tan(\varphi/2+\pi/4)$，$B=\tan^2(\varphi/2+\pi/4)$

所以有：

$$\begin{cases}f=\tan\varphi=\tan\left(2\arctan B^{0.5}-\pi/2\right)\\c=A/2\tan(\varphi/2+\pi/4)=A/2B^{0.5}\end{cases} \tag{2-17}$$

根据式（A−11），c 和 f 的数学期望值为：

$$\begin{cases}f_m=\tan\left(2\arctan B_m^{0.5}-\pi/2\right)\\c_m=A_m/2B_m^{0.5}\end{cases} \tag{2-18}$$

而

$$\frac{\partial f}{\partial B}=\frac{1+f^2}{(1+B)b^{0.5}} \tag{2-19}$$

$$\frac{\partial c}{\partial A}=\frac{1}{2B^{0.5}} \tag{2-20}$$

$$\frac{\partial c}{\partial B}=\frac{-A}{4B^{1.5}} \tag{2-21}$$

c 和 f 的方差及协方差的公式与式（2−13）～式（2−15）相似，只是将公式中相应的 C 改为 A、D 改为 B 即可。

2.3 $p-q$ 法和 $\sigma_1-\sigma_3$ 法的比较

2.3.1 理论分析

Lumb 于 1970 年发表的文献只是认为 $\sigma_1-\sigma_3$ 法采用的是直接的试验成果，因而比 $p-q$ 法来得直接，但是他并没有对这两种方法的联系与区别进行讨论。

线性回归方程 $y=a+bx$ 时，假设 x 为定值，y 为随机变量。在常规三轴试验中小主应力是受控制的自变量，为确定值，而大主应力是量测的因变量，那么采用 $\sigma_1-\sigma_3$ 法是合乎回归分析这一要求的。

$p-q$ 法拟合时的自变量和因变量都包含大主应力，因此自变量中含有随机变量大主应力的误差，这就违背了回归分析的基本要求。

为了方便理解和使问题更一般化，用 x 代替 σ_3，y 代替 σ_1。那么有：

$$y=A+Bx \tag{2-22}$$

$$\frac{y-x}{2}=q=C+Dp=C+D\frac{y+x}{2} \tag{2-23}$$

根据式（A-2）和式（A-3）有：

$$D=\frac{\sum p_iq_i-n\overline{pq}}{\sum p_i^2-n\overline{p}^2}=\frac{\sum y_i^2-\sum x_i^2-n\left(\overline{y}^2-\overline{x}^2\right)}{\sum y_i^2+\sum x_i^2+2\sum x_iy_i-n\left(\overline{y}^2+\overline{x}^2+2\overline{xy}\right)} \tag{2-24}$$

$$C=\overline{q}-D\overline{p} \tag{2-25}$$

所以有：

$$\frac{1+D}{1-D}=\frac{\sum x_iy_i-n\overline{xy}+\sum y_i^2-n\overline{y}^2}{\sum x_i^2-n\overline{x}^2+\sum x_iy_i-n\overline{xy}}=\frac{B\left(\sum x_i^2-n\overline{x}^2\right)+\sum y_i^2-n\overline{y}^2}{(1+B)\left(\sum x_i^2-n\overline{x}^2\right)} \tag{2-26}$$

$$\begin{aligned}\sum y_i^2-n\overline{y}^2&=\sum y_i^2-\sum\left(A+Bx_i\right)^2+\sum\left(A+Bx_i\right)^2-n\overline{y}^2\\&=\delta_y^2+B^2\left(\sum x_i^2-n\overline{x}^2\right)\end{aligned} \tag{2-27}$$

式中：δ_y^2 为实际值与理论值之间的误差平方和。

$$\delta_y^2=\sum\left(y_i-A-Bx_i\right)^2 \tag{2-28}$$

联立式（2–25）、式（2–26）、式（2–27）和式（2–28），得：

$$\frac{1+D}{1-D}=B+\frac{\delta_y^2}{(1+B)\left(\sum x_i^2-n\overline{x}^2\right)}=B+\Delta B\geqslant B \tag{2-29}$$

$$\frac{2C}{1-D}=\frac{(\overline{y}-\overline{x})-D(\overline{y}+\overline{x})}{1-D}=\overline{y}-\overline{x}\frac{1+D}{1-D}\leqslant A \tag{2-30}$$

式（2–29）中 $\Delta B=\dfrac{\delta_y^2}{(1+B)\left(\sum x_i^2-n\overline{x}^2\right)}$

如果 y 没有误差，即 $\delta_y=0$，那么有：

$$B=\frac{1+D}{1-D} \tag{2-31}$$

$$A=\frac{2C}{1-D} \tag{2-32}$$

两种方法完全等效，但是试验数据总是存在误差的，因此两种方法的结果会出现差异，而且差异的大小与误差平方和 δ_y^2 的大小成正比。这种差异的本质在于 $p-q$ 法的自变量是一随机变量，使得因变量的方差依赖于自变量，违反了线性回归的前提。由于黏聚力 c 小于小主应力 σ_3 或 p 的均值，所以两种方法求得的摩擦系数 f 虽然变化不大，但是由此造成黏聚力 c 的大小差异很大。目前在实践中几乎都是采用 $p-q$ 法来求解 c 和 f，因此获得的黏聚力 c 都偏小。

2.3.2　工程实例 1：青海沟后水库大坝

青海沟后水库大坝（沟后大坝）是一座混凝土面板砂砾石坝，1993 年 8 月 27 日大坝突然溃决。此后，许多科研单位对失事的技术原因进行了研究，其中中国水利水电科学研究院（周晓光，晁华怡于 1996 年）、清华大学（刘凤德，殷昆亭于 1996 年）和南京水利水电科学研究院（沈瑞福，朱铁于 1996 年）独立地进行了坝体砂砾料的大三轴剪切试验。综合三家的数据进行线性回归分析，沟后大坝坝体砂砾料三轴试验成果如图 2–2 所示。从 $p'-q$ 拟合图中发现截距 $c=-5.932$ kPa，这样就得到了一个负的黏聚力。沟后大坝坝体砂砾料抗剪强度参数如表 2–1 所示。这一计算结果表明 $p-q$ 法是不合理的，在一些情况下还会出现黏聚力为负值的荒谬结论。而 $\sigma_1-\sigma_3$ 法的黏聚力为 8.082 kPa，符合坝体砂砾料含细粒土少（4%）、黏聚力小的特点。本例中黏聚力的标准差很大，主要原因可能是试验结果来自不同的单位，试样级配略有差异。

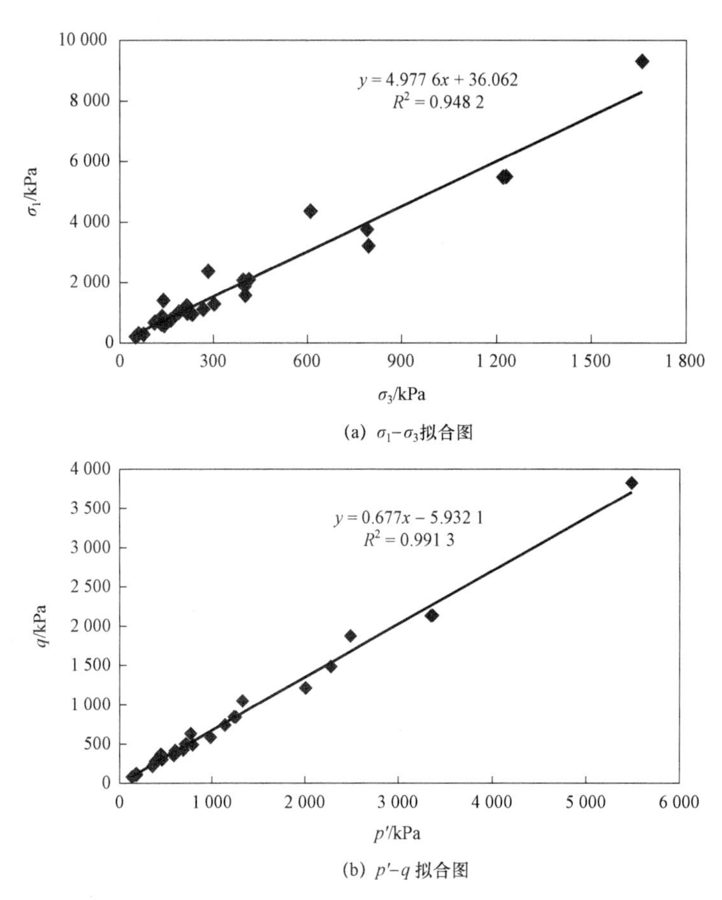

(a) $\sigma_1-\sigma_3$拟合图

(b) $p'-q$ 拟合图

图 2-2　沟后大坝坝体砂砾料三轴试验成果

表 2-1　沟后大坝坝体砂砾料抗剪强度参数

方法	$f=\tan\varphi$		c/kPa		ρ
	μ	σ	μ	σ	
$p-q$ 法	0.923	0.029 8	−13.172	19.121	−0.552
$\sigma_1-\sigma_3$ 法	0.891	0.029 6	8.082	19.238	−0.553

2.3.3　工程实例 2：陕西关中灌区 6 座水库大坝

1998 年，水利部陕西水利电力勘测设计研究院陕西关中灌区改造时对灌区内 9 座坝高超过 15 m 的水库大坝的填筑料进行了详细的土工试验。这里选取试验结果比较好的王家崖、石堡川等 6 座大坝的坝料三轴固结不排水测孔压试验的结果（水利部西北水利科学研究所于 1998 年；西安理工大学岩土工程研究所于 1998 年；西北农业大学水利与建筑工程学院于 1998 年）进行强度指标的统计分析，试验结果见图 2-3～图 2-8，具体的试验数据见附录 B。

根据前面介绍的公式，采用两种回归方法得到的有效应力抗剪强度指标如表 2–2 所示，为方便对比，采用矩法统计的结果也列在表 2–2 中。

从表 2–2 中不难发现，三种方法计算所得的结果有以下几个特点。

（1）$\sigma_1-\sigma_3$ 法求得的 f 的均值略小于 $p-q$ 法，但是两者的标准差相同，而且变异系数都比较小。

（2）$\sigma_1-\sigma_3$ 法求得的黏聚力 c 的均值大大超过 $p-q$ 法的结果，但是两者的标准差相差不大。

（3）$\sigma_1-\sigma_3$ 法和 $p-q$ 法两种方法求得的相关系数是相同的。

（4）矩法求得的标准差比线性回归所得的标准差大，c 和 f 的相关系数绝对值一般也较大。

（5）矩法求得的平均值与 $\sigma_1-\sigma_3$ 法的结果比较接近。矩法的 f 值一般小于 $p-q$ 法，其 c 值大于 $p-q$ 法的计算结果。

前两个特点与 2.3.1 节中推导的结论完全吻合，这充分说明目前常用的 $p-q$ 法高估了摩擦系数，低估了黏聚力。泔河大坝利用 $p-q$ 法求得了负的黏聚力，这与沟后大坝的试验统计结果相似，说明 $p-q$ 法导致了一个谬误的结论。本例中 $p-q$ 法对黏聚力平均值估计的误差很大，多个结果仅为 $\sigma_1-\sigma_3$ 法的一半。而矩法平均值与 $\sigma_1-\sigma_3$ 法的结果相近说明 $\sigma_1-\sigma_3$ 法的正确性。因此无论采用确定性方法，还是可靠度分析，在抗剪强度参数统计时，应当抛弃传统的、惯用的存在系统误差的 $p-q$ 法，而采用 $\sigma_1-\sigma_3$ 法。

表 2–2　采用两种回归方法及矩法得到的有效应力抗剪强度指标

工程	方法	f=tanφ			c/kPa			ρ
		μ	σ	V	μ	σ	V	
王家崖	$p-q$ 法	0.680	0.027	3.9%	7.237	7.407	102.3%	−0.870
	$\sigma_1-\sigma_3$ 法	0.646	0.026	4.1%	15.780	7.116	45.1%	−0.928
	矩法	0.601	0.031	5.1%	26.100	23.120	88.6%	−0.63
石堡川	$p-q$ 法	0.547	0.025	4.5%	11.181	9.868	88.3%	−0.863
	$\sigma_1-\sigma_3$ 法	0.515	0.025	4.8%	22.940	9.480	41.3%	−0.916
	矩法	0.527	0.07	13.3%	19.450	7.830	40.3%	−0.393
信邑沟	$p-q$ 法	0.535	0.022	4.1%	8.129	5.412	66.6%	−0.848
	$\sigma_1-\sigma_3$ 法	0.509	0.022	4.3%	13.740	5.186	37.7%	−0.903
	矩法	0.537	0.069	12.8%	12.182	6.147	50.5%	−0.622

续表

工程	方法	$f=\tan\varphi$			c/kPa			ρ
		μ	σ	V	μ	σ	V	
泔河	$p-q$ 法	0.619	0.023	3.7%	−6.275	6.445	−102.7%	−0.877
	$\sigma_1-\sigma_3$ 法	0.590	0.023	3.9%	0.909	6.353	698.9%	−0.903
	矩法	0.524	0.075	14.3%	14.455	7.114	49.2%	−0.276
大北沟	$p-q$ 法	0.680	0.032	4.7%	5.437	9.982	183.6%	−0.880
	$\sigma_1-\sigma_3$ 法	0.627	0.032	5.0%	20.707	9.630	46.5%	−0.928
	矩法	0.609	0.065	10.7%	24.727	19.730	79.8%	0.03
桃曲坡	$p-q$ 法	0.778	0.049	6.3%	2.534	17.705	698.7%	−0.924
	$\sigma_1-\sigma_3$ 法	0.661	0.048	7.3%	44.262	16.860	38.1%	−1.021
	矩法	0.575	0.125	21.7%	39.097	37.151	95.0%	−0.985

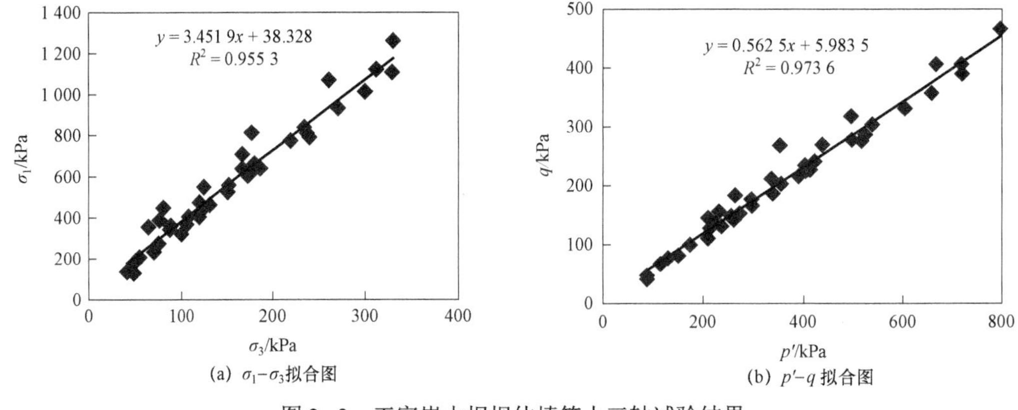

(a) $\sigma_1-\sigma_3$拟合图　　(b) $p'-q$ 拟合图

图 2−3　王家崖大坝坝体填筑土三轴试验结果

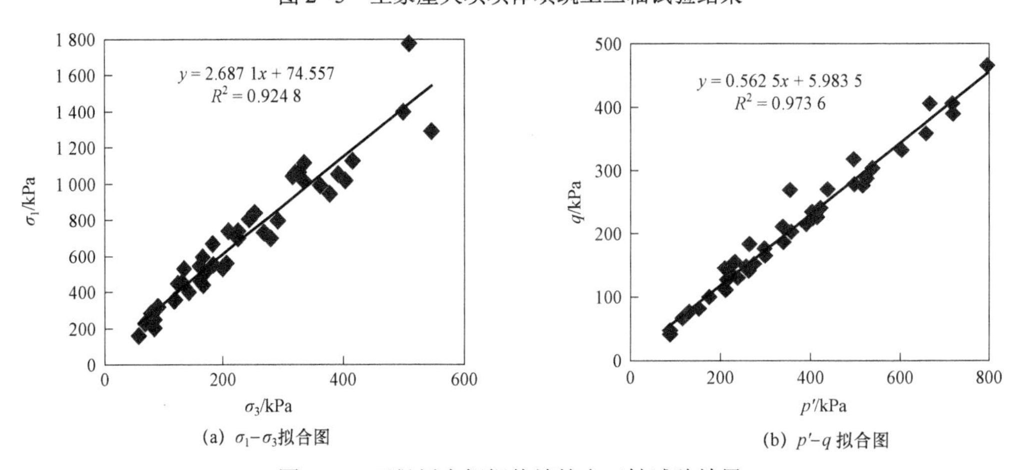

(a) $\sigma_1-\sigma_3$拟合图　　(b) $p'-q$ 拟合图

图 2−4　石堡川大坝坝体填筑土三轴试验结果

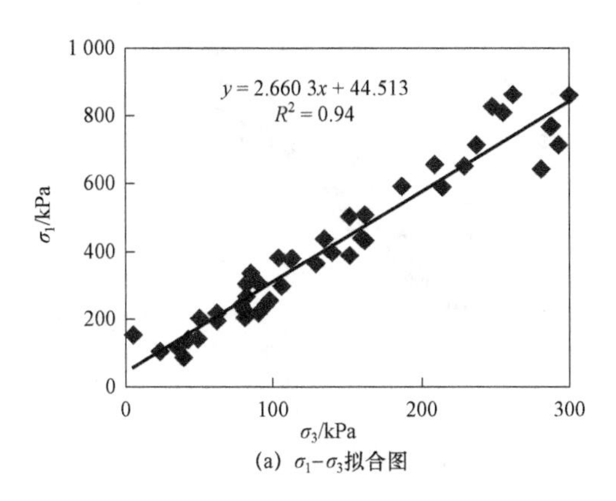

(a) σ_1–σ_3拟合图

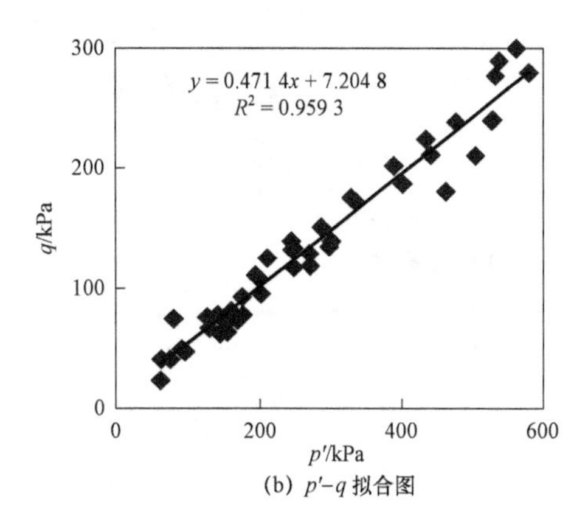

(b) p'–q 拟合图

图 2–5　信邑沟大坝坝体填筑土三轴试验结果

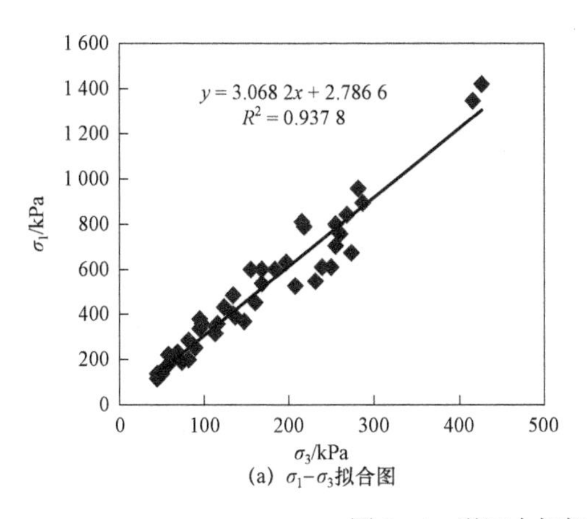

(a) σ_1–σ_3拟合图

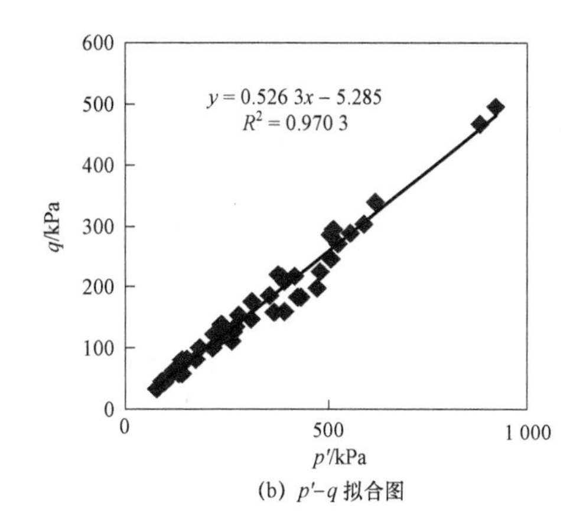

(b) p'–q 拟合图

图 2–6　泔河大坝坝体填筑土三轴试验结果

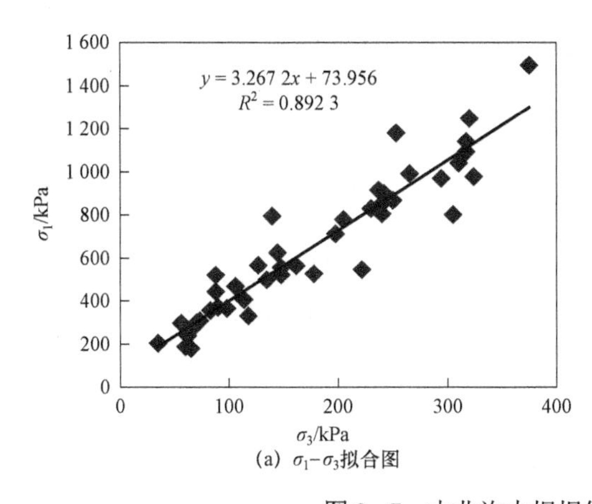

(a) σ_1–σ_3拟合图

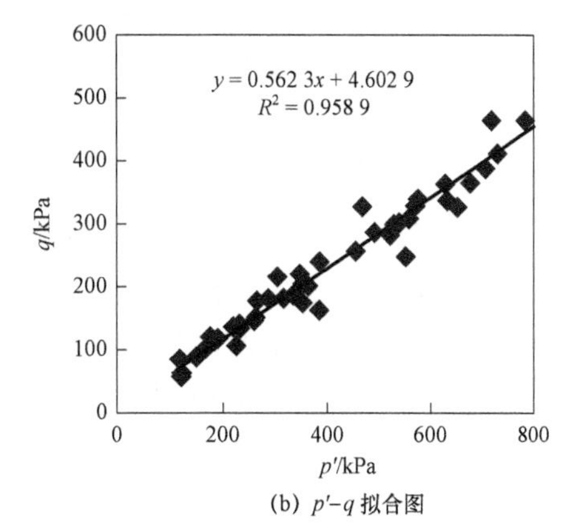

(b) p'–q 拟合图

图 2–7　大北沟大坝坝体填筑土三轴试验结果

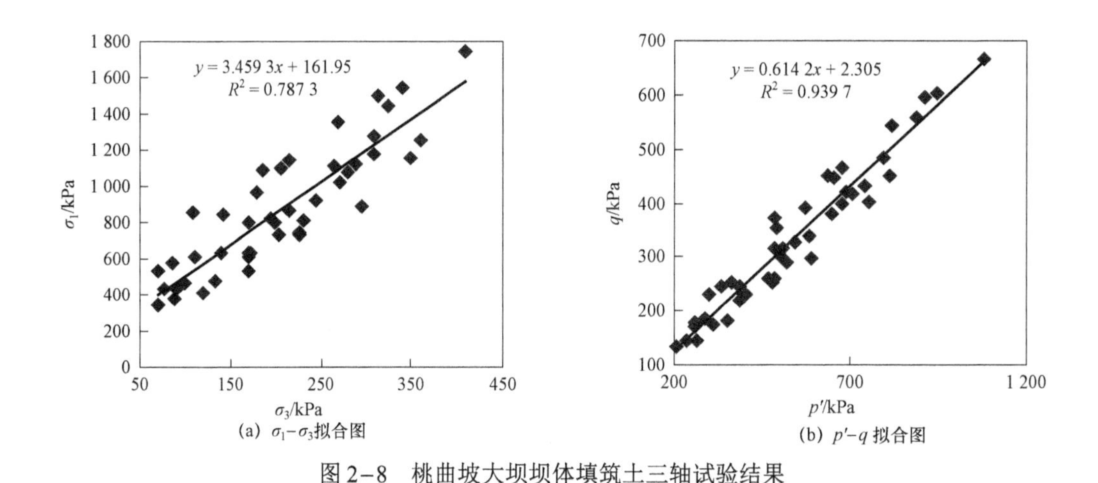

(a) $\sigma_1-\sigma_3$拟合图　(b) $p'-q$ 拟合图

图 2–8　桃曲坡大坝坝体填筑土三轴试验结果

2.4　线性回归方法的改进

2.4.1　预测中的问题

根据概率论，采用常规最小二乘法（即不加权）建立回归方程后，应用

$$\hat{y}=a+bx \tag{2-33}$$

预测 $x=x_0$ 时的 y_0 的取值时，有：

$$E(y_0)=E(\hat{y}_0) \tag{2-34}$$

$$\begin{aligned}\operatorname{var}(y_0-\hat{y}_0)&=\operatorname{var}(y_0)+\operatorname{var}(\hat{y}_0)=\sigma^2+\operatorname{var}(a+bx_0)\\&=\sigma^2+\operatorname{var}(\bar{y}+b(x_0-\bar{x}))=\sigma^2+\operatorname{var}(\bar{y})+(x_0-\bar{x})^2\operatorname{var}(b)\\&=\sigma^2+\frac{\sigma^2}{n}+\frac{(x_0-\bar{x})^2}{\sum(x_i-\bar{x})^2}\sigma^2=\left[1+\frac{1}{n}+\frac{(x_0-\bar{x})^2}{\sum(x_i-\bar{x})^2}\right]\sigma^2\end{aligned} \tag{2-35}$$

式中：σ为 y 的标准差。

从式（2–35）中可以发现，预测的方差包括两部分，一是由回归系数的变异性引起的回归方差 $\operatorname{var}(\hat{y}_0)$，二是 y_0 自身的变异性引起的 $\operatorname{var}(y_0)$。而目前在应用回归分析成果进行滑坡稳定可靠度分析时，只考虑了第一项，即选用由线性回归得到的土体抗剪强度参数 c 和 f 的标准差，然后利用各种可靠度计算方法来分析抗滑稳定安全系数的可靠度。这种方法低估了预测值的变异性。由回归系数 a 和 b 的方差与协方差公式，即式（A–5）、式（A–6）和式（A–7）可知，这些方差值反映的是回归系数与其自身期望值之间的差距，并非回归系数的实际变异性的体现。它们与数据量总数 $n-2$ 成反比，如果 n 足够大，

那么即使 y_0 的变异性再大，它们的方差仍等于 0。由式（A-4）和式（A-5）可以知道：

$$\lim_{n\to\infty}\operatorname{var}(b)=0 \tag{2-36}$$

同样还可以得到在 n 趋向无穷大时，$\operatorname{var}(a)$ 和 $\operatorname{cov}(a, b)$ 也趋于 0。由此可见这一标准差不能反映回归系数本身的变化范围，如果直接用于预测，那么得到的预测值的方差也将趋于 0，这明显与实际不符。黄河小浪底坝体斜心墙黏土的抗剪强度指标统计结果很好地说明了这一点。

2.4.2　工程实例 3：黄河小浪底大坝防渗体

为了检测小浪底工程坝体的填筑质量，黄河水利委员会小浪底工程质量检测联营体于 2001 年从主坝防渗体中采用挖坑取样的方法提取原状土，进行了大量的土工试验。其中进行了 64 组心墙料原状样的 CD、CU 和 UU 三轴试验，每种试验的每一组进行 4～6 个不同应力等级的试验。有关筑坝防渗体原状样的基本特性参见表 C-1，CD 试验的结果参见表 C-2。小浪底大坝心墙料 64 组 CD 试验结果的$\sigma_1-\sigma_3$ 拟合图和 $p'-q$ 拟合图见图 2-9。小浪底大坝心墙料抗剪强度指标统计结果如表 2-3 所示。

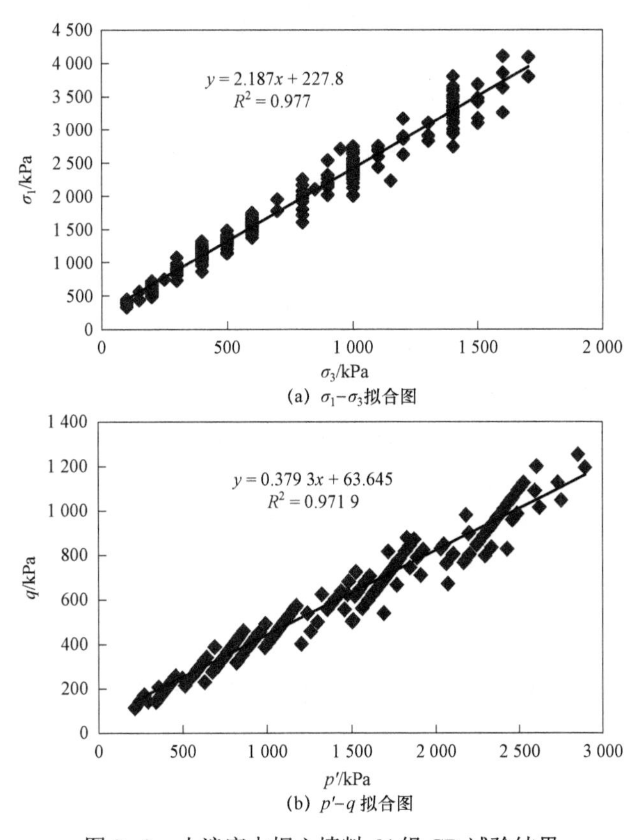

图 2-9　小浪底大坝心墙料 64 组 CD 试验结果

表 2–3　小浪底大坝心墙料抗剪强度指标统计结果

试验组数和点数	方法	$f=\tan\varphi$			c/kPa			ρ
		μ	σ	V	μ	σ	V	
64 组 320 点	$p-q$ 法	0.410	0.005	1.1%	68.1	5.316	7.8%	−0.021
	$\sigma_1-\sigma_3$ 法	0.402	0.005	1.1%	76.45	4.978	6.5%	−0.021
20 组 103 点	$p-q$ 法	0.413	0.009	2.3%	52.61	11.47	21.8%	−0.092
	$\sigma_1-\sigma_3$ 法	0.401	0.009	2.4%	64.52	10.92	16.9%	−0.093
10 组 53 点	$p-q$ 法	0.42	0.013	3.2%	52.27	16.35	31.3%	−0.182
	$\sigma_1-\sigma_3$ 法	0.408	0.013	3.3%	64.35	15.59	24.2%	−0.184
3 组 16 点	$p-q$ 法	0.435	0.019	4.3%	48.24	20.67	42.9%	−0.325
	$\sigma_1-\sigma_3$ 法	0.428	0.019	4.4%	54.49	19.68	36.1%	−0.327
64 组 320 点	矩法	0.419	0.054	12.8%	65.03	24.56	37.8%	−0.565

从表 2–3 中不难发现摩擦系数和黏聚力的变异系数，以及相关系数是随着样本的增加而降低的。

在 64 组试样统计下，小浪底主坝防渗体黏土的黏聚力 c 和摩擦系数 f 的标准差非常小，而且两者的相关系数也很小。如果选择 64 组试验的回归结果直接进行大坝的可靠度分析，那么得到的可靠度指标超过 200（Stab 程序计算上限值）。$\sigma_1-\sigma_3$ 法和 $p-q$ 法的结果比较接近，这主要是因为取样方法保证了试样无扰动，CD 试验结果比较准确，此外大量的数据统计减少了试验误差。随着统计样本减少为 20 组 103 个点、10 组 53 个点和 3 组 16 个点时，摩擦系数和黏聚力的变异系数都逐渐增加，特别是黏聚力的变异系数增加较多。从图上不难发现实际土料抗剪强度存在的变异性肯定要超过这几个不同样本容量回归得到的结果，而这些试验的试验精度都很高，且有 64 组之多，因此可以认为矩法得到的结果比较接近实际，因此直接应用回归结果进行相关的可靠度分析是不合理的。

此外从计算结果中仍可以发现不同样本容量得到的抗剪强度均值的趋势仍然是 $p-q$ 法高估摩擦系数，低估黏聚力。

2.4.3　改进方法

要解决上述问题，一个直接的办法就是将 var（y_0）计入回归系数 a 和 b 的方差中，这样得到的参数就可以完整地考虑预测值的不确定性。由式（2–35）得：

$$\left[1+\frac{1}{n}+\frac{\left(x_0-\bar{x}\right)^2}{\sum\left(x_i-\bar{x}\right)^2}\right]\sigma^2=\mathrm{var}\left(y_0-\hat{y}_0\right)=\mathrm{var}(a+bx_0) \tag{2-37}$$

$$=D(a)+x_0^2D(b)+2x_0\mathrm{COV}(a,b)$$

$$D(a)=\left[1+\frac{1}{n}+\frac{\overline{x}^2}{\sum(x_i-\overline{x})^2}\right]\sigma^2=\mathrm{var}(a)+\sigma^2 \tag{2-38}$$

$$D(b)=\frac{1}{\sum(x_i-\overline{x})^2}\sigma^2=\mathrm{var}(b) \tag{2-39}$$

$$\mathrm{COV}(a,b)=\frac{-\overline{x}\sigma^2}{\sum(x_i-\overline{x})^2}=\mathrm{cov}(a,b) \tag{2-40}$$

其中：$D(a)$、$D(b)$和 $\mathrm{COV}(a, b)$ 分别表示计入 $\mathrm{var}(y_0)$ 后 a 的方差、b 的方差和 a 与 b 的协方差，以与原先不计 $\mathrm{var}(y_0)$ 时的值加以区分。

从上述公式可以看出，采用这种方法只改变了回归系数 a 的方差。在实际使用中会发现这样得到的 a 的方差过高，例如小浪底大坝得到的黏聚力的标准差为 48.19 kPa，大大超过了矩法的 24.567 kPa。这主要是因为σ_1 的标准差并不是常量，而是与σ_3 有关的函数。图 2–10 清楚地表明了这一点。

因此，在因变量的方差或标准差不固定的情况下，需要采用加权的最小二乘法。Lumb（1970）采用的权重为 $w_i=1/(1+kx_i)^2$，即 $s_i=s_0(1+kx_i)$，其中 s_i 为 x_i 对应的残差，s_0 为 $x=0$ 时的残差，k 为根据残差确定的参数。考虑到残差与自变量 x_i 的关系，采用 $s_i^2=s_0^2(k+lx_i)^2$ 这样的关系更具一般性，而且参数 k、l 可利用残差与自变量的线性回归求得，此时 $w_i=1/(k+lx_i)^2$。根据图 2–10，对大主应力残差绝对值和小主应力进行线性回归，有 l=0.120 3，k=21.091（取 s_0=1）。

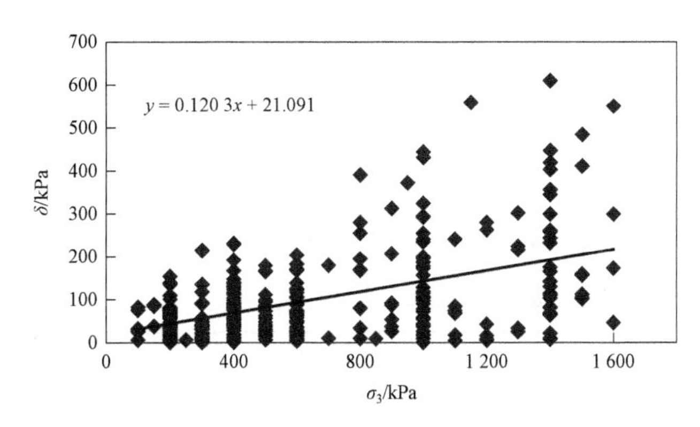

图 2–10　小浪底大坝心墙料 CD 试验大主应力的残差绝对值

此时预测的方差为：

$$\begin{aligned}\mathrm{var}(y_0-\hat{y}_0)&=\mathrm{var}(y_0)+\mathrm{var}(a+bx_0)\\&=(k+lx_0)^2s_0^2+\mathrm{var}(a)+x_0^2\,\mathrm{var}(b)+2x_0\,\mathrm{cov}(a,b)\\&=\left(ks_0^2+\mathrm{var}(a)\right)+x_0^2\left(\mathrm{var}(b)+l^2\right)+2x_0\left[\frac{kl}{2}s_0^2+\mathrm{cov}(a,b)\right]\\&=D(a)+x_0^2D(b)+2x_0\mathrm{COV}(a,b)\end{aligned} \tag{2-41}$$

所以有：

$$D(a)=\mathrm{var}(a)+ks_0^2 \tag{2-42}$$

$$D(b)=\mathrm{var}(b)+l^2 \tag{2-43}$$

$$\mathrm{COV}(a,b)=kls_0^2+\mathrm{cov}(a,b) \tag{2-44}$$

式（2-42）～式（2-44）中 var(a)、var(b) 和 COV(a, b) 应采用加权最小二乘的公式。

因此，抗剪强度指标线性回归求解的过程为：

（1）取权重 $w_i=1$，线性回归求均值和标准差。

（2）计算残差绝对值，对残差进行线性回归求解权重 w_i 的系数 k 和 l。

（3）取权重 $w_i=1/(k+lx_i)^2$，一次线性回归求均值和标准差，将计算结果与前次的均值与标准差比较，如果差值满足要求，停止，否则转向（2）。

对小浪底心墙料的三轴试验结果进行加权回归，得到的抗剪强度参数如表2-4所示。从表中可以发现黏聚力 c 和摩擦系数 f 的标准差不再随数据点数的增加而减小，而且 $p-q$ 法拟合得到的黏聚力的均值依然小于 $\sigma_1-\sigma_3$ 法。

表 2-4　改进后的回归方法求解的小浪底大坝心墙料抗剪强度参数

试验组数和点数	方法	$f=\tan\varphi$			c/kPa			ρ
		μ	σ	V	μ	σ	V	
64 组 320 点	$\sigma_1-\sigma_3$ 法	0.420	0.038	8.94%	62.66	13.34	21.29%	0.713
	$p-q$ 法	0.419	0.049	11.57%	47.47	5.409	11.40%	0.600
20 组 103 点	$\sigma_1-\sigma_3$ 法	0.416	0.051	12.22%	52.72	7.665	14.55%	0.192
10 组 53 点	$\sigma_1-\sigma_3$ 法	0.418	0.053	12.75%	55.76	7.205	12.92%	0.074
3组 16 点	$\sigma_1-\sigma_3$ 法	0.435	0.040	9.24%	49.54	9.817	19.82%	−0.651
64 组 320 点	矩法	0.419	0.054	12.8%	65.03	24.56	37.8%	−0.565

2.5　3σ法和图形 3σ法

Dai 和 Wang 在 1992 年提出，对于一个具有正态分布的参数，99.73%的数据落于($\mu-3\sigma$, $\mu+3\sigma$) 区间。因此，可以理解$\mu-3\sigma$和$\mu+3\sigma$分别为该参数的最小可能值（LCV）和最大可能值（HCV）。因此如果没有足够的试验数据来进行某一参数的变异特性的数理统计分析，那么可以根据经验，首先确定该参数最小和最大可能值，然后根据下式确定该参数的标准差，即：

$$\sigma=\frac{\text{HCV}-\text{LCV}}{6} \tag{2-45}$$

使用这一法则，有可能在数据较少或有数据时根据经验来确定标准差。同时，在通过其他途径确定了标准差后，这一法则也可作为判别成果合理性的一个依据。Harr 于 1987 年提出虽然 3σ 是基于正态分布得到的，但是同样适用于其他的概率分布。

图 2-11 为使用图解法进行现场不排水剪试验成果用“3σ 法则”整理的例子。首先画出代表平均值的线，然后再画出相应最大可能和最小可能数值的线。注意个别点落在两线外，这些点被认为是错误的数据。同样的概念在确定土体强度包线时也十分有用，虽然剪切强度值随正应力而不是深度变化而变化，但是计算过程是一样的。

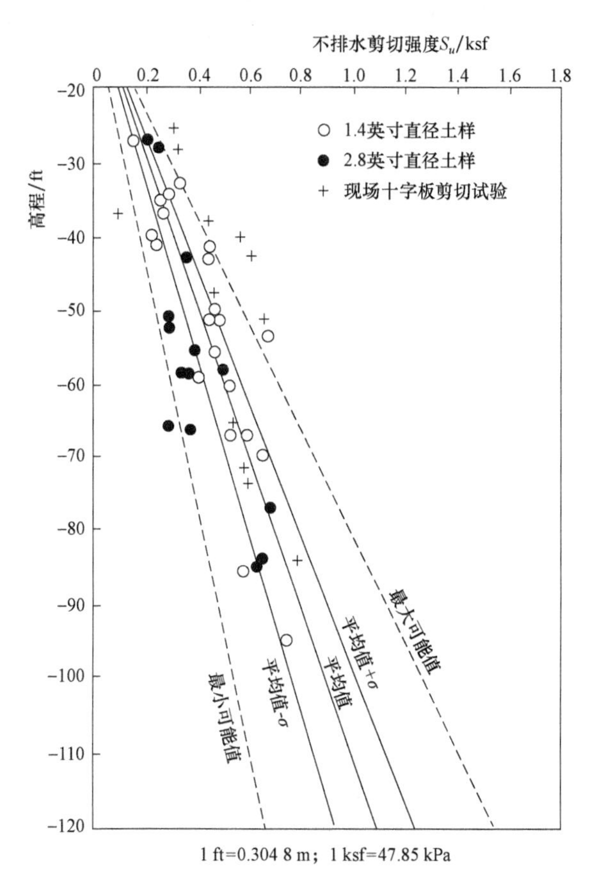

图 2-11　使用图解法进行现场不排水剪试验成果用“3σ 法则”整理的例子

2.6 小　结

（1）目前根据三轴试验计算抗剪强度参数的通行方法——在 $p-q$ 平面内拟合破坏主应力线，然后根据破坏主应力线和破坏包线的关系求得黏聚力和摩擦系数存在低估黏聚力、高估摩擦系数的系统误差。这一误差将导致黏聚力的变异系数变大。即使在确定性分析中，也应当抛弃这一方法，采用直接拟合σ_1和σ_3的方法。

（2）回归分析得到的回归系数的标准差只是反映了回归系数与其数学期望之间的距离，现行的将回归统计的抗剪强度参数直接应用于可靠度分析的做法仅考虑了回归误差，忽略了预测值自身的误差，从而低估了预测值的变异性。小浪底大坝心墙料的实例充分说明了这一问题。

（3）通过将预测值自身的方差计入回归系数的方差，并且采用权重为$w_i = 1/(k + lx_i)^2$的加权最小二乘法可以很好地解决回归分析标准差问题。小浪底大坝心墙料的三轴试验的统计结果与图形3σ法及矩法统计结果的对比说明该方法能得到合理的结果。

第3章　土石坝坝料参数概率特性研究

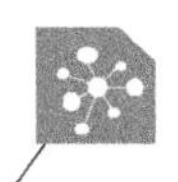

3.1 概　　述

岩土材料的抗剪强度指标是岩土工程中最重要的参数，对于边坡、重力坝抗滑稳定、地基承载力、挡土结构物土压力等问题，抗剪强度理论和指标选择的合理与否，以及对其离散性的评价都直接影响工程的安全性与经济性。

岩土力学中最常用的强度理论就是莫尔–库仑抗剪强度理论。1776年，库仑在直剪试验的基础上总结了库仑公式：

$$\tau_f=c+\sigma\tan\varphi \tag{3-1}$$

式中：τ_f为剪切破坏面上的剪应力，即土的抗剪强度；σ为破坏面上的法向应力；φ为土的内摩擦角；c为土的黏聚力，对于无黏性土，$c=0$。

1900年莫尔（Mohr）提出：在土的破坏面上的抗剪强度是作用在该面上的正应力的单值函数：

$$\tau_f=F(\sigma_f) \tag{3-2}$$

用该函数即可判断土体是否被破坏，由该函数确定的曲线称为抗剪强度包线，又称莫尔破坏包线。如果土体单元某一个面上的法向应力和剪应力落在破坏包线外，则土体发生破坏，反之则没有；如果刚好落在破坏包线上，则称土体达到了极限状态。

这就是著名的莫尔–库仑强度准则。库仑公式只是在一定应力水平下的线性特例，大多数的岩土工程问题都采用了线性的库仑公式，但是高土石坝中的堆石料恰恰体现了强烈的非线性，此时就需要采用非线性模型，例如邓肯–张对数模型或De Mello指数模型。

岩土材料强度参数的获取有多种手段，进行多组室内强度实验，对结果进行数理统计分析，然后结合工程经验进行判断是目前最为常用的办法。室内实验包括直剪实验和三轴实验两种，强度参数的统计不仅包括均值，也包括其标准差或变异系数，因为设计中通常采用的是小值平均或一定分位数的值。本章将针对直剪实验、三轴实验，以小浪底、糯扎渡等大量工程的实验数据为依托，研究土石坝坝料的抗剪强度指标概率特性。

3.2 一级大坝心墙料的强度参数统计

为了检测小浪底工程坝体的填筑质量，黄河水利委员会小浪底工程质量检测联营体于2001年从主坝防渗体中采用挖坑取样的方法提取原状土，进行了大量的土工试验。其中进行了64组心墙料原状样的CD、CU和UU三轴试验，每种试验的每一组进行4～6个不同应力等级的试验。有关筑坝防渗体原状样的基本特性参见表C–1，CD试验的结果参见表C–2。试验结果的$\sigma_1-\sigma_3$拟合图和$p'-q$拟合图参见图2–9。

对小浪底心墙料64组320个试样的三轴试验结果进行矩法、简化相关法、改进线性回归，以及3σ法等多种方法的统计，得到的改进后的回归方法求解的小浪底大坝心墙料抗剪强度参数如表3–1所示。其中常规线性回归方法只能统计均值，3σ法和简化相关法的均值与常规线性回归相同。

从表3–1中可以发现以下几个特点。

（1）综合考虑多种方法，可以判定对于小浪底工程这样的心墙料在碾压后其黏聚力c的变异性为0.2～0.25，而f的变异系数约为0.1。

（2）各种方法的均值求解基本相近，相差不大。

（3）矩法的标准差明显偏大，其原因在于计入了多个层次的误差及受到了单组实验样本数不足的影响。

（4）改进线性回归法采用了加权线性回归，其f的均值要高于常规方法，而c的均值要小于常规方法。

（5）随着围压的增加，强度包线呈现非线性特点，参数中包含的模型误差将会增加。

表3–1 改进后的回归方法求解的小浪底大坝心墙料抗剪强度参数

方法	回归方法	$f=\tan\varphi$			c/kPa		
		μ	σ	V	μ	σ	V
线性回归	$\sigma_1-\sigma_3$法	0.402			76.45		
	$p-q$法	0.410			68.1		
改进线性回归法	$\sigma_1-\sigma_3$法	0.420	0.038	8.94%	62.66	13.34	21.29%
	$p-q$法	0.424	0.035	8.57%	56.57	10.33	18.26%
3σ法	$\sigma_1-\sigma_3$法	0.402	0.027	6.7%	76.45	15.22	19.9%
	$p-q$法	0.410	0.025	6.0%	68.1	15.31	22.5%
矩法	$\sigma_1-\sigma_3$法	0.415	0.054	13.1%	68.42	24.36	35.6%
	$p-q$法	0.417	0.054	13.1%	67.12	24.17	35.9%

续表

方法	回归方法	f=tanφ			c/kPa		
		μ	σ	V	μ	σ	V
简化相关法		0.402	0.039	9.67%	76.45	14.06	18.39%
改进简化相关法		0.402	0.039	9.4%	76.45	20.49	26.8%
改进简化相关法（800 kPa 以下的数据）		0.438	0.041	9.4%	55.1	12.17	22.1%

用 3σ 法解小浪底大坝心墙料标准差（$p-q$ 拟合）如图 3-1 所示，用 3σ 法解小浪底大坝心墙料标准差（大小主应力拟合）如图 3-2 所示。在 $p-q$ 图和 $\sigma_1-\sigma_3$ 图上绘制极大、极小边界。然后根据第 2 章中相应的计算方法求解最大、最小的 f 和 c，根据 3σ 准则，最大、最小的差值除以 6 即为标准差。

简化相关法的大主应力残差的 2 次方如图 3-3 所示，利用线性回归可得到 f 和 c 的标准差。

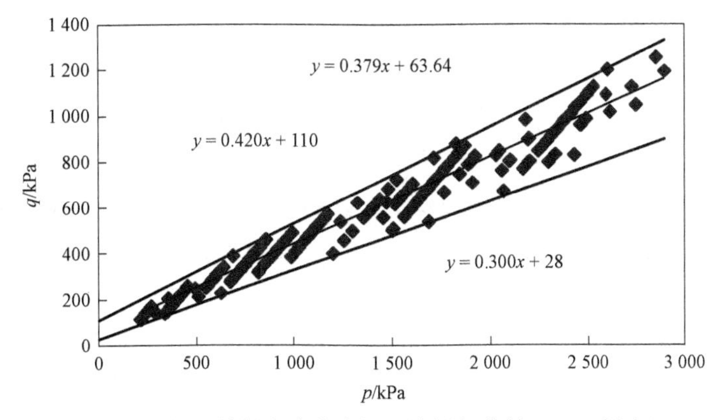

图 3-1　用 3σ 法解小浪底大坝心墙料标准差（$p-q$ 拟合）

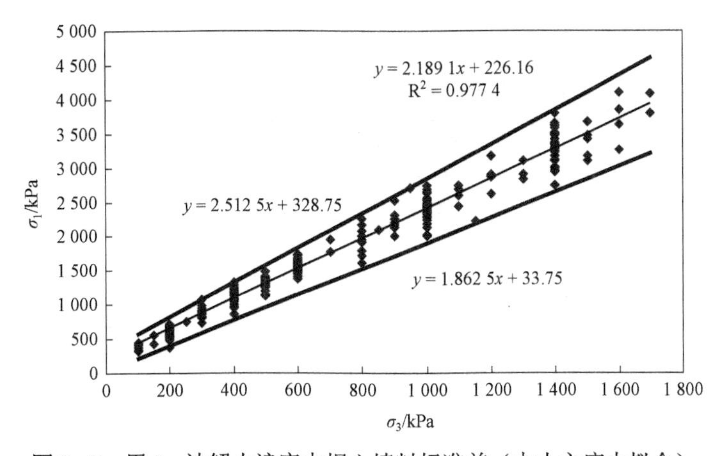

图 3-2　用 3σ 法解小浪底大坝心墙料标准差（大小主应力拟合）

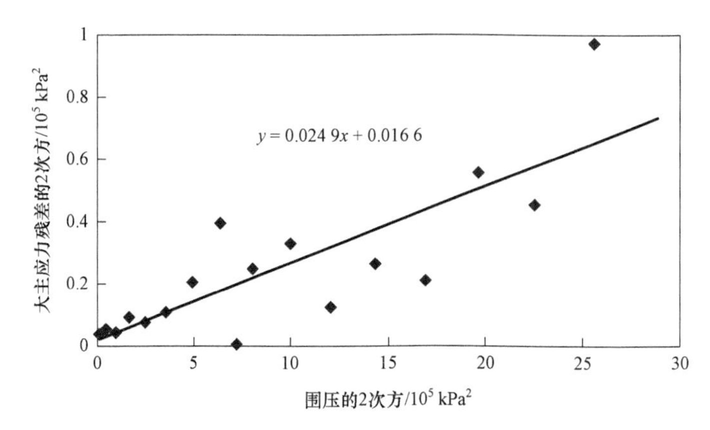

图 3-3　简化相关法的大主应力残差的 2 次方

利用改进相关系数法对小浪底的数据重新进行整理发现，计算不同围压下大主应力的变异系数，如表 3-2 所示。当 σ_3 较大时，σ_1的变异系数较小，不到 0.1，大约为 0.072（以σ_3=1 400 kPa 时的数据为例）。也就是说σ_B 的变异系数为 0.072。

在小浪底工程的实例中，f_m=0.402，B=2.189，根据摩擦系数 f 和系数 B 的关系可知 V_f为：

$$V_f = \frac{1+f_m^2}{f_m}\frac{B^{0.5}}{1+B}V_B = 1.3V_B = 0.094 \tag{3-3}$$

以 100 kPa 和 200 kPa 围压下的情况进行分析，可得到 c 的变异系数为 0.268 和 0.269。这一结果较表 3-1 中的统计结果偏大，主要是抗剪强度非线性导致的。在小浪底工程实例中，应力范围较大，最大试验围压达到了 1 700 kPa。高围压下摩尔强度包线是向下弯曲的，采用线性指标统计时，在应力较小的时候，回归直线左端上翘，并不在实验数据的中间。图 3-1 和图 3-2 较清楚地表明了这一特点。如果仅考虑 800 kPa 围压及其以下的实验成果，那么统计可知 A=168.4，B=2.340，相应的 c=55.1 kPa，f=0.438，可得到 c 的变异系数为 0.22。

表 3-2　不同围压下大主应力的变异系数

σ_3/kPa	试样数量	V_{σ_1}
100	7	0.145
150	3	0.162
200	54	0.113
250	1	0.026
300	26	0.076
400	47	0.088
500	20	0.067

续表

σ_3/kPa	试样数量	V_{σ_1}
600	44	0.067
700	2	0.082
800	10	0.101
850	1	0.011
900	7	0.072
1 000	38	0.076
1 100	6	0.042
1 200	6	0.057
1 300	5	0.048
1 400	28	0.072
1 500	7	0.061
1 600	4	0.084
1 700	2	0.037

3.3　堆石料的强度特性

随着当代土石坝施工水平的不断提高，许多研究结果表明，堆石料的内摩擦角 φ 值在低应力条件下较大，可以超过 50°，而在高应力条件下较小，可能低于 40°。堆石料随着围压的增高会发生颗粒破碎的现象，颗粒破碎引起粒间应力重新分布、粒间连结力变弱、颗粒容易移动，从而引起内摩擦角降低。其摩尔强度包线是向下弯曲的，即在比较大的应力范围内堆石的抗剪强度（内摩擦角 φ 值）与法向应力之间的比例关系并不是常数，而是随法向应力的增加而降低，呈非线性。根据颗粒分析试验结果，即使软岩堆石料，小于 0.005 mm 黏粒含量所占比例也极少，因此软岩堆石料的强度特性与硬岩堆石料相同，即在荷重作用下只有摩擦阻力，不存在黏聚力。因此采用非线性抗剪强度理论进行描述更为合理。通常有下面两种描述其非线性关系的模式。

1. 指数模式

De Mello 于 1977 年认为，堆石料的抗剪强度 τ_f 和破坏面上的法向有效应力 σ_n 存在如下关系：

$$\tau_f = A\sigma_n^b \tag{3-4}$$

式中：A、b 为材料参数，其中：b 无量纲，A 具有量纲 $[\sigma]^{(1-b)}$。

2. 对数模式

Duncan 等于 1984 年认为在提出双曲线应力应变模式时，对无黏聚性土弯曲的强度包线提出以下关系式：

$$\phi = \phi_0 - \Delta\phi \log(\sigma_3 / p_a) \tag{3-5}$$

$$\tau_f = \sigma_n \tan\varphi \tag{3-6}$$

式中：σ_3为小主应力，即在进行三轴试验时的周围应力。从原点向相应某一σ_3的摩尔圆作切线，即得到按式（3-5）确定的φ。故采用式（3-5）时，取黏聚力 c=0，ϕ_0和$\Delta\phi$为材料参数。

由于邓肯的双曲线应力应变模式在我国广泛使用，因此，对大部分工程，都可以找到相应的材料参数ϕ_0和$\Delta\phi$，而且新的“碾压式土石坝设计规范”也规定使用邓肯的指数非线性模式进行非线性分析。

中国水利水电科学研究院对堆石体材料的工程性质等方面都进行过较系统的试验研究工作。柏树田，崔亦昊等于 1997 年根据西北口等工程资料整理了对数模式非线性指标，提出了由硬岩构成的堆石料的非线性抗剪强度指标。陈祖煜，陈立宏等于 2006 年收集了国内外 37 个重要水利工程坝体硬岩和软岩堆石的三轴固结排水试验资料。在本次研究中又收集了两河口、双江口、长河坝、水布垭等高坝工程的实验成果，共计 853 个硬岩试样和 202 个软岩试样，针对大量的实验成果，利用本章所述的方法，对硬岩堆石、软岩堆石开展了参数统计规律与随机特性的研究，具体结果如表 3-3～表 3-7，图 3-4、图 3-5 所示。

表 3-3　硬岩堆石邓肯非线性强度参数统计结果

序号	工程名称	试验组（个）数	φ/（°）		$\Delta\varphi$/（°）	
			μ	σ	μ	σ
1	两河口	3（14）	49.62	2.007	7.69	1.534
2	双江口	1（5）	48.88	3.221	7.26	1.924
3	长河坝	2（10）	50.05	1.845	8.25	1.038
4	糯扎渡Ⅰ区堆石	17（102）	52.725	1.547	9.18	0.895
	糯扎渡Ⅱ区堆石	22（126）	50.22	1.338	8.74	1.011
5	水布垭	1	52		8.5	
6	三板溪	1（5）	56.21	0.574	12.55	0.466
7	芭蕉河	7（28）	50.85	7.554	11.30	5.420
8	洪家渡	1（4）	57.27	0.343	13.36	0.474

续表

序号	工程名称	试验组（个）数	φ/（°）		$\Delta\varphi$/（°）	
			μ	σ	μ	σ
9	盘石头	2（8）	51.87	2.187	10.17	1.849
10	公伯峡	6（24）	49.46	2.980	8.60	2.085
11	西流水	4（15）	49.62	0.309	8.62	0.647
12	小浪底	2（8）	46.98	4.792	5.13	4.394
13	天生桥	2（8）	55.19	1.662	9.75	1.774
14	南车	4（16）	49.43	0.608	6.65	0.847
15	苗家坝	1（4）	51.30	0.837	8.14	0.753
16	吉林台	1（4）	53.30	1.028	8.27	0.772
17	金野	4（16）	52.58	3.357	9.49	2.469
18	鄂坪	1（4）	54.52	0.950	11.05	1.025
19	滩坑	1（5）	53.73	1.174	9.84	0.961
20	九甸峡	1（4）	50.88	1.165	8.48	1.085
21	察汗乌苏	1（4）	53.22	0.990	10.03	0.922
22	高塘	1（4）	51.28	2.219	8.25	2.394
23	瓦屋山（砂岩）	25（121）	54.71	1.535	10.48	0.359
	白云岩	20（99）	54.99	1.498	9.42	0.383
24	都江堰深溪沟	6（30）	56.86	1.563	13.18	0.692
25	牛角坑水库	6（24）	51.13	2.227	7.46	1.710
26	紫坪铺	25（122）	57.99	1.501	12.17	0.349
27	大桥	7（35）	54.97	1.832	11.73	0.756
28	龙滩	2（7）	53.45	0.917	9.41	0.803
29	西北口	1（4）	53.26	2.528	8.47	2.354
30	珊溪	1（4）	50.27	2.624	6.38	2.252

表 3–4 硬岩（次堆石）邓肯非线性强度参数统计结果

序号	工程名称	试验组（个）数	干容重/（kN/m^3）	φ/（°）		$\Delta\varphi$/（°）	
				μ	σ	μ	σ
1	三板溪	4（20）	21.33	51.85	3.93	10.29	2.09
2	洪家渡	1（4）	21.6	52.82		9.64	
3	鄂坪	1（4）	21.7	51.36		10.21	
4	察汗乌苏	1（4）	19.4	51.42		9.27	
5	高塘	1（4）	22.0	50.47		7.43	
6	南车	2（8）	20.4	49.61	0.16	6.22	0.1
7	公伯峡	2（8）	20.5	47.55	2.74	8.00	1.97
均值				50.73	1.67	8.83	1.30

表 3–5 软岩堆石邓肯非线性强度参数统计结果

序号	工程名称	岩 性	试验组（个）数	干容重/（kN/m^3）	φ/（°）		$\Delta\varphi$/（°）	
					μ	σ	μ	σ
1	十三陵	风化安山岩	2（7）	20.3	42.22	4.399	3.89	4.065
2	大坳	砂岩	4（12）	20.6	45.78	2.061	7.37	1.923
3	鱼跳	泥岩	4（12）	20.55	41.91	0.731	5.52	0.682
4	红吉	砂砾石	12（48）	20.6	43.71	1.291	5.19	0.755
5	燕山	砂砾石	3（12）	19.8	44.23	4.374	8.06	4.205
6	盘石头	弱风化页岩	9（36）	2.03	43.47	1.336	11.06	0.688
7	天生桥一级	砂泥岩	1（4）	20.6	45.27	0.884	5.12	1.078
8	乌鲁瓦提	砂砾石	2（8）	21.68	43.72	0.536	3.23	0.460
9	赵子河	泥岩	6（30）	20.18	47.38	1.150	5.18	0.742
10	东津		1（4）	20.01	44.76	0.310	4.12	0.350
11	莲花		6（22）	20.28	45.64	1.136	5.07	0.769
12	思安江		6（24）	21.2	44.85	3.070	6.64	2.535
均值					44.41	1.77	5.87	1.52

表 3-6　硬岩邓肯对数非线性抗剪强度参数统计最终结果

	φ/（°）		$\Delta\varphi$/（°）	
	μ	σ	μ	σ
数值平均	53.230	1.983	9.870	1.771
试验组数加权平均	53.829	1.973	10.220	1.771
试验数加权平均	53.887	1.919	10.264	1.746
试样线性回归	54.024	2.340	10.329	2.058

表 3-7　建议选取的堆石抗剪强度参数

岩性	项目	邓肯非线性参数		De Mello 非线性参数		线性参数	
		φ_0/（°）	$\Delta\varphi$/（°）	A/kPa^{1-b}	b	c/kPa	φ/（°）
硬岩主堆石	均值	52～54	10	3.0	0.85	150～180	40
	标准差	2.0	1.8	0.4	0.02	40～55	1.5
硬岩次堆石	均值	50	8.8	2.6	0.86	120～170	38
	标准差	2.0	1.5	0.48	0.02	30～40	1.6
软岩	均值	44	6	1.64	0.90	50～70	37
	标准差	2.0	1.5	0.26	0.02	15～20	2.0

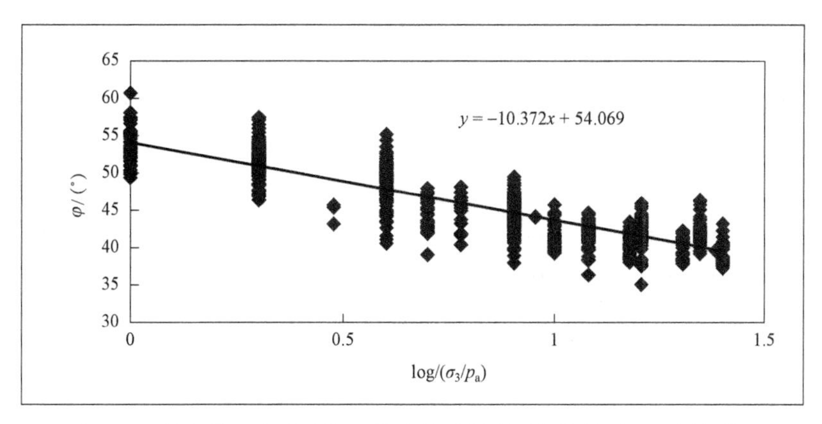

图 3-4　硬岩堆石邓肯对数非线性抗剪强度回归统计（853 个试样）

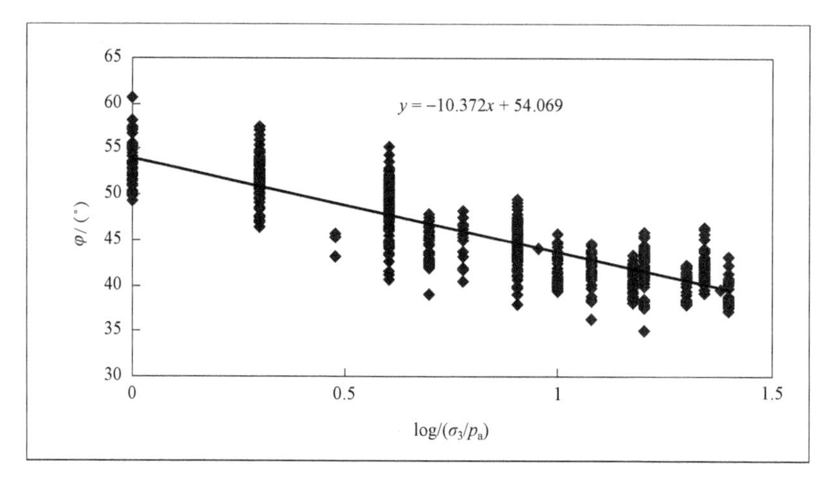

图 3-5 软岩堆石邓肯对数非线性抗剪强度回归统计（220 个试样）

3.4 文献发表的变异系数

Duncan 曾建议利用已发表的岩土材料参数变异系数估算标准差。目前有不少学者对岩土材料的变异系数进行了统计，并发表在各类权威期刊上。Duncan 于 2000 年总结的有关岩土工程参数和现场试验数据的变异系数 V 见表 3-8。Orr 在编制 Eurocode 7 中建议的岩土工程参数变异系数 V 如表 3-9 所示。Phoon 和 Kulhawy 建议的岩土工程参数变异系数 V 如表 3-10 所示。从表中可以发现空间变异系数要小于点变异系数。Chowdhury 建议的岩土工程参数的变异系数 V 如表 3-11 所示。这些表中的数据虽然代表了大量的试验，但是从不同来源中引用的同一参数的变异系数值变化范围较大，而且这些来源的制样和试验条件并不一致。因此表中的数据只是提供了一种粗略的估算方法。在应用文献发表的 V 值时需要做出判断，而且需要考虑具体问题中的不确定性程度。

表 3-8 岩土工程参数和现场试验数据的变异系数 V（Duncan 于 2000 年总结）

指标	符号	变异系数 V/%	来源
容重	γ	3～7	Harr 于 1984 年，Kulhawy 于 1992 年发表的文章
浮容重	γ_b	0～10	Lacasse 和 Nadim 于 1997 年，Ducan 于 2000 年发表的文章

续表

指标	符号	变异系数 V/%	来源
有效应力摩擦角	φ'	2～13	Harr 于 1984 年，Kulhawy 于 1992 年发表的文章
不排水剪切强度	S_u	13～40	Harr 于 1984 年，Kulhawy 于 1992 年，Lacasse 和 Nadim 于 1997 年，Ducan 于 2000 年发表的文章
不排水强度比	S_u/σ_v'	5～15	Lacasse 和 Nadim 于 1997 年，Ducan 于 2000 年发表的文章
压缩指数	C_c	10～37	Lacasse 和 Nadim 于 1997 年，Ducan 于 2000 年发表的文章
先期固结压力	P_p	10～35	Lacasse 和 Nadim 于 1997 年，Ducan 于 2000 年发表的文章
饱和黏土的渗透系数	k	68～90	Harr 于 1984 年，Ducan 于 2000 年发表的文章
非饱和黏土的渗透系数	k	130～240	Harr 于 1984 年，Benson 等于 1999 年发表的文章
固结系数	c_v	33～68	Ducan 于 2000 年发表的文章
标贯试验击数	N	15～45	Harr 于 1984 年，Kulhawy 于 1992 年发表的文章
电子触探试验	q_c	5～15	Kulhawy 于 1992 年发表的文章
机械触探试验	q_c	15～37	Harr 于 1984 年，Kulhawy 于 1992 年发表的文章
膨胀试验端阻力	q_{DMT}	5～15	Kulhawy 于 1992 年发表的文章
十字板剪切强度	S_v	10～20	Kulhawy 于 1992 年发表的文章

表 3-9　Orr 在编制 Eurocode 7 中建议的岩土工程参数变异系数 V（Orr 于 1999 年发表的文章）

指标	变异系数	推荐值
$\tan\varphi'$	0.05～0.15	0.1
c'	0.30～0.50	0.40
c_u	0.20～0.40	0.30
m_v	0.20～0.70	0.40
γ（unit weight）	0.01～0.10	0

表 3-10　Phoon 和 Kulhawy 建议的岩土工程参数变异系数 *V*

（Phoon 和 Kulhawy 于 1999 年发表的文章）

指标	实验	土类别	点变异系数/%	空间变异系数/%
s_u（UC）	Direct（lab）	黏土	20～55	10～40
s_u（UU）	Direct（lab）	黏土	10～35	7～25
s_u（CIUC）	Direct（lab）	黏土	20～45	10～30
s_u（field）	VST	黏土	15～50	15～50
s_u（UU）	q_T	黏土	30～40[f]	30～35[f]
s_u（CIUC）	q_T	黏土	35～50[f]	35～40[f]
s_u（UU）	N	黏土	40～60	40～55
s_u^e	K_D	黏土	30～55	30～55
s_u（field）	PI	黏土	30～55[f]	—
	Direct（lab）	黏土，砂土	7～20	6～20
（TC）	q_T	砂土	10～15[f]	10[f]
	PI	黏土	15～20[f]	15～20[f]
K_0	Direct（SBPMT）	黏土	20～45	15～45
K_0	Direct（SBPMT）	砂土	25～55	20～55
K_0	K_D	黏土	35～50[f]	35～50[f]
K_0	N	黏土	40～75[f]	—
E_{PMT}	Direct（PMT）	砂土	20～70	15～70
E_D	Direct（DMT）	砂土	15～70	10～70
E_{PMT}	N	黏土	85～95	85～95
E_D	N	粉土	40～60	35～55

表 3-11　Chowdhury 建议的岩土工程参数的变异系数 V（Chowdhury 于 1982 年发表的文章）

材料	特性指标	COV/%
黏土	液限	5.9
	塑限	4±
	黏粒含量	11.4
	比重	0.5±
	干密度	26.4
页岩黏土	黏聚力，DS	94.8
	摩擦系数，直剪	45.6
黏性冰碛土	c，DS	103.3
	f，DS	17.7
“不扰动”土	C，三轴	13.5
	f，三轴	1.6
填筑土	c，D	24.0
	f，D	2.1
	c，CD	26.9
	f，CD	6.8
	c，UU	25.5
	f，UU	5.4
多种冰碛土	UU	14.8
		14.7
		31.0
		19.8
		29.0

材料	特性指标	COV/%
砂黏土	log（C_c）	34.2
粉细砂	f	13.8
淤泥	f	14.8
	c	31.6
	c	25.9
松，渥太华砂	ϕ	14
密，渥太华砂	ϕ	12.5
淤泥（不饱和）	c	51
	ϕ	22
	S_U	19
淤泥（饱和）	c	55
	ϕ	29
	s	20
CL	c，UU	22
	ϕ，UU	19
ML	c，UU	71
	ϕ，UU	12
CH	c，DS	63
	ϕ，DS	3.4
CL	c，DS	3
ML	c，DS	2.5

3.5 小　结

（1）目前根据三轴试验计算抗剪强度参数的通行方法——在 $p-q$ 平面内拟合破坏主应力线，然后根据破坏主应力线和破坏包线的关系求得黏聚力和摩擦系数的方法存在低估黏聚力、高估摩擦系数的系统误差。这一误差将导致黏聚力的变异系数变大。即使在确定性分析中，也应当采用直接拟合 σ_1 和 σ_3 的方法。

（2）回归分析得到的回归系数的标准差只是反映了回归系数与其数学期望之间的距离，现行的将回归统计的抗剪强度参数直接应用于可靠度分析的做法仅考虑了回归误差，忽略了预测值自身的误差，从而低估了预测值的变异性。现行通用的线性回归方法无法得到合理的抗剪强度标准差。

（3）通过将预测值自身的方差计入回归系数的方差，并且采用权重为 $w_i = 1/(k+lx_i)^2$ 的加权最小二乘法可以很好地解决回归分析标准差问题。小浪底大坝心墙料的三轴试验的统计结果与 3σ 法及矩法统计结果的对比说明该方法能得到合理的结果。

（4）采用改进的简化相关法能有效求解 f 的变异系数。

（5）c 的变异系数宜采用包括 3σ 法在内的多种方法共同求解。

（6）根据小浪底、双江口、糯扎渡等工程大量实验结果，综合利用多种方法，得到抗剪强度指标变异系数建议值（见表 3–12）、堆石邓肯非线性强度指标概率特性建议值（见表 3–13）。

表 3–12　抗剪强度指标变异系数建议值

材料	V_f	V_c
一级坝心墙黏土	0.1	0.2

表 3–13　堆石邓肯非线性强度指标概率特性建议值

岩石	φ_0/（°）		$\Delta\varphi$/（°）	
	μ	σ	μ	σ
硬岩主堆石	52～54	2.0	10	1.8
硬岩次堆石	50	2.0	8.8	1.5
软岩	44	2.0	6	1.5

第4章　概型对可靠度分析结果的影响

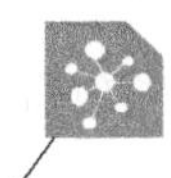

4.1　概　　述

可靠度方法在边坡的稳定分析中应用十分广泛。本章主要分两部分，首先简单介绍可靠度分析的基本原理与方法，随后讨论边坡稳定可靠度分析中土体抗剪强度指标和安全系数的概率分布类型，以及相应可靠度指标的求解模式。

4.2　可靠度分析基础

4.2.1　可靠度分析的基本原理

广义地讲，对任何一个结构的安全性的分析就是研究其“资源”和“需要”之间的关系。如果分别用 X 和 Y 来代表这两个因素，那么，当 $X>Y$ 时，结构处于安全状态，当 $X<Y$ 时，则结构处于失稳状态。

$$g = X - Y \tag{4-1}$$

式（4–1）称为极限状态方程。所有处于极限状态的自变量组合构成了该问题的状态边界面。

对于一均质边坡，作用于某滑裂面上的滑体的抗力和作用力分别可用 X 和 Y 来表示。由于材料参数和作用荷载的不确定性，X，Y 可以假设为随机变量。随机变量 X、Y 的概率密度函数分布形式如图 4–1 所示。

当抗力 X 小于作用力 Y 时，边坡就会破坏或者失效。通常边坡失效的可能性（或者概率）P_f 与 X、Y 的概率密度函数 $f_X(X)$、$f_Y(Y)$ 的重叠部分成正比。从图 4–1 可以看出，失效概率 P_f通常取决于以下两个方面。

（1）X、Y 概率密度分布函数的相对位置。$f_X(X)$、$f_Y(Y)$相距越远，重叠越少，失效概率 P_f越小，反之则失效概率 P_f越大。两者相对位置通常用 X、Y 的均值的比值μ_X/μ_Y（也就是安全系数）或者差值$\mu_X-\mu_Y$（安全裕度）来衡量。

（2）X、Y 概率密度函数的分散度。$f_X(X)$、$f_Y(Y)$分布越分散，重叠越多，失效概率 P_f越大。$f_X(X)$、$f_Y(Y)$的分散度通常用 X，Y 的标准差σ_X和σ_Y来描述。简而言之，失效概率与μ_X/μ_Y、σ_X和σ_Y有关，即：

$$P_f \propto f(\mu_X / \mu_Y, \sigma_X, \sigma_Y) \tag{4-2}$$

由此可见，仅用一综合的单个安全系数无法全面衡量系统的失效概率，而以概率论为基础的可靠度分析方法，从概率统计的角度再融合传统的安全系数法，对边坡工程的不确定性可以进行较全面的评价。

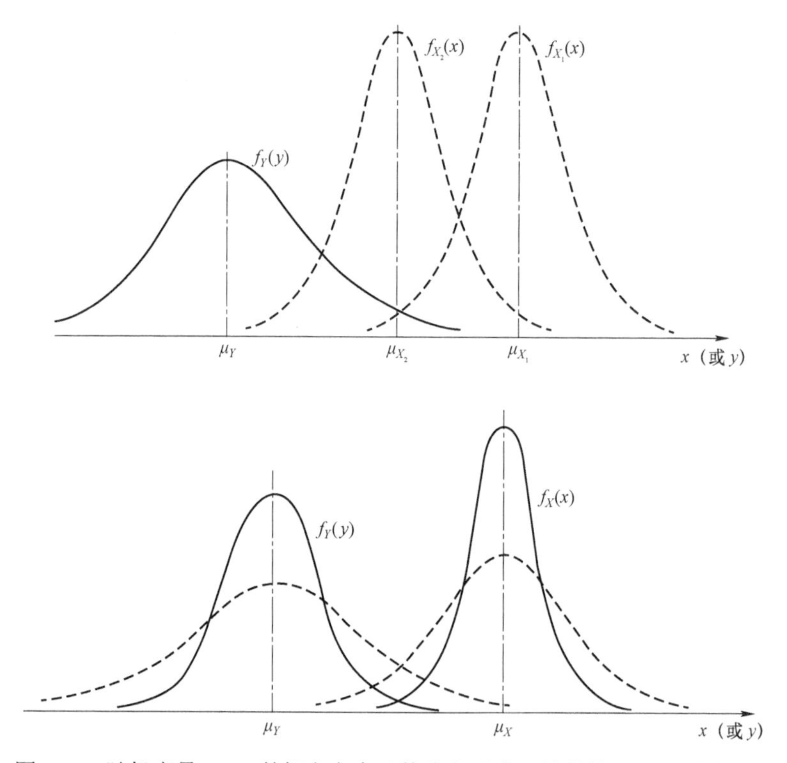

图 4-1　随机变量 X、Y 的概率密度函数分布形式（吴世伟于 1986 年提出）

4.2.2　可靠度指标的定义

可靠度指标 β 是折减变量空间中失效边界（极限状态面）到原点的最短距离，β 与失效概率 P_f之间的关系为：

$$\beta = \Phi^{-1}\left(1 - P_f\right) \tag{4-3}$$

$$P_f = \Phi(-\beta) = 1 - \Phi(\beta) \tag{4-4}$$

式中：Φ 为标准正态分布函数。

如果功能函数服从 $\mathrm{N}(\mu_g, \sigma_g)$ 的正态分布，那么有：

$$P_f = 1 - \Phi\left(\frac{\mu_g}{\sigma_g}\right) \tag{4-5}$$

$$\beta = \frac{\mu_g}{\sigma_g} \tag{4-6}$$

式（4–6）为最常用的可靠度指标定义式。当随机变量不服从正态分布，或者相互关联时，可以通过某种方式把相应的随机变量转化为服从正态分布且相互独立，从而求得可靠度指标 β（Ang 和 Tang 于 1984 年提出）。

4.2.3　功能函数的定义

结构可靠度通常是指在一段时间内，一定荷载条件作用下，完成预定功能或系统运行正常的一种度量。在可靠度分析中，通常定义功能函数：

$$g(X) = g(x_1, x_2, \cdots, x_n) \tag{4-7}$$

式中：$X = (x_1, x_2, \cdots, x_n)$ 为一向量，其中分量 x_i（i=1, 2, …, n）为影响结构可靠度的 n 个随机变量。

$g(X)$ 确定系统的运行性能或者状态。当 $g(X)>0$ 时，系统处于安全状态；当 $g(X)<0$ 时，系统处于"破坏"或"失效"状态；而 $g(X)=0$ 表示系统达到极限运行状态。通常 $g(X)=0$ 称为系统的极限状态方程。

如果功能函数中随机变量 x_i（i=1, 2, …, n）的联合概率密度函数为 $f_{x_1,\cdots,x_n}(x_1, x_2, \cdots, x_n)$，则边坡系统处于安全状态［$g(X)>0$］的概率为：

$$P_s = \int_{g(X)>0} \cdots \int f_{x_1,x_2,\cdots,x_n}(x_1, x_2, \cdots, x_n)\mathrm{d}x_1\mathrm{d}x_2\cdots\mathrm{d}x_n \tag{4-8}$$

同样处于破坏状态［$g(X)<0$］的失效概率 P_f 可以表示为：

$$P_f = \int_{g(X)<0} \cdots \int f_{x_1,x_2,\cdots,x_n}(x_1, x_2, \cdots, x_n)\mathrm{d}x_1\mathrm{d}x_2\cdots\mathrm{d}x_n \tag{4-9}$$

由式（4–8）和式（4–9）可见，无论是 P_s 还是 P_f 都可以通过数值积分的方法得到，但对于边坡问题的功能函数而言，作为随机变量的岩土材料、强度参数，以及荷载参数的联合概率分布函数不易得到，边坡的安全问题或者失效概率就会变得复杂难解。当功能函数 $g(X)$ 是线性，而且所包含的随机变量相互独立且服从正态分布时，可以用式（4–6）和式（4–5）计算可靠度指标 β 及相应的失效概率 P_f。

对于随机变量的联合概率分布函数不易得到或者功能函数 $g(X)$ 是非线性的情况，

可以用一次二阶矩法（FOSM）、JC 法（Rudiger R.和 Bernd F.于 1978 年提出）、蒙特卡罗法（Monte Carlo Method）（Robert 于 1999 年，Liu Jun S.于 2001 年提出）和 Rosenblueth 法（Rosenblueth 于 1975 年提出）等方法来计算可靠度指标β及相应的失效概率 P_f。

4.3 稳定分析中可靠度指标的求解

4.3.1 功能函数的定义

边坡稳定的确定性方法最早由 Fellenius 提出，即瑞典圆弧法。后经过 Bishop、Janbu、Morgenstern 和 Price，Spence、陈祖煜等人的发展和完善，已经形成了一个比较成熟的理论和应用体系。在进入可靠度分析领域，面临的第一个问题就是如何建立极限状态方程，使之与现有的比较完善的稳定分析体系保持一致。在边坡稳定领域进行可靠度分析时，发现各种计算安全系数的方法都无法变成式（4–1）的形式。在稳定分析中，某些物理量，如材料的重量，既可以视为作用，也可以是产生抗力（摩擦力）的主要因素。因此，在将已有边坡稳定分析和可靠度分析接轨的过程中，需要做适当的处理。下面是现有文献中可以看到的两种做法。

（1）在已有的安全系数基础上定义功能函数。将极限状态改为（Li 和 Lumb 于 1987 年发表的文章）如以下两式：

$$F(x_1,x_2,\cdots,x_n)-1=0 \tag{4-10}$$

$$\ln F(x_1,x_2,\cdots,x_n)=0 \tag{4-11}$$

式（4–10）和式（4–11）中安全系数 F 表示为随机变量 x_i（i=1, 2, ···, n）的函数。Li 和 Lumb 于 1987 年指出，有各种不同的方法定义边坡稳定分析的功能函数。F 是通过不同的方法获得的安全系数，如简化毕肖普法、Spencer 法、Morgenstern-Price 方法等。

在可靠度分析中，最常见的做法是用式（4–10）作为极限状态方程，相应的可靠度指标定义（Chowdhurg 于 1984 年，Tabba 于 1984 年，Fell 等于 1988 年提出）为：

$$\beta=\frac{\mu_F-1}{\sigma_F} \tag{4-12}$$

其中：μ_F，σ_F 分别是安全系数 F 的平均值和标准差。

使用这一处理方案，现有的计算安全系数的各种方法均不需要做任何改动即可进行可靠度分析。

（2）“套改”方案。前面提到我国在工程结构可靠度研究的过程中，土木、建筑、水利等专业结构设计规范在 20 世纪 80 年代后进行了大规模的修订或编制，从原先以安全系数为主的传统方法转向以概率分析为基础的极限状态设计法的“转轨”过程中，稳定分析领域出现了一种“套改”方案，即要求将现有的有关结构和稳定分析的方法按式（4–1）予以改造。一些文献中曾将瑞典法和毕肖普法中分子和分母两项改为相减的形式

（陈祖煜、张广文于 1994 年提出）。在重力坝设计规范中，出现了一个从未见诸文献的适应于式（4–1）的双折线滑面深层抗滑稳定分析公式。

陈祖煜，陈立宏于 2002 年讨论了强行修改稳定分析的传统方法存在的种种问题。他们指出，现行的有关安全系数定义和相应的处理方案是几十年来人们在长期实践中积累而形成被普遍接受的做法。在边坡稳定分析中的一些因素，如重力、地震惯性力，它们既是作用又是抗力，很难将其分开。

“套改”方案反映了有关人员对边坡稳定分析领域中关于“安全系数”概念的误解。近代岩土力学对安全系数的定义已经不是早期那个概括了诸多不确定因素的“大老 K”了。安全系数 F 是这样一个数值，它使设计参数中的强度指标 c 和 f 缩减为 c/F 和 f/F，从而使结构达到极限平衡状态。既然安全系数只是一个将结构引入极限状态，从而使极限状态方程成立的系数，它并不妨碍对这个等式中诸项的不确定因素进行分析，研究 F 小于 1 的概率；也不排斥用分项系数的概念，对这些因素的不确定性作定量的处理。

其实，上述第 1 种做法在西方有关边坡稳定可靠度分析的文献中，早已成为普遍接受、广泛采用的方案。Duncan 于 2002 年发表的论文介绍了一个计算挡土墙抗滑稳定可靠度的例子，在这个例子中，传统的挡土墙稳定分析方法一点都不需要修改，安全系数还是按原有方法计算。在这篇论文的结论中，Duncan 写道：“失效概率不能看成安全系数的替代品，而是一种补充。同时计算安全系数和失效概率比单独计算任何一个更好。虽然我们还不能准确地计算安全系数和失效概率，但是两者互补可以大大提高成果的精度。”

1992 年美国国家科学研究委员会（National Research Council）下属的岩土工程部专门成立了一个名为“岩土工程减灾可靠度方法研究委员会”的研究班子。该委员会于 1992 年 7 月在加州的 Irvine 召开了一个由 30 位可靠度方法和传统确定性方法两个领域内的著名专家（包括 H. T. WILSON，J. M. DUNCAN，J. K. MITCHELL 等）参加的专题学术讨论会，讨论了概率与可靠度在现代岩土工程中扮演的角色，以及如何增加概率理论在岩土工程中的应用。1995 年，该委员会在提交的研究报告“岩土工程中的可靠度方法”的结论的第一段中指出：“对于可靠度方法在岩土工程中的作用的问题，委员会的主要发现是：可靠度方法，如果不是把它作为现有传统方法的替代物的话，确实可以为分析岩土工程中包含的不确定性提供系统的、定量的途径。在工程设计和决策中，用这一方法来定量地驾驭和分析这些不确实因素尤为有效。”

同时，这一研究报告对安全系数和可靠度分析之间的关系还有以下一段文字：“有时，用 R/L（抗力/作用）这样的简单的表达式来定义安全系数不一定有明确的概念。”例如，在边坡稳定分析中，位于坡趾的土的重量可以作为一个抵抗土体主要部分的滑动力矩的平衡力量。这一贡献既不是附加的抗力也不是减少的作用力。由于对这些贡献的处理方法不同，用前述的简化方法计算可靠度指标时会出现一些反常现象。为了解决这一问题，在岩土工程系统中，可以引入对安全系数 F 具有一般意义的定义。安全系数可以表达为以下一个广义的功能函数：

$$F = g(x_1, x_2, \cdots, x_m)$$

式中：x_i 为结构自变量。

事实上，这一公式具有更为一般的意义，因为抗力通常是土的特性和几何特性的函数，而作用力同样又是这样一些变量，加上其他一些变量。

从上面的论述中不难看出，在建筑物抗滑稳定和滑坡分析中，已经有了一套成熟的建立在安全系数基础上的可靠度分析方法，进入可靠度和风险分析领域，无须进行“套改”。

4.3.2 抗剪强度指标的概率分布型式

由于正态分布的简单和实用，近代可靠度分析的主要方法都是以参数为正态分布这一基础发展起来的。边坡稳定分析中也不例外，对抗剪强度参数的概率分布特性的研究还很少，通常以经验假设为基础，一般都选择正态分布。也有一些学者根据自己的经验或者研究，认为对数正态分布较为合理（Lumb 于 1966 年，Wu 和 Kraft 于 1967 年，Duncan 于 2000 年提出）。

为了增加对土体抗剪强度指标概率分布特性的认识，本书采用 K–S 法对小浪底大坝心墙填筑土原状样的三轴固结排水（CD）试验、固结不排水测孔压（CU）试验和不固结不排水（UU）试验结果，关中灌区 5 座大坝的 CU 试验结果及十三陵上池面板坝填筑料的 12 组三轴试验和 12 组直剪试验结果进行概率分布类型的检验。

K–S 法适用于样本数较少的情况，它检查每一个点上根据子样得到的经验分布函数 $S_n(x)$ 和假设的总体的理论分布函数 $F(x)$ 之间的偏差。设统计子样 x_i 从小到大排列，样本容量为 n，则子样的经验分布为：

$$S_n(x)=\begin{cases}0 & x<x_1\\ i/n & x_i\leqslant x<x_{i+1}\\ 1 & x\geqslant x_n\end{cases} \tag{4-13}$$

统计量 D_n 为：

$$D_n=\max_{-\infty<x<\infty}\left|S_n(x)-F(x)\right|=\max_{-\infty<x<\infty}D_n(x) \tag{4-14}$$

对不同的置信度 α（通常取 0.05），都有一临界值 $D_{\alpha,n}$，在 $D_n<D_{\alpha,n}$ 时子样接受概型 $F(x)$，$D_{\alpha,n}$ 值可查相应的表获得。

小浪底的试验结果是十分可靠的，而且样本容量很大，每种三轴试验的试样数都在 320 个左右。关中灌区每座大坝也进行了 10 或 11 组 CU 试验，十三陵风化料的试验进行了 12 组。根据这些试验资料得出的统计结果将是十分可信的。设置信度为 0.20，样本容量为 64、10、11 和 12 时，临界值 $D_{0.20}$ 分别为 0.13、0.322 6、0.302 8 和 0.295 8。因此，从统计结果（表 4–1～表 4–3 和图 4–2～图 4–23）中可以发现：

（1）土的抗剪强度指标，黏聚力、内摩擦角和摩擦系数均能接受正态分布和对数正态分布。

（2）摩擦角的正态分布与对数正态分布的检验结果十分接近，几乎完全一致，从数值上看对数正态分布更适合作为摩擦角的最优概率分布形式。

（3）摩擦角与摩擦系数的概率检验曲线几乎完全相似，而检验数值则完全相同，这说明两者服从相同的概率分布。

（4）小浪底心墙料、关中灌区的王家崖、石堡川与信邑沟坝体填筑料的黏聚力的最优概率分布为正态分布，而泔河与大北沟的坝体填筑料及十三陵风化料的黏聚力的最优概率分布为对数正态分布。

研究具有相同的均值和标准差的对数正态分布函数和正态分布函数之间的差值（均值取 1），如果变异系数较小，那么两者的差值也较小。在变异系数 V=0.1 时，差值绝对值的最大值仅为 0.04，差别很小。Duncan 于 2000 年提出，摩擦角的变异系数在 2%～13% 之间，小浪底、关中灌区各大坝的摩擦角变异系数也基本在这一范围内。因此在对摩擦角进行 K–S 检验时，正态分布与对数正态分布的结果会十分接近。黏聚力由于变异系数一般较大，因此正态分布和对数正态分布的 K–S 检验可能会有相对较大的区别。

小浪底大坝心墙填筑土抗剪强度指标的概率分布形式 K–S 检验结果如表 4–1 所示，关中灌区 5 座大坝填筑土抗剪强度指标的概率分布形式 K–S 检验结果如表 4–2 所示，十三陵水库池盆风化料的抗剪强度参数 K–S 检验结果如表 4–3 所示。

表 4–1　小浪底大坝心墙填筑土抗剪强度指标的概率分布形式 K–S 检验结果

抗剪强度指标	概率分布类型	D_n			
		CD	CU′	CU	UU
黏聚力 c	N	0.07	0.07	0.07	0.08
	LN	0.13	0.09	0.13	0.12
内摩擦角 φ	N	0.10	0.05	0.05	0.11
	LN	0.09	0.06	0.06	0.07
摩擦系数 f	N	0.11	0.05	0.05	0.11
	LN	0.09	0.06	0.06	0.08

注：CU′指有效应力指标。

表 4–2　关中灌区 5 座大坝填筑土抗剪强度指标的概率分布形式 K–S 检验结果

抗剪强度指标	概型	D_n				
		王家崖	石堡川	信邑沟	泔河	大北沟
黏聚力 c	N	0.22	0.11	0.14	0.18	0.18
	LN	0.21	0.17	0.21	0.12	0.12
内摩擦角 φ	N	0.16	0.21	0.11	0.11	0.16
	LN	0.15	0.19	0.13	0.13	0.16

表 4-3　十三陵水库池盆风化料的抗剪强度参数 K-S 检验结果

抗剪强度指标	概率分布类型	D_n	
		三轴试验	直剪试验
黏聚力 c	N	0.191	0.133
	LN	0.172	0.131
内摩擦角 φ	N	0.258	0.134
	LN	0.183	0.115

小浪底大坝心墙填筑土 CD 试验黏聚力 c 的概率分布检验如图 4-2 所示。

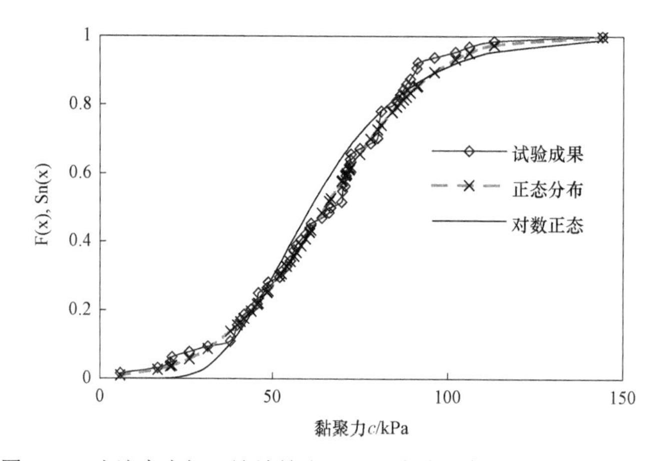

图 4-2　小浪底大坝心墙填筑土 CD 试验黏聚力 c 的概率分布检验

小浪底大坝心墙填筑土 CD 试验摩擦角 φ 的概率分布检验如图 4-3 所示。

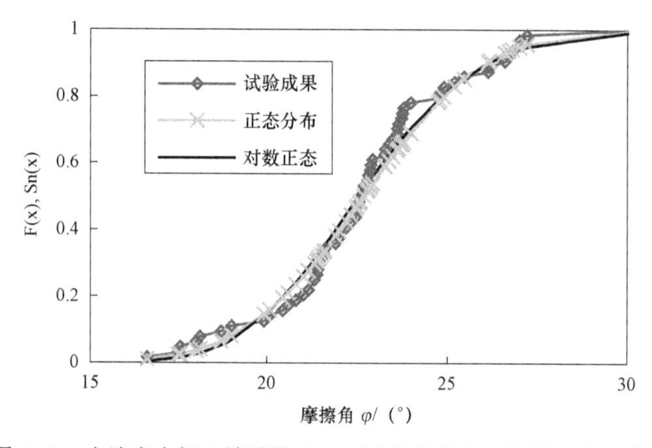

图 4-3　小浪底大坝心墙填筑土 CD 试验摩擦角 φ 的概率分布检验

小浪底大坝心墙填筑土 CD 试验摩擦系数 f 的概率分布检验如图 4–4 所示。

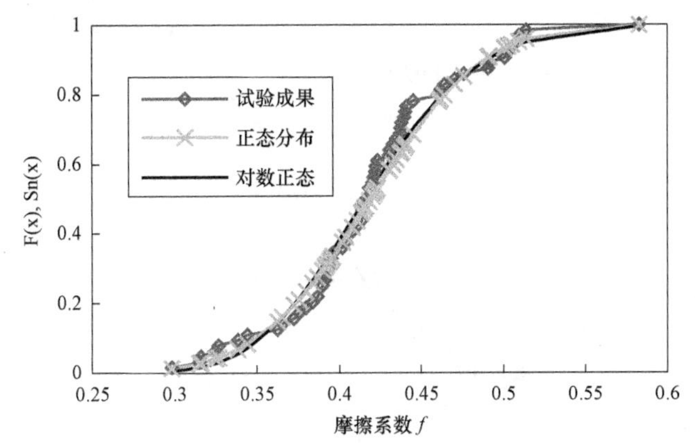

图 4–4　小浪底大坝心墙填筑土 CD 试验摩擦系数 f 的概率分布检验

小浪底大坝心墙填筑土 CU 试验有效黏聚力 c' 的概率分布检验如图 4–5 所示。

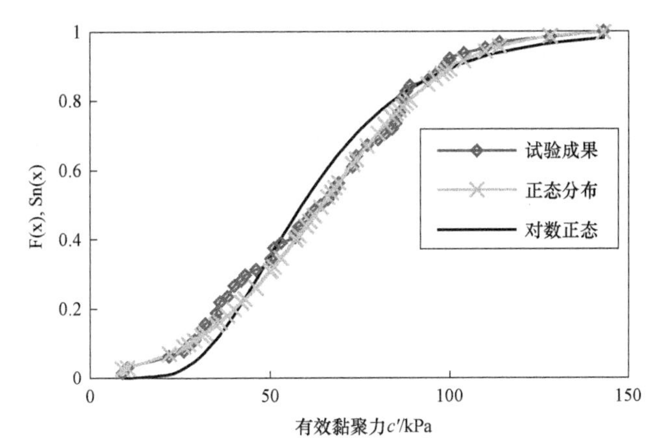

图 4–5　小浪底大坝心墙填筑土 CU 试验有效黏聚力 c' 的概率分布检验

小浪底大坝心墙填筑土 CU 试验有效摩擦角 φ' 的概率分布检验如图 4–6 所示。

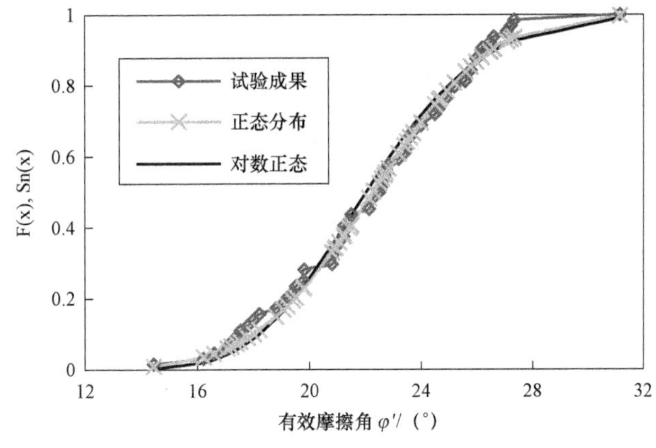

图 4–6　小浪底大坝心墙填筑土 CU 试验有效摩擦角 φ' 的概率分布检验

小浪底大坝心墙填筑土 CU 试验有效摩擦系数 f'的概率分布检验如图 4–7 所示。

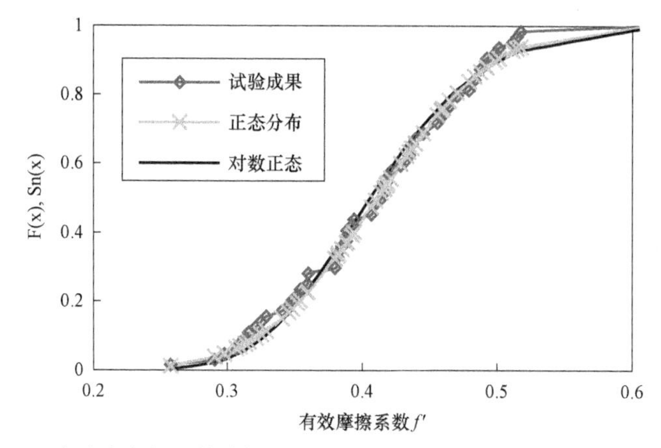

图 4–7 小浪底大坝心墙填筑土 CU 试验有效摩擦系数 f'的概率分布检验

小浪底大坝心墙填筑土 CU 试验黏聚力 c 的概率分布检验如图 4–8 所示。

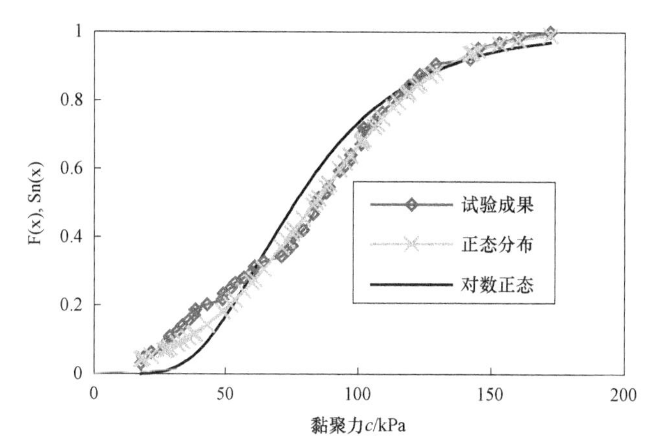

图 4–8 小浪底大坝心墙填筑土 CU 试验黏聚力 c 的概率分布检验

小浪底大坝心墙填筑土 CU 试验摩擦角 φ 的概率分布检验如图 4–9 所示。

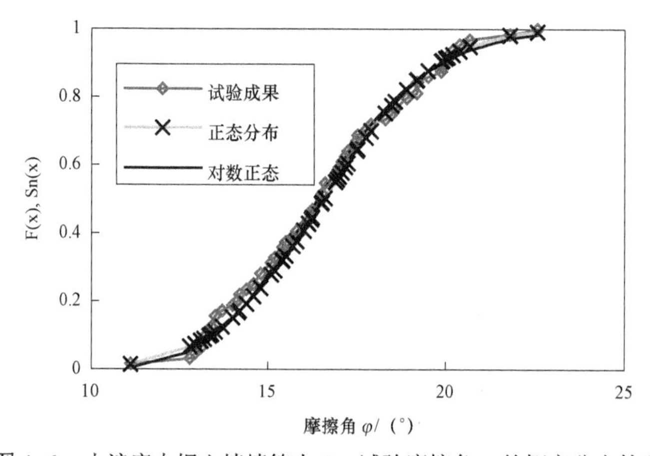

图 4–9 小浪底大坝心墙填筑土 CU 试验摩擦角 φ 的概率分布检验

小浪底大坝心墙填筑土 CU 试验摩擦系数 f 的概率分布检验如图 4–10 所示。

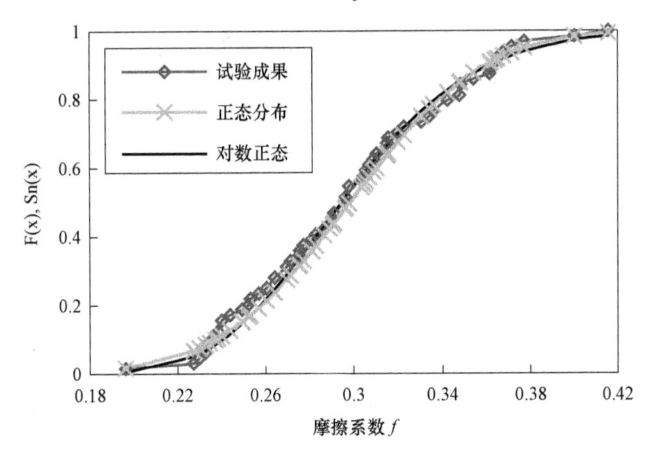

图 4–10　小浪底大坝心墙填筑土 CU 试验摩擦系数 f 的概率分布检验

小浪底大坝心墙填筑土 UU 试验黏聚力 c 的概率分布检验如图 4–11 所示。

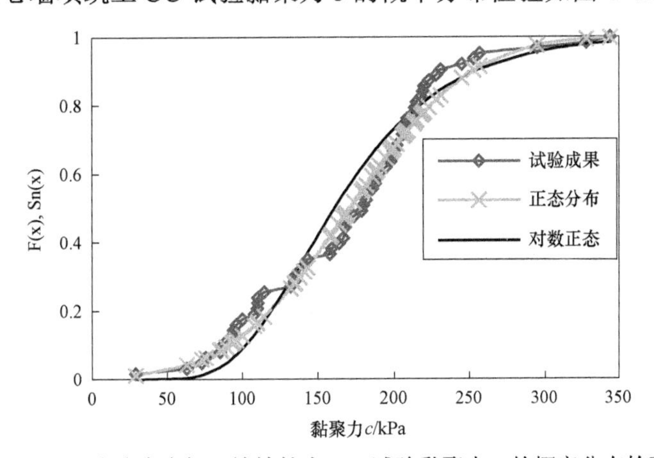

图 4–11　小浪底大坝心墙填筑土 UU 试验黏聚力 c 的概率分布检验

小浪底大坝心墙填筑土 UU 试验摩擦角 φ 的概率分布检验如图 4–12 所示。

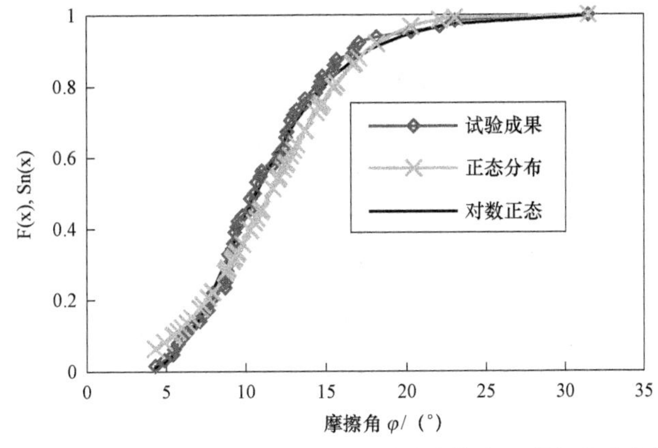

图 4–12　小浪底大坝心墙填筑土 UU 试验摩擦角 φ 的概率分布检验

小浪底大坝心墙填筑土 UU 试验摩擦系数 f 的概率分布检验如图 4–13 所示。

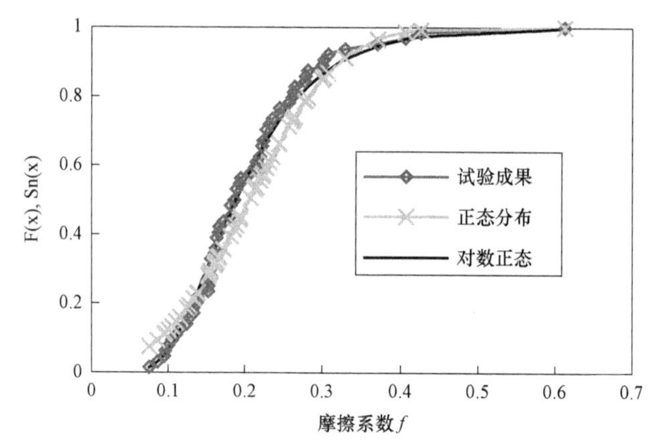

图 4–13　小浪底大坝心墙填筑土 UU 试验摩擦系数 f 的概率分布检验

王家崖大坝坝体填筑土 CU 试验有效黏聚力 c' 的概率分布检验如图 4–14 所示。

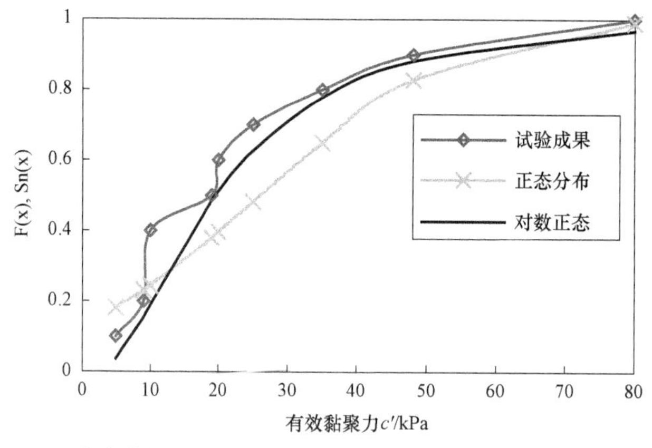

图 4–14　王家崖大坝坝体填筑土 CU 试验有效黏聚力 c' 的概率分布检验

王家崖大坝坝体填筑土 CU 试验有效内摩擦角 φ' 的概率分布检验如图 4–15 所示。

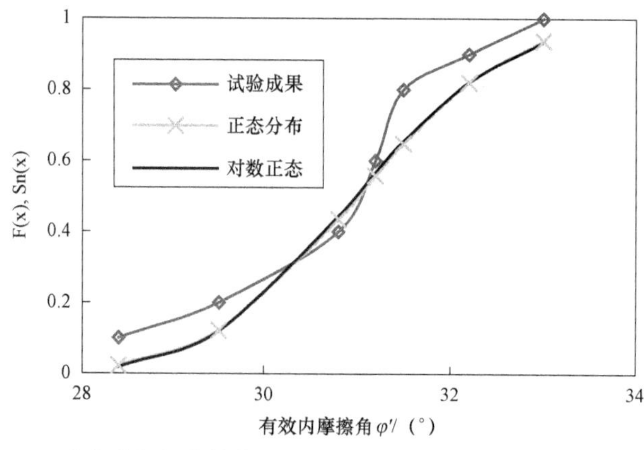

图 4–15　王家崖大坝坝体填筑土 CU 试验有效内摩擦角 φ' 的概率分布检验

石堡川大坝坝体填筑土 CU 试验有效黏聚力 c' 的概率分布检验如图 4–16 所示。

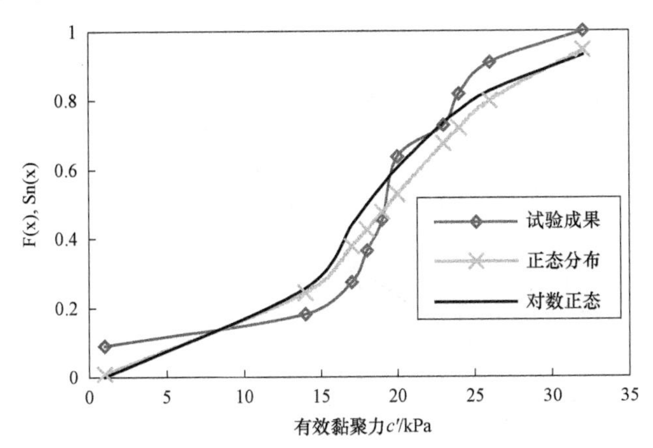

图 4–16　石堡川大坝坝体填筑土 CU 试验有效黏聚力 c' 的概率分布检验

石堡川大坝坝体填筑土 CU 试验有效内摩擦角 φ' 的概率分布检验如图 4–17 所示。

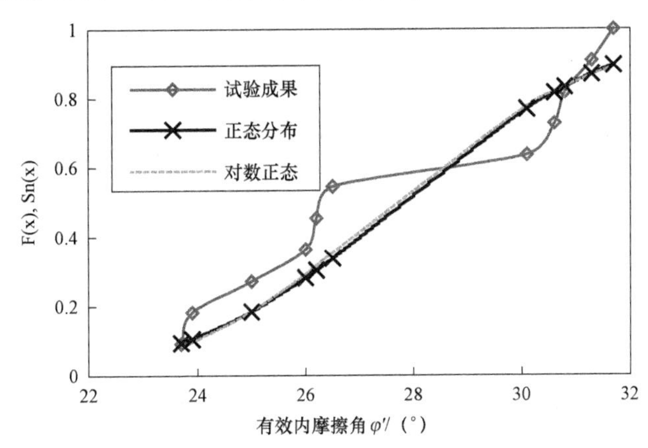

图 4–17　石堡川大坝坝体填筑土 CU 试验有效内摩擦角 φ' 的概率分布检验

信邑沟大坝坝体填筑土 CU 试验有效黏聚力 c' 的概率分布检验如图 4–18 所示。

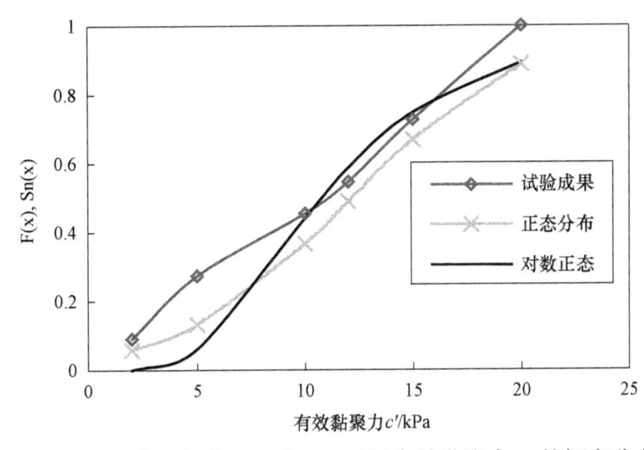

图 4–18　信邑沟大坝坝体填筑土 CU 试验有效黏聚力 c' 的概率分布检验

信邑沟大坝坝体填筑土 CU 试验有效内摩擦角φ'的概率分布检验如图 4–19 所示。

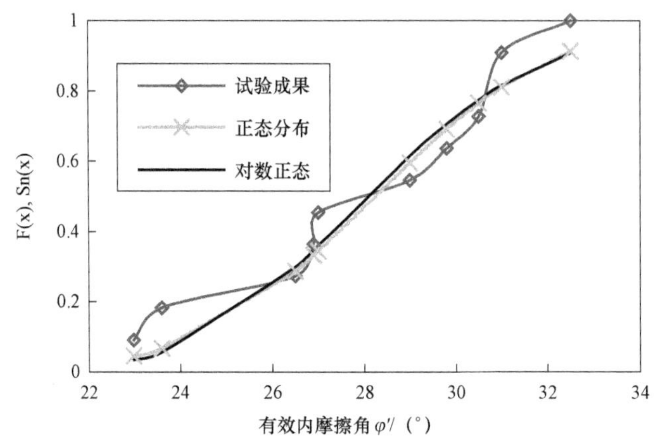

图 4–19　信邑沟大坝坝体填筑土 CU 试验有效内摩擦角φ'的概率分布检验

泔河大坝坝体填筑土 CU 试验有效黏聚力 c' 的概率分布检验如图 4–20 所示。

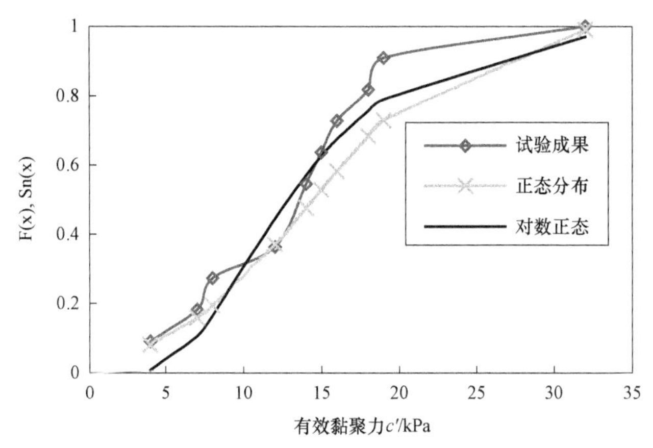

图 4–20　泔河大坝坝体填筑土 CU 试验有效黏聚力 c' 的概率分布检验

泔河大坝坝体填筑土 CU 试验有效内摩擦角φ'的概率分布检验如图 4–21 所示。

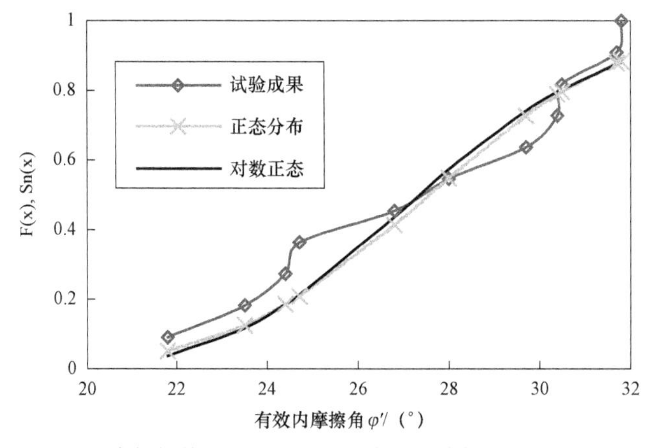

图 4–21　泔河大坝坝体填筑土 CU 试验有效内摩擦角φ'的概率分布检验

大北沟大坝坝体填筑土 CU 试验有效黏聚力 c' 的概率分布检验如图 4–22 所示。

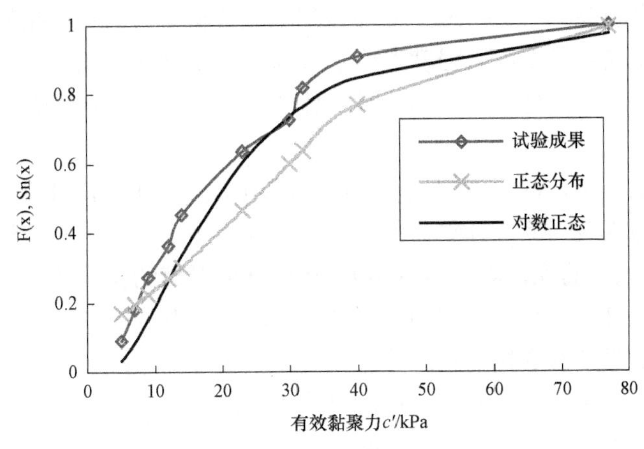

图 4–22　大北沟大坝坝体填筑土 CU 试验有效黏聚力 c' 的概率分布检验

大北沟大坝坝体填筑土 CU 试验有效内摩擦角 φ' 的概率分布检验如图 4–23 所示。

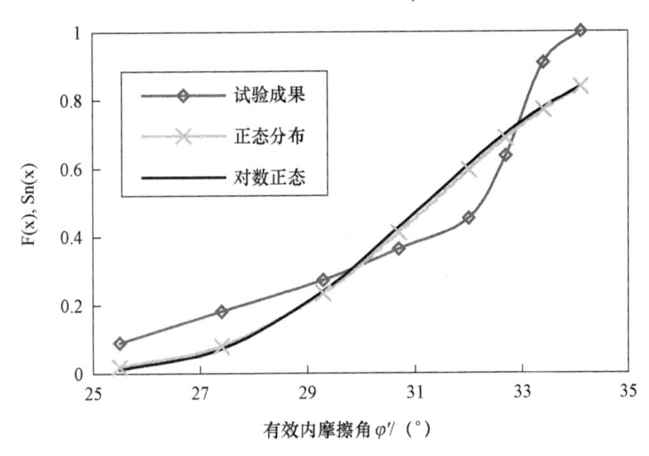

图 4–23　大北沟大坝坝体填筑土 CU 试验有效内摩擦角 φ' 的概率分布检验

均值与标准差相同的正态分布函数和对数正态分布函数的差值如图 4–24 所示。

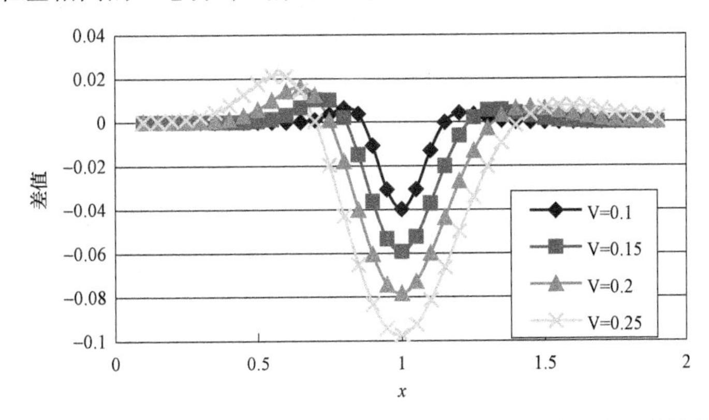

图 4–24　均值与标准差相同的正态分布函数和对数正态分布函数的差值

高大钊和魏道跺于1986年，高大钊于1986年，范明桥于1994和2000年，谭忠盛于1999年，倪万魁和韩启龙于2000年等根据试验资料对抗剪强度指标的概率分布进行了研究，从这些研究结果看抗剪强度指标c、f绝大多数都接受正态分布或者对数正态分布，只有少量结果符合其他概率分布，且土体的c符合对数正态的居多，而φ多为正态分布。

综合考虑以上结论，同时考虑到小浪底大坝填筑料三轴试验组数较多，而且试验成果十分可靠，抗剪强度指标统计结果的规律性比较清晰、明显，而统计样本较少时（例如关中灌区5座大坝的坝体填筑料试验），抗剪强度指标的概率统计结果的规律性不明显，个别试验结果可能影响对概型的检验结果，因此本书认为：

（1）土的抗剪强度参数接受正态分布或者对数正态分布；

（2）摩擦角由于变异系数较小，可同时接受正态分布与对数正态分布；

（3）通常情况下，黏聚力也可同时接受正态分布与对数正态分布。

一般情况下，为抗剪强度参数选择正态分布或者对数正态分布都是可行的，但是如果采用正态分布，那么意味着这些参数有可能出现负值，这和参数本身的物理含义不符。这一问题在岩土工程参数中有关黏聚力c的分析中表现得尤为突出。从大量的实际统计结果来看，黏聚力c的变异系数一般较大，c值的变异系数大于30%～40%是经常可能发生的。在实际应用可靠度理论分析边坡的风险时会发现，在c的变异系数较大时计算所得的可靠度指标往往较低。有时候可能会出现一个不合理的结果，例如十三陵的工程实例。

十三陵抽水蓄能电站上池面板堆石坝位于北京西北部地区，坝轴线位于山脊上，因此坝址处地形变化较大，坝轴线处坝高57 m，下游坝脚处坝高118 m。坝体上游设计坡比为1:1.5，下游设计坡比为1:1.75。图4–25给出了十三陵抽水蓄能电站大坝典型剖面图。根据初步设计，坝体的大部分填筑料将由开挖池盆获得。可是在开挖池盆后发现，池盆岩体风化程度较强，细粒含量偏高，能否应用池盆风化料作为坝体填筑料，成为工程技术人员关注的问题，因此需要进行稳定的可靠度分析。

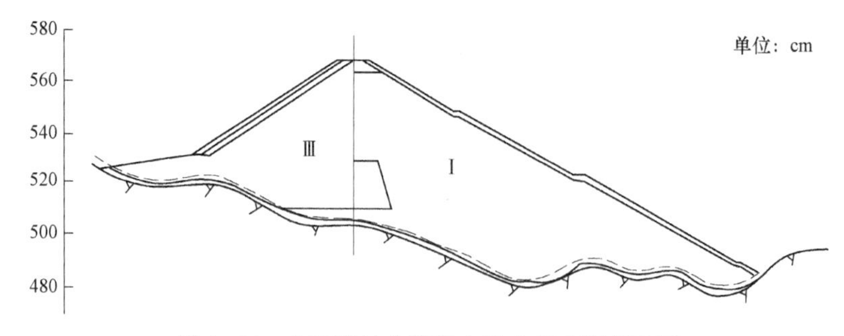

图4–25　十三陵抽水蓄能电站大坝典型剖面图

首先汇总设计和施工阶段有关池盆风化料的实验资料，采用矩法确定坝体填筑料的抗剪强度参数，结果见表4–4，发现黏聚力c的标准差比较大。在应用一次二阶矩法对坝体0+160断面进行下游坝坡稳定的可靠度分析计算时，如果采用正态分布，并认为黏

聚力 c=0，摩擦系数 f=0.783，σ_f=0.059，那么最小可靠度指标 β=3.915；而如果采用 c=33.5 kPa，σ_c=15.0 kPa，摩擦系数的参数不变，那么最小可靠度指标只有 β=2.60。这就出现了完全不考虑黏聚力作用的可靠度高于将黏聚力作为随机变量考虑的可靠度这样一个不合理的现象。

表 4–4　十三陵池盆风化料的抗剪强度参数统计结果

方法	试验	c/kPa		$f=\tan\varphi$		ρ
		μ	σ	μ	σ	
矩法	三轴	33.5	15.3	0.783	0.059	−0.17
	直剪	140	89.3	0.833	0.12	0.13

这一不合理的现象一方面与 c 值较大的变异特征有关；另一方面，也和计算分析中正态分布隐含允许 c 为负值这一事实有关。边坡稳定安全系数 F 这一目标函数同样也有这一问题，F 不仅不能为负值，而且还要以 F=1 而不是功能函数小于零来衡量结构的失效状态。为了解决这一问题，一种方法是对呈正态的参数进行截尾（吴世伟于 1990 年提出）；另一个可能更为合理、简便的方案就是选择对数正态作为这些参数的概率分布类型。在十三陵的实例中，如果 c 和 f 采用对数正态，那么最小的可靠度指标为 β=4.813，这一结果显然是合理的。而由表 4–3 的检验结果知十三陵池盆风化料的抗剪强度参数也接受对数正态分布。

根据以上的结果，同时考虑我国《水利水电工程结构可靠度设计统一标准》中的规定，当确定概率分布模型所需统计资料不充分时，人工材料性能可采用正态分布；岩、土材料、地基和围岩性能可采用对数正态分布或其他分布，建议一般情况下土体抗剪强度指标采用对数正态分布。

4.3.3　安全系数的概率分布型式

在“十三陵”案例中，计算可靠度指标时采用了式（4–12），该计算式隐含着功能函数为正态分布的假定。而从式（4–9）可知，随机变量的联合概率分布函数，或者说功能函数的概率分布型式对失效概率与可靠度指标有重要的影响。因此有必要考察边坡稳定安全系数的概率分布型式。

由于功能函数实际的概率分布无法直接获得，因此本书改编了两道 ACADS 的例题作为研究对象，采用数值方法研究在不同的黏聚力 c 和摩擦系数 f 的变异性与概率分布类型的条件下安全系数的分布规律。首先使用 Monte Carlo 法抽样 5 000 次，利用 Bishop 法分别计算自变量为正态分布和对数正态分布时的安全系数。有关计算都是在对边坡稳定计算程序 Stab95（陈祖煜于 1994 年提出）进行改进的基础上开展的。然后对抽样计算结果进行统计，分 30 个区段进行 χ^2 检验，根据检验结果来寻找安全系数的概率分布类型。

χ^2 法将样本容量为 n 的数据分成 k 个区间，统计每个区间的实际频率 n_i 和假设概率分布函数 $F(x)$ 在相应区间上的频率 e_i，那么统计量 D_n 为：

$$D_n = \sum_{i=1}^{k} \frac{\left(n_i - e_i\right)^2}{e_i} \tag{4-15}$$

对不同的置信度 α（通常取 0.05），都有一临界值 $D_{\alpha,k-1}$，在 $D_n < D_{\alpha,k-1}$ 时子样接受假设概型。$D_{\alpha,k-1}$ 为 χ^2 分布函数值。

1. 算例 1——均质土坡

算例 1：一个具有固定圆弧滑裂面的均质土坡［ACADS 例题 1（a），Donald 和 Giam 于 1989 年提出］。算例 1 的边坡剖面如图 4–26 所示。

在可靠度分析中，滑坡体材料容重按定值处理，γ=20.0 kN/m^3。强度参数黏聚力 c 和摩擦系数 f=tanφ 按随机变量来处理，并假定 c、f 统计上相互独立，且分别服从 $N(\mu_c,\sigma_c)$ 和 $N(\mu_f,\sigma_f)$ 的正态分布（其中 μ_c、μ_f、σ_c 和 σ_f 分别为 c 和 f 的均值与标准差）或者对数正态分布 LN（均值与标准差保持不变）。算例 1 的计算参数见表 4–5。算例 1 Monte Carlo 法计算结果与 χ^2 检验结果如表 4–6 所示。

从计算结果看，有以下几点启示：

（1）在均值和标准差相同的情况下，使用 LN 和 N 分布计算的安全系数的均值与标准差基本相同。

（2）两者的失效概率与可靠度指标不同，LN 分布计算的可靠度指标要大于 N 分布，相应的失效概率，LN 分布的结果小于 N 分布。

（3）从 χ^2 检验的结果不难发现，安全系数的分布概型存在与自变量的分布型式保持一致的特点。如果自变量为 LN 分布，那么 χ^2 检验的统计量 $D_{LN}<D_N$，安全系数的分布概型更符合 LN，反之亦然。

（4）在 c 和 f 的变异系数都较小（情况 1、1′）的条件下，无论自变量分布类型如何，安全系数都同时接受 LN 分布和 N 分布。在 f 的变异系数都较小时，即使 c 的变异系数相对较大，安全系数的概率分布型式仍可以接受 LN 分布（情况 3′）。

（5）在截尾后，自变量为 N 分布时的安全系数仍然符合 N 分布，LN 分布的检验值则比截尾前大大变小（情况 4″）。

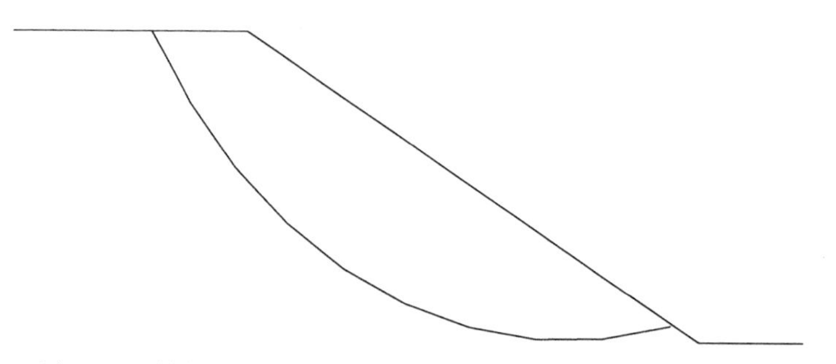

图 4–26 算例 1 的边坡剖面（Donald 和 Giam 于 1989 年提出）

表 4−5　算例 1 的计算参数

编号	分布类型	c		f	
		均值	标准差	均值	标准差
1	LN	3.0	0.3	0.356 1	0.017
1′	N				
2	LN	3.0	0.3	0.356 1	0.03
2′	N				
3	LN	3.0	1.0	0.356 1	0.03
3′	N				
4	LN	10.0	5.0	0.356 1	0.07
4′	N				
4″	N（截尾）				

表 4−6　算例 1 Monte Carlo 法计算结果与 χ^2 检验结果

编号	Monte Carlo 法计算结果				χ^2 检验结果			
	F_S		P_f	β	LN		N	
	均值	标准差			D_n	置信度	D_n	置信度
1	1.105	0.05	0.011 6	2.26	19.3	0.25	40.1	0.05
1′	1.106	0.05	0.014 6	2.17	27.0	0.25	21.7	0.25
2	1.106	0.083 5	0.096	1.305	27.5	0.25	56	拒绝
2′	1.106	0.083 8	0.102	1.271	24.8	0.25	13.9	0.25
3	1.106	0.092 2	0.121	1.171	25.5	0.25	133	拒绝
3′	1.106	0.092 3	0.132	1.143	31.6	0.25	22.5	0.25
4	1.401	0.282	0.047	1.675	28.3	0.25	36 702	拒绝
4′	1.402	0.284	0.080 7	1.400	14 967	拒绝	28.6	0.25
4″	1.412	0.274	0.066	1.503	274	拒绝	38.1	0.05

2. 算例 2——多土层边坡

算例 2：这个例子改编自 ACADS 中的例题 1（c）。该边坡共包含 3 层土层，边坡剖面如图 4−27 所示。在可靠度分析中，第一层土的黏聚力 c 作为确定性变量，摩擦系数 f（或内摩擦角 φ）作为随机变量，而第二、三层土的 c 和 f 全部作为随机变量，因此，总计有 5 个随机变量。为了便于进行 Monte Carlo 模拟计算，将标准差提高为原题中的 3

倍，算例 2 中的随机变量和材料的物理参数见表 4–7。算例 2 Monte Carlo 法的计算结果与χ^2检验结果见表 4–8。

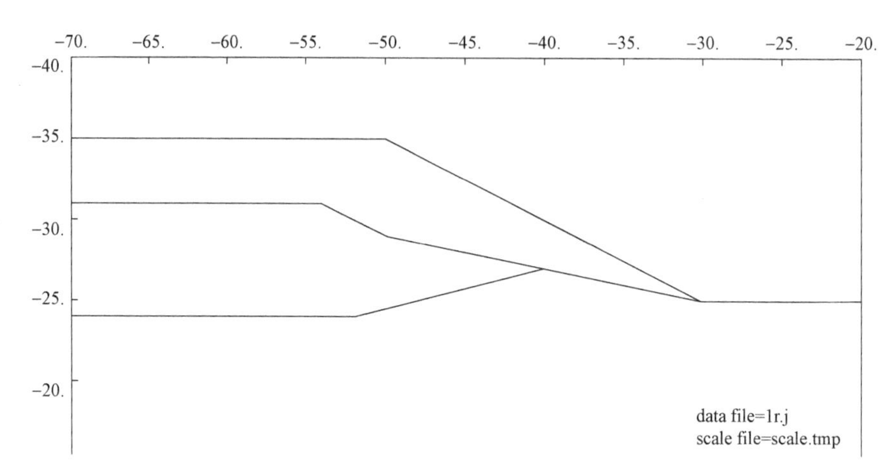

图 4–27　算例 2 的边坡剖面（Donald 和 Giam 于 1989 年提出）

表 4–7　算例 2 中的随机变量和材料的物理参数

土层编号	黏聚力 c/kPa		摩擦系数 $f=\tan\varphi$		容重γ/（kN/m³）
	均值	标准差	均值	标准差	
1	0	0	0.781	0.3	19.5
2	5.3	2.1	0.424	0.15	19.5
3	7.2	0.6	0.364	0.15	19.5

表 4–8　算例 2 Monte Carlo 法的计算结果与χ^2检验结果

抗剪强度概型	Monte Carlo 法计算结果				χ^2检验结果			
	F_S		P_f	β	LN		N	
	均值	标准差			D_n	置信度	D_n	置信度
LN	1.528	0.320	0.018 2	2.095	27.5	0.05	651	拒绝
N	1.529	0.326	0.051	1.635	785	拒绝	26.2	0.25

从计算结果来看，多层土的边坡稳定呈现和单层土坡一样的特性，即安全系数的随机分布类型与自变量的分布类型相同。

虽然两个算例还不足以完全证明上述结论，但说明这是一个合理的认识，有助于更为合理地求解可靠度指标。如果自变量采用对数正态分布，那么得到的安全系数也将是对数正态分布或者接近对数正态分布，而不是正态分布的。这就是美国陆军工程师团 US Army 于 1993 年，Hassan 于 1999 年，Duncan 于 2000 年假定稳定安全系数为对数正态分布的依据。这也证明了 Duncan 于 2000 年在文章中所说的“假定安全系数服从对数正态分布，这是一种合理的假设，虽然没有确切的证明，但是我相信这种近似是合理的”。

4.3.4　功能函数为对数正态分布时的可靠度指标

由于正态分布最为人们所熟悉，许多可靠度指标计算方法（例如 FOSM 法、Rosenblueth 法等）都利用式（4–12）求解可靠度指标。而这一公式只有在功能函数为正态分布的前提下才成立，如果功能函数不是正态分布，那么求得的可靠度指标是近似的。

Alfredo H–S. Ang 和 Wilson Tang 于 1984 年给出了功能函数为对数正态分布时，可靠度指标的计算公式：

$$\beta_{\text{LN}} = \frac{\lambda}{\zeta} = \frac{\ln \mu / \sqrt{1+V^2}}{\sqrt{\ln\left(1+V^2\right)}} \tag{4–16}$$

式中：λ、ζ 是 $\ln x$ 的均值与标准差，它们与 x 的均值 μ 和变异系数 V 之间的关系如下：

$$\lambda = \ln \frac{\mu}{\sqrt{1+V^2}} = \ln \mu - \frac{1}{2}\ln\left(1+V^2\right) \tag{4–17}$$

$$\zeta = \sqrt{\ln\left(1+V^2\right)} \tag{4–18}$$

此外边坡稳定中还可以采用式（4–11）来定义功能函数，由于安全系数 F 为对数正态分布，那么 $\ln F$ 恰好是正态分布的，如果采用式（4–11）作为功能函数，那么就可以直接使用式（4–12）计算可靠度指标。

对前面的两个算例采用 Rosenblueth 法重新计算各种条件下的均值、标准差及可靠度。算例 1 的计算结果对比见表 4–9 和表 4–10，算例 2 的计算结果见表 4–11。为了方便对比，在自变量为对数正态分布时，还按不同的公式计算了可靠度指标，表中 β、β_{N}、β_{LN} 分别表示按式（4–3）、式（4–12）和式（4–16）计算的可靠度指标。

表 4–9　算例 1 自变量正态分布时的安全系数

编号	Monte Carlo			Rosenblueth		
	μ_F	σ_F	β	μ_F	σ_F	β_{N}
1’	1.106	0.05	2.17	1.106	0.050	2.110
2’	1.106	0.083 8	1.271	1.107	0.083 4	1.277
3’	1.106	0.092 3	1.143	1.107	0.093	1.148
4’	1.403	0.283	1.400	1.404	0.286	1.410

表 4-10　算例 1 自变量对数正态分布时的安全系数

编号	Monte Carlo			Rosenblueth			
	μ_F	σ_F	β	μ_F	σ_F	β_{N}	β_{LN}
1	1.106	0.05	2.26	1.106	0.050	2.12	2.225
2	1.106	0.083 5	1.305	1.107	0.083 1	1.282	1.312
3	1.106	0.092 2	1.171	1.106	0.091 4	1.165	1.174
4	1.402	0.263	1.675	1.402	0.265	1.519	1.713

表 4-11　算例 2 边坡的稳定可靠度计算结果

抗剪强度概型	Monte Carlo			Rosenblueth			
	μ_F	σ_F	β	μ_F	σ_F	β_{N}	β_{LN}
LN	1.528	0.320	2.095	1.529	0.296	1.786	2.116
N	1.529	0.326	1.635	1.529	0.321	1.648	

从表 4-9 中可以看出自变量为 N 分布时，Rosenblueth 的计算结果与 Monte Carlo 法的计算结果十分吻合，这说明 Rosenblueth 法在边坡稳定的可靠度分析中能获得很好的结果。而自变量为 LN 分布时，Rosenblueth 法计算的均值与标准差与 Monte Carlo 法的结果十分一致。根据安全系数为正态分布计算的可靠度指标 β_{N} 要小于 Monte Carlo 法的计算结果 β。而按式（4-16）计算的 β_{LN} 与 Monte Carlo 法的计算结果很接近。这说明在更改可靠度指标的计算公式后，Rosenblueth 方法也能得到很好的结果。从表 4-11 中可以发现，即使在多层土的边坡中，上述结论依旧成立。这一结论为 Duncan 于 2000 年，US Army 于 1993 年和 Hassan 于 1999 年发表的文献中采用式（4-16）计算可靠度指标提供了依据。

因此，一旦获得了边坡的安全系数，如果同时也能合理地确定安全系数的变异系数，就可以根据式（4-16）求得可靠度指标，然后查标准状态分布表或者直接利用表 4-12 获得边坡的失效概率，就有条件知道类似“安全系数从 1.20 增加到 1.25 意味着风险是从 10^{-3} 减少到 10^{-5}”这样便于进行技术经济比较的指标，就可以进行方案的比较与风险分析。

4.4 小　结

（1）对小浪底等工程试验结果的 K-S 检验表明抗剪强度参数符合正态分布或者对数正态分布。一般情况下，选择对数正态分布可以避免出现参数为负值的不合理情况，使结果更为合理。

（2）多种情况进行的 Monte Carlo 法计算的结果表明，边坡稳定的安全系数的概率分布类型与土体抗剪强度指标的概型具有较好的一致性。在抗剪强度为对数正态分布时，假设安全系数为对数正态分布是合理的。在这一前提下，可靠度指标计算公式将变为式（4-16）。Rosenblueth 法计算的可靠度指标与 Monte Carlo 法计算结果的对比验证了这一点。

根据安全系数的均值和变异系数确定结构的失效概率 P_F 如表 4-12 所示。

表 4-12　根据安全系数的均值和变异系数确定结构的失效概率 P_F　　单位：%

F	V_F														
	2	4	6	8	10	12	14	16	20	25	30	40	50	60	80
1.05	0.8	12	22	28	33	36	39	41	44	47	49	53	55	58	61
1.10	1.0E–4	0.9	6	12	18	23	27	30	35	40	43	48	51	54	59
1.15	3.1E–10	0.03	0.7	4	9	13	18	21	27	33	37	43	48	51	56
1.16	1.9E–11	0.01	0.3	3	8	12	16	20	26	32	36	42	47	50	56
1.18	6.9E–14	1.9E–3	0.13	2	5	9	13	17	23	29	34	41	45	49	55
1.20	2.4E–16	2.9E–4	0.01	1.2	4	7	11	14	21	27	32	39	44	48	54
1.25	3.4E–22	1.5E–6	1.1E–2	0.3	1.4	4	6	9	15	22	27	35	41	45	51
1.30	1.8E–27	4.8E–9	7.0E–4	0.06	0.50	1.6	3	6	11	17	23	31	37	42	49
1.35	3.6E–32	1.2E–11	3.4E–5	0.01	0.20	0.7	1.9	4	8	14	19	28	34	40	47
1.40	2.6E–36	2.9E–14	1.3E–6	1.5E–3	0.04	0.3	1.0	2	5	11	16	25	32	37	45
1.50	2.8E–43	2.8E–19	1.5E–9	2.5E–5	3.0E–3	0.04	0.2	0.7	3	6	11	19	27	32	41
1.60	0.00	8.0E–24	1.4E–12	3.1E–7	1.6E–4	0.01	0.05	0.2	1.1	4	7	15	22	28	38
1.70	0.00	7.6E–28	1.7E–15	3.3E–9	7.4E–6	6.1E–4	0.01	0.06	0.5	2	5	12	19	25	34
1.80	0.00	2.1E–31	2.8E–18	3.5E–11	3.1E–7	6.2E–5	1.7E–3	0.01	0.2	1.2	3	9	16	22	31
1.90	0.00	1.4E–34	7.1E–21	4.1E–13	1.2E–8	6.0E–6	2.9E–4	3.8E–3	0.08	0.65	2	7	13	19	29
2.00	0.00	2.1E–37	2.9E–23	5.7E–15	5.2E–10	5.7E–7	4.8E–5	9.8E–4	0.03	0.36	1.3	5	11	17	26
2.20	0.00	3.2E–42	1.6E–27	1.9E–18	1.4E–12	5.1E–9	1.3E–6	5.5E–5	0.01	0.10	0.56	1.3	8	13	22
2.40	0.00	0.00	3.7E–31	1.5E–21	3.1E–15	5.1E–11	3.5E–8	3.1E–6	7.8E–4	0.03	0.23	1.9	5	10	19
2.60	0.00	0.00	2.7E–34	2.5E–24	1.4E–17	6.4E–13	1.0E–9	1.9E–7	1.2E–4	0.01	0.09	1.1	4	7	16
2.80	0.00	0.00	5.0E–37	8.2E–27	1.0E–19	1.0E–14	3.5E–11	1.2E–8	1.8E–5	0.00	0.04	0.66	3	6	13
3.00	0.00	0.00	1.9E–39	5.0E–29	1.1E–21	2.1E–16	1.4E–12	8.0E–10	2.8E–6	0.00	0.02	0.39	1.8	4	11

注：（1）V_F 为安全系数的变异系数；（2）F 为安全系数均值；（3）P_F 为失效概率/%。

第5章 岩土工程可靠性分析常用方法

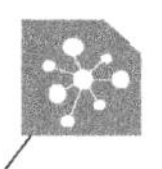

岩土工程问题存在着天然的不确定性，处理工程中的这些不确定性是岩土工程师一项重要的工作内容。可靠度理论在结构设计中的应用大概是从20世纪30年代开始的；自20世纪中期该理论引入岩土领域以来，岩土工程可靠度的研究工作已开始被广泛接受，并对工程实践产生重大影响。随着结构可靠度理论研究的深入，目前已经先后提出了一次二阶矩法（FOSM）、验算点法、JC法、响应面法（RSM）、最大熵法、Rosenblueth法、优化算法，以及蒙特卡罗法等比较成熟的进行结构可靠性分析的数学算法。下面将介绍常用的可靠指标计算方法的基本原理及它们各自的特性、优缺点、适用性并简要介绍目前对各种方法的改进情况。

5.1 蒙特卡罗法

5.1.1 蒙特卡罗法的基本原理

考察下列$h(x)$积分表达式：

$$H=\int h(x)\mathrm{d}x \tag{5-1}$$

假设$f(x)$为一概率密度函数，式（5-1）的积分可以改写为：

$$H=\int\frac{h(x)}{f(x)}f(x)\mathrm{d}(x)=E\left(\frac{h(x)}{f(x)}\right) \tag{5-2}$$

式（5-2）表明，积分值H可以看作是$h(x)/f(x)$的期望值，从统计学的角度来看，该期望值可以通过按照概率密度函数$f(x)$抽取x的样本，然后计算相应的$h(x)/f(x)$值，

从而得到 $h(x)/f(x)$ 的样本，求所有 $h(x)/f(x)$ 的样本值的均值即可得到 $h(x)/f(x)$ 期望的一个估计值，即积分值 H 的估计值：

$$\hat{H} = \frac{1}{N}\sum_{i=1}^{n}\frac{h(x_i)}{f(x_i)} \tag{5-3}$$

式中：x_i 为随机变量 x 的样本值，N 为样本数。

结构的失效概率可以表示为：

$$p_f = P\{G(X) < 0\} = \int_{D_f} f(X)\mathrm{d}X \tag{5-4}$$

式中：X 为 n 维随机变量，$f(X)$ 为随机变量的联合概率密度函数，$G(X)$ 为结构极限状态函数，当 $G(X) > 0$ 时，结构处于安全状态；当 $G(X) < 0$ 时，结构失效。D_f 为结构的失效域。

结构失效概率 p_f 的表达式为式（5-4），其可以改写为下式：

$$p_f = \int_{D_f} f(X)\mathrm{d}X = \int I(X) f(X)\mathrm{d}X \tag{5-5}$$

$$I(X) = \begin{cases} 1, & X\text{在失效域} \\ 0, & X\text{在安全域} \end{cases} \tag{5-6}$$

依据上述对积分 $H = \int h(x)\mathrm{d}x$ 的分析，式（5-5）可以看作函数 $I(X)$ 的期望，结构的失效概率 p_f 可按式（5-7）求解：

$$p_f = \frac{1}{N}\sum_{i=1}^{N} I(x) = \frac{n}{N} \tag{5-7}$$

式中：N 为样本数，n 为落在失效域的样本点数。

5.1.2　蒙特卡罗法的特点

从上面对蒙特卡罗法基本原理的描述可以看出，蒙特卡罗法是首先生成随机变量的样本，然后将随机变量的样本作为输入获得功能函数的样本，统计落入失效区域的样本数量从而估算失效概率的一种方法。其一般做法为先对功能函数包含的随机变量按照各自的分布规律进行抽样，然后将随机抽取的样本带入功能函数，判断结构是否失效，重复以上过程，统计结构失效的频率，将该失效频率作为结构失效概率的一个估计。

蒙特卡罗法的特点是明显的，该方法具有概念明确，使用方便的优点。在可靠指标的计算过程中，收敛速度与随机变量的维度和极限状态函数的复杂程度无关，在整个计算过程中，无须对极限状态函数和随机变量的概率密度函数进行近似处理，是一种直接的求解结构失效概率的方法。理论分析表明蒙特卡罗法的计算精度仅取决于抽取样本的容量，只要抽取的样本点个数足够多，就可以得到足够精确的失效概率。通常情况下，蒙特卡罗法的计算结果可以作为检验其他可靠指标计算方法精度的标准。蒙特卡罗法的这些优点使其在可靠度分析领域得到了极其广泛的应用，但是蒙特卡罗法的缺点也是十分明显的，一般认为为了获得满足工程精度要求的结构失效概率 p_f，蒙特卡罗法的抽样次数至少应为$\dfrac{100}{p_f}$次，工程中结构的失效概率都很小，一般都在10^{-3}以下，这样要求的模拟抽样次数就很大，需要数十万次乃至上千万次的模拟抽样才可以较为准确地求得结构失效概率，计算效率很低，尤其是当需要用数值计算程序计算结构的响应面函数值时，上千万次的数值计算要耗费太长的时间，对于这类问题蒙特卡罗法求解结构失效概率是不可行的。为了弥补蒙特卡罗法的缺陷，目前已有大量的文献介绍了蒙特卡罗法的改进方法，如重要抽样法、拉丁抽样法、模拟退火算法等方法，这些方法大大提高了蒙特卡罗法的抽样效率，同时随着计算机和计算软件的发展，蒙特卡罗法耗费时间过长的缺陷也得到了一定的改善。

5.2 一次二阶矩法

中心点法是结构可靠度研究早期提出的一种分析方法，其中心思想是将非线性功能函数在随机变量的中心点（均值）处按照泰勒级数的形式展开，只保留一次项，即将非线性功能函数线性化，然后近似计算功能函数的均值与标准差。中心点法的优点是简单快速，无须进行复杂的数值计算，但其缺点也十分明显，主要有以下三点：一是不能考虑随机变量的分布规律，仅仅用到一阶矩，二阶矩；二是中心点（或均值）往往不在极限状态曲线（或曲面）上，将非线性功能函数在中心点处展开，不太符合实际情况。三是功能函数的表达方式不同，会导致计算的可靠指标不一致。针对中心点法以上的问题，1974 年 Hasofer 和 Lind 引入了验算点的概念，推进了一次二阶矩法的发展，一次二阶矩法示意图如图 5-1 所示。在验算点法中，通过迭代求解，确保了功能函数线性化的泰勒展开点在极限状态线（面）上，解决了中心点法的第二、第三个问题。前两种方法都是建立在随机变量服从正态分布的基础上的。但是在工程中有大量的参数并不服从正态分布，为了拓宽一次二阶矩法的适用范围，Rackwitz 等人提出了通过当量正态化的方法来考虑随机变量实际分布，随后该方法为国际安全度委员会（JCSS）推荐使用（称为 JC 法），其是目前计算可靠指标最重要的方法之一。当量正态化的思想是在验算点处等效正态随机变量的概率密度函数和概率分布函数与原随机变量的概率密度函数和概率分布函数的函数值相等，以此为等效原则，求解等效正态随机变量的均值与方差。至此，一次二阶矩法已经可以解决功能函数已知的，随机变量为各种分布类型的结构可靠度计算问题，一次二阶矩法的基本原理、计算过程及特点将在下章做详细的论述。

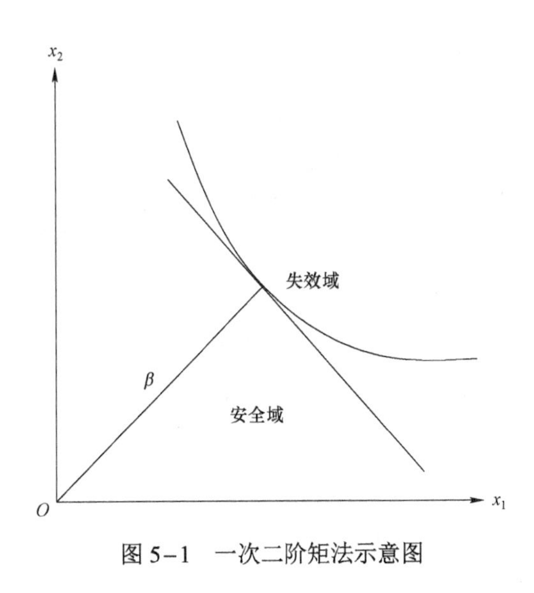

图 5-1　一次二阶矩法示意图

5.3　响应面法

一次二阶矩法和蒙特卡罗法虽然可以解决很大一部分可靠度的计算问题，但是通过上面的介绍不难发现，使用一次二阶矩法和蒙特卡罗法的前提是建立在功能函数已知的情况下，并且在使用一次二阶矩法的计算过程中需要多次对功能函数用泰勒级数线性展开，迭代求解，因而对于功能函数比较复杂的结构，一次二阶矩法求解起来就会比较困难；对于功能函数未知的结构，一次二阶矩法和蒙特卡罗法就无能为力了。在实际工程中，大型复杂的工程（如大坝的变形，建筑物基础的沉降等），其功能函数往往是无法用显式函数表示的。响应面法则为解决此类问题提供了一种行之有效的解决方法。

5.3.1　响应面法的基本原理

响应面法起源于 1951 年 Box 和 Wilson 的试验设计，是试验设计的一种基本的方法。其基本思想是对隐含的需要花费大量的时间、人力、物力、财力去确定的真实的功能函数或极限状态曲面，用一个容易处理函数（响应函数）或曲面（响应面）来代替，如图 5-2 所示。

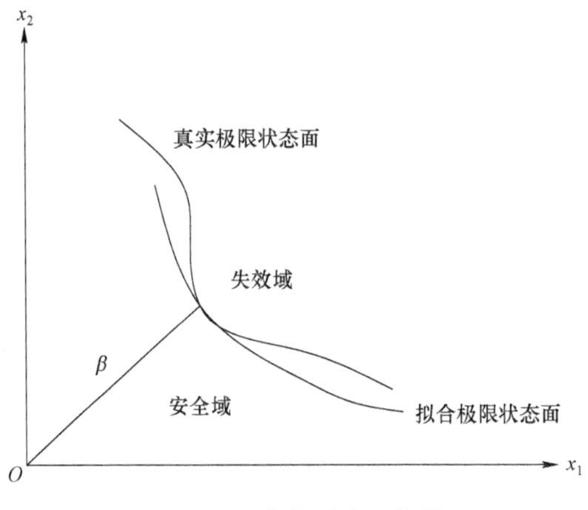

图 5-2　响应面法示意图

1984 年 Wong 在分析桩–土结构的动力可靠性及边坡的可靠性中采用式（5-8）来代替结构真实的极限状态方程。

$$g(X) = a + \sum_{i=1}^{n} b_i x_i + \sum_{i \neq j}^{n} c_{ij} x_i x_j \tag{5-8}$$

Wong 采用了一次项及交叉项来构造结构的响应面方程，随后 Bucher 和 Bourgund 对其提出了一些改进，建议采用不含交叉项的二次多项式来拟合功能函数，如式（5-9）所示。

$$g(X) = a + \sum_{i=1}^{n} b_i x_i + \sum_{i=1}^{n} c_i x_i^2 \tag{5-9}$$

式中：x_i 为随机变量，a、b_i、c_i 为待定系数，为了确定这 $2n+1$ 个未知的系数，需要抽样计算响应函数值，构造线性方程组求解。常用的做法为按照每个随机变量取均值或者均值加减 f 倍的标准差取值，即按照式（5-10）和式（5-11）安排抽样试验。

$$X_1 = (\mu_1, \mu_2, \cdots, \mu_n) \tag{5-10}$$

$$X_j = (\mu_1, \mu_2, \cdots, \mu_i \pm f\sigma_i, \cdots, \mu_n) \tag{5-11}$$

按照上述抽样方法可以得到 $2n+1$ 个样本点，每个样本点都对应一个响应函数值 $g(X)$，将这些样本点值和对应的响应函数值代入式（5-10）或者式（5-11）可得一个 $2n+1$ 元的线性方程组，该方程组由 $2n+1$ 个相互独立的方程构成，求解该方程组即可得到 $2n+1$ 个未知的待定系数，从而拟合出结构的极限状态面方程。接下来就用构造的二次函数代替结构真实的极限状态面采用的一般计算可靠指标方法（如 JC 法、优化算法等方法），即可得到结构的可靠指标。常用的抽样方法还有二水平因子法、三水平因子法、中心复合设计法等方法。为了提高响应面法的收敛速度与计算精度，又有大量的文献对该方法进行了改进，武清玺提出了结构可靠度分析变 f 序列的响应面法；丁幼亮从混沌力学理论的角度分析了响应面法不收敛的原因，在此基础上提出了改进方法，还有一些文献提出了重要性抽样等新的抽样方法来改善响应面法的收敛性。

5.3.2　响应面法的特点

响应面法对结构的极限状态方程进行重构和简化，能够比较简便地计算出功能函数比较复杂甚至无法用明确的解析函数表达的复杂结构的可靠指标，自该方法提出以来得到了很多的改进，使其计算精度和收敛性都有很大的提高，在工程可靠性分析领域得到了广泛的应用。但是该方法仍然存在一些问题，在实际的工程可靠性分析中经常遇到计算无法收敛的问题。造成不收敛的原因是由该方法的固有缺陷决定的，一方面，响应面法构造的极限状态函数仅在样本点附近才能较准确地模拟结构真实极限状态函数，在距离抽样中心较远的区域构造的极限状态面方程是没有意义的，而按照构造的极限状态函数计算可靠指标时得到的验算点可能会落在距样本点较远的区域，在这些区域构造的极限状态函数无法反映极限状态面的真实情况，这也是导致响应面法计算结构可靠指标时仍然会经常遇到收敛性问题的原因所在。一个合理有效的抽样方法对响应面法是至关重要的，它是响应面法应用的关键问题，直接关系到响应面法的收敛性。另一方面，响应面法是用一个简单的函数去近似模拟结构真实极限状态函数，在可靠性分析中使用的并不是结构真实的极限状态函数，真实的极限状态函数和拟合的简单函数之间的差异会造成计算精度的降低，并在一定程度上影响该方法的收敛性。

5.4　Rosenblueth 法

Rosenblueth 法又称点估计法，由 Rosenblueth 于 1975 年提出。相对于其他可靠指标计算方法，该方法只利用随机变量的均值、方差及偏度系数，不需要知道随机变量的概率密度函数即可求得相应失效模式下的可靠指标。和其他的方法相比，Rosenblueth 法具有计算简便，概念清晰的优点。可用于求解随机变量均值、方差及偏度系数已知情况下的可靠度指标求解问题。

5.4.1　Rosenblueth 法的基本原理

当功能函数为单变量函数即：$z=g(x)$ 时，Rosenblueth 法做出以下两点假设：

（1）功能函数 Z 的 n 阶原点矩 $E(z^n)$ 表示成 $z^n(x_+)$、$z^n(x_-)$ 的线性组合；

（2）当 $Z=x$ 时，$E(z^n)$ 应是精确成立的；$n=1$，2，3。

其中 x_+，x_- 为特定的点；$z(x_+)$、$z(x_-)$ 为 x_+，x_- 处功能函数值。

构造随机变量 x 的概率密度函数，如式（5-12）所示：

$$f(x)=\begin{cases} P_+ & x=x_+ \\ P_- & x=x_- \\ 0 & \text{其他} \end{cases} \tag{5-12}$$

依据第二点假设可得P_+，P_-，x_+，x_-满足以下方程：

$$\begin{cases} P_+ + P_- = 1 \\ P_+ x_+ + P_- x_- = \mu_x \\ P_+ x^2{}_+ + P_- x^2{}_- = \sigma_x{}^2 \\ P_+ x^3{}_+ + P_- x^3{}_- = C_s \sigma_x{}^3 \end{cases} \tag{5-13}$$

解方程组（5-13）得：

$$x_+ = \mu_x + \left[\frac{C_s}{2} + \sqrt{1 + \left(\frac{C_s}{2} \right)^2} \right] \sigma_x \tag{5-14}$$

$$x_- = \mu_x + \left[\frac{C_s}{2} - \sqrt{1 + \left(\frac{C_s}{2} \right)^2} \right] \sigma_x \tag{5-15}$$

$$P_+ = \frac{1}{2} \left[1 - \frac{C_s}{2} \frac{1}{\sqrt{1 + \left(\frac{C_s}{2} \right)^2}} \right] \tag{5-16}$$

$$P_- = \frac{1}{2} \left[1 + \frac{C_s}{2} \frac{1}{\sqrt{1 + \left(\frac{C_s}{2} \right)^2}} \right] \tag{5-17}$$

由上述计算结果可以看出，当偏度系数C_s为0或者可以忽略的时候，计算结果可以简化为：

$$\begin{cases} x_+ = \mu_x + \sigma_x \\ x_- = \mu_x + \sigma_x \\ P_+ = \dfrac{1}{2} \\ P_- = \dfrac{1}{2} \end{cases} \tag{5-18}$$

当功能函数$z = g(x)$在x_+，x_-处连续时z的n阶原点矩$E(z^n)$可按下式计算：

$$E(z^n) = P_+ z^n{}_+ + P_- z^n{}_- \tag{5-19}$$

式中：$z_+ = z(x_+)$，$z_- = z(x_-)$。

对于功能函数为多个随机变量的函数即：$z = g(x_1, x_2, x_3, \cdots, x_n)$，仿照单变量功能函数可得，在随机变量偏度可忽略的情况下，每个随机变量对称选择$x_+ = \mu_x + \sigma_x$，$x_- = \mu_x + \sigma_x$两个点，则n个随机变量共有2^n参数取值组合，每种参数组合出现的概率用下式表示：

$$P_i=\frac{1}{2^n}\left(1+\sum_{m=1}^{n-1}\sum_{k=m+1}^{n}s_m s_k\rho_{mk}\right) \tag{5-20}$$

其中P_i为第i个参数组合中出现的概率，当$x_m=\mu_{x_m}+\sigma_{x_m}$时，$s_m=1$；当$x_m=\mu_{x_m}-\sigma_{x_m}$时，$s_m=-1$。$s_k$取值确定办法和$s_m$相同。$\rho_{mk}$为$x_m$，$x_k$相关系数。

功能函数z各阶原点矩如式（5-21）所示：

$$E(z^n)=\sum_{i=1}^{2^n}P_i z^n{}_i \tag{5-21}$$

式中：z_i为第i种参数组合下功能函数值。

由式（5-20）可以看出，当随机变量相互独立时，每种参数组合出现的概率相等，均为$P=\frac{1}{2^n}$，式（5-21）可简化如下：

$$E(z^n)=\frac{1}{2^n}\sum_{i=1}^{2^n}z^n{}_i \tag{5-22}$$

各个参数意义与式（5-21）相同。

5.4.2 Rosenblueth 法研究现状

Rosenblueth 法提出以后，Zhao Y G、Hong H P 等在 Rosenblueth 法的理论基础上提出了各自的点估计理论。我国在 20 世纪 90 年代开始在工程领域使用该方法。赵国藩、佟晓利、李云贵等对 Rosenblueth 法进行了改进，考虑了四阶矩对计算结果的影响，并且将 Rosenblueth 法与最大熵法结合起来求解可靠指标，取得了较好的效果。苏永华等提出了土坡稳定可靠性分析的多点估计法。陈祖煜将 Rosenblueth 法应用于边坡稳定的可靠度和风险分析领域，并用 FORTRAN 语言编写了计算程序。马栋和等采用 Lind 法和 Harry 法将随机变量参数组合数目由2^n减少为$2n$，减少了计算次数。

5.4.3 Rosenblueth 法的改进

传统的 Rosenblueth 法在利用式（5-21）得到功能函数z的前两阶矩后，默认功能函数z服从正态分布，采用下式计算可靠指标：

$$\beta=\frac{\mu_z}{\sigma_z} \tag{5-23}$$

功能函数z的分布类型往往不是正态分布，导致传统的 Rosenblueth 法计算的可靠指标误差较大，为解决这一问题，可将最大熵法与 Rosenblueth 法结合起来计算可靠指标β。其原理为采用 Rosenblueth 法计算功能函数z的前n阶矩，依据z的各阶矩使用最大熵法拟合出概率密度函数，对拟合的概率密度函数进行积分求得可靠指标β。

5.5 最大熵法

5.5.1 最大熵法的基本原理

熵指的是体系的混乱程度。熵的概念最早于1864年由Clausius提出，并应用于热力学中。1948年Shannon提出了作为事物不确定性测度上的概念，将熵的概念引入信息论中来。1957年，E.T.Janyes将熵作为一种新的估计和推论的方法拓展到统计学中，正式提出最大熵法，使其能够运用于解决概率论的问题。在概率论中，熵的定义为下式所示：

$$S=-\int_{-\infty}^{+\infty} f(x)\ln f(x)\mathrm{d}x \tag{5-24}$$

式中：S为熵，$f(x)$为概率密度函数。最大熵法的理论基础是最大信息熵原理：在给定所有满足约束条件的概率密度函数中，信息熵最大的概率密度函数为最佳的概率密度函数。设x为一个连续型随机变量，其概率密度函数$f(x)$满足以下条件：

$$z_0(x)=\int_{-\infty}^{+\infty} f(x)\mathrm{d}x-1=0 \tag{5-25}$$

$$z_i(x)=\int_{-\infty}^{+\infty} x^i f(x)\mathrm{d}x-M_i=0 \tag{5-26}$$

式中：M_i为x的i阶原点矩，可通过统计样本计算确定。这样最大熵法就转化为在式（5-25）和式（5-26）约束下求式（5-24）最大值问题。构造拉格朗日函数，如式（5-27）所示：

$$L(x)=S(x)+\lambda_0 z_0(x)+\sum_{i=1}^{n}\lambda_i z_i(x) \tag{5-27}$$

即：

$$L(x)=-\int_{-\infty}^{+\infty} f(x)\ln f(x)\mathrm{d}x+\lambda_0\left[\int_{-\infty}^{+\infty} f(x)\mathrm{d}x-1\right]+\sum_{i=1}^{n}\lambda_i\left[\int_{-\infty}^{+\infty} x^i f(x)\mathrm{d}x-M_i\right] \tag{5-28}$$

式中：λ_0，λ_1，λ_2，…，λ_n为拉格朗日乘子。若$L(x)$取得最大值，则偏导数$\dfrac{\partial L(x)}{\partial f(x)}=0$，

即应满足下式：

$$\ln f(x)-\lambda_0-\sum_{i=1}^{n}\lambda_i x^i=0 \tag{5-29}$$

整理式（5-29）可得连续型随机变量概率密度函数：

$$f(x)=\exp\left(\lambda_0+\sum_{i=1}^{n}\lambda_i x^i\right) \tag{5-30}$$

式中：λ_0，λ_1，λ_2，…，λ_n为待定系数，由方程（5–25）和方程（5–26）构成的非线性方程组求解。

式（5–30）给出了 n 阶矩法概率密度函数表达式，韦征等对 n 值的选取问题进行了研究，以一个单层网壳结构可靠度分析为验证算例，比较了最大熵理论三阶矩算法、四阶矩算法及五阶矩算法的计算结果。通过对比发现三阶矩算法得到的概率密度不能正确地反映结构位移响应变化规律，与四阶矩算法相比，五阶矩算法尾部误差较大，已经不能有效地提高概率密度函数、超越概率和可靠指标的精度，并且求解待定系数的方程组过于复杂，采用数值法求解方程组时对初始值要求严格，不容易得到能使方程收敛的初始值。最终韦征等建议 n 值取 4，即采用四阶矩算法。目前最大熵法在结构可靠性分析中已得到了比较广泛的应用。

最大熵法拟合概率密度函数的核心和难点在于以下非线性方程组的求解：

$$\begin{cases}\int_{-\infty}^{+\infty}\exp\left(\lambda_0+\sum_{i=1}^{4}\lambda_i x^i\right)\mathrm{d}x-1=0\\ \int_{-\infty}^{+\infty}x\exp\left(\lambda_0+\sum_{i=1}^{4}\lambda_i x^i\right)\mathrm{d}x-M_1=0\\ \int_{-\infty}^{+\infty}x^2\exp\left(\lambda_0+\sum_{i=1}^{4}\lambda_i x^i\right)\mathrm{d}x-M_2=0\\ \int_{-\infty}^{+\infty}x^3\exp\left(\lambda_0+\sum_{i=1}^{4}\lambda_i x^i\right)\mathrm{d}x-M_3=0\\ \int_{-\infty}^{+\infty}x^4\exp\left(\lambda_0+\sum_{i=1}^{4}\lambda_i x^i\right)\mathrm{d}x-M_4=0\end{cases} \tag{5-31}$$

方程组的求解需要解决三个方面的问题：① 各方程积分域的选择；② 方程组简化；③ 方程组求解方法。

5.5.2　最大熵法积分区间对结果的影响

方程组（5–31）中各方程都含有一个不定积分项，直接求解非常困难，需要先把各方程的不定积分计算出来，去掉方程中的积分符号，简化方程组。由于被积函数比较复杂，需要人为地选择一个积分区域，用被积函数在该区域上的定积分代替原不定积分，然后采用数值方法进行积分运算。赵国藩建议积分区域选为$[\mu-10\sigma,\mu+10\sigma]$并用梯形积分公式进行积分运算。本书通过算例对比发现积分区域的选取是否合适对拟合的好坏有重要影响。以均值为 25，标准差为 11.2 的极值 I 型分布为例，当积分域分别为[0，400]和[0，80]时拟合的概率密度函数如图 5–3、图 5–4 所示。

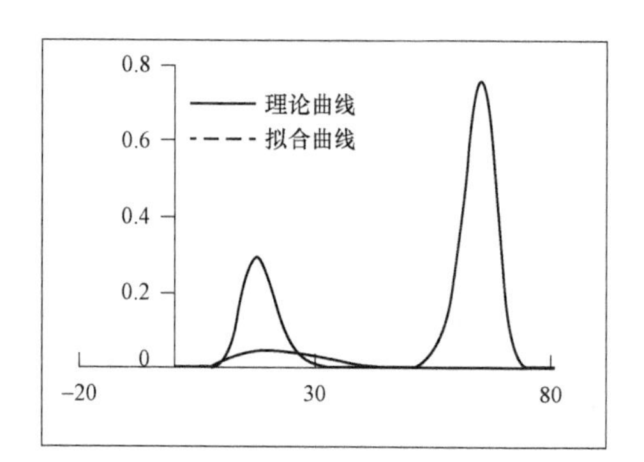

图 5-3　积分域为[0，400] 时拟合的概率密度函数

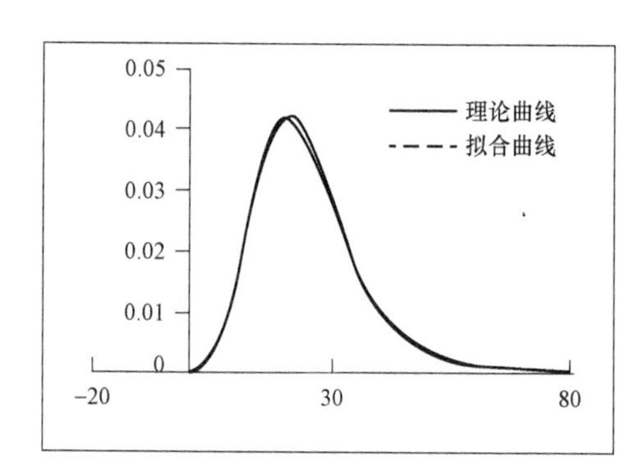

图 5-4　积分域为[0，80] 时拟合的概率密度函数

对比图 5-3、图 5-4 发现，积分域为[0，400]时得不到正确的拟合函数，拟合的效果很差，最大误差为 0.76。而积分域为[0，80]时，最大误差量级为 10^{-2}，二者相差数十倍。通过算例验证发现，积分域应控制在[$\mu-10\sigma$，$\mu+10\sigma$]以内为宜，同时积分区间端点处对应的概率密度函数值不宜超过10^{-4}，分析发现最大熵法的本质是用一个形如式（5-30）的指数函数等效替代随机变量真实的概率密度函数，而等效的原则是前 n 阶矩相等，在求解时如果积分区间取得过大，在求解待定系数时容易出现多解的问题，即有多个形如式（5-30）的指数函数满足在该区间范围内前 n 阶矩等于随机变量真实的前 n 阶矩。

5.5.3　方程组简化

观察方程组（5-31）的第一个方程，做以下变换：

$$\exp(-\lambda_0)=\int\left(\exp\sum_{i=1}^{4}\lambda_i x^i\right)\mathrm{d}x \tag{5-32}$$

即：

$$\lambda_0=-\ln\left[\int\left(\exp\sum_{i=1}^{4}\lambda_i x^i\right)\mathrm{d}x\right] \tag{5-33}$$

对式（5-32）求偏导 $\dfrac{\partial\lambda_0}{\partial\lambda_i}$（$i$=1，2，3，4）得到：

$$-\frac{\partial\lambda_0}{\partial\lambda_i}\exp(-\lambda_0)=\int\left(x^i\exp\sum_{i=1}^{4}\lambda_i x^i\right)\mathrm{d}x\quad i=1,\ 2,\ 3,\ 4 \tag{5-34}$$

即：

$$\frac{\partial\lambda_0}{\partial\lambda_i}=-\int x^i\left[\exp\left(\lambda_0+\sum_{i=1}^{4}\lambda_i x^i\right)\right]\mathrm{d}x=-M_i\quad i=1,\ 2,\ 3,\ 4 \tag{5-35}$$

对式（5-33）求偏导$\frac{\partial \lambda_0}{\partial \lambda_i}$（$i$=1，2，3，4）得：

$$\frac{\partial \lambda_0}{\partial \lambda_i}=-\frac{\int x^i\left(\exp\sum_{i=1}^{4}\lambda_i x^i\right)\mathrm{d}x}{\int\left(\exp\sum_{i=1}^{4}\lambda_i x^i\right)\mathrm{d}x}\quad i=1,\ 2,\ 3,\ 4 \tag{5-36}$$

式（5-36）代入式（5-35）得：

$$1-\frac{\int x^i\left(\exp\sum_{i=1}^{4}\lambda_i x^i\right)\mathrm{d}x}{M_i\int\left(\exp\sum_{i=1}^{4}\lambda_i x^i\right)\mathrm{d}x}=0\quad i=1,\ 2,\ 3,\ 4 \tag{5-37}$$

此时，最大熵法系数方程组就由式（5-31）化简为式（5-37），即将原五元的方程组简化为四元的方程组，提高了方程组收敛速度和稳定性。由方程组（5-37）得到λ_1、λ_2、λ_3、λ_4四个系数后，按照式（5-33）求解λ_0，从而得到所有的待定系数。

5.5.4 最大熵法方程组求解方法

非线性方程组式（5-31）比较复杂，求解起来比较麻烦，已有许多文献对方程组的求解方法进行了探索研究。赵国藩等利用循环中点求积 Newton 算法对非线性方程组牛顿算法进行改进，改进后的新算法具有收敛快、稳定，对初始值无限制，成功率高的优点。此外，还有一些文献应用遗传算法、粒子群算法等优化算法求解，都取得了一定的成果。但是这些计算方法对数学知识要求较高，并且需要编写较复杂的程序才能实现。Matlab 具有强大的数值计算能力，并且整合了许多优化算法、非线性方程组数字解法程序作为可以直接调用的内部函数，求解方程组比较方便。在求解实例时发现直接调用 Matlab 优化工具箱中的遗传算法程序去求解方程组式（5-37），不需要设置初始值，但是得到的解精度并不高，调用 ga 函数求解方程组一般所能达到的精度为 0.1～0.01，很难得到精度更高的解。在 Matlab 中还可以用 Fsolve 函数求解非线性方程组，该方法可以得到精度为 10^{-7} 及更好解，但是使用 Fsolve 函数对初始解的要求非常严格，初始解选择不恰当将导致程序不收敛。比较上述两种算法的优缺点后，将两种方法有机地结合起来，先使用遗传算法得到一个精度为 0.1～0.01 的解，然后将这个解作为方程组的初始解调用 Fsolve 函数得到精度更好的解。这种方法前后两步都是直接调用 Matlab 内置函数，实现起来非常简单，并且求解成功率很高。

本书分别用遗传算法和遗传算法与 Fsolve 相结合的方法对四种分布进行了拟合，四种分布的参数见表 5-1。

表 5–1　四种分布的参数

编号	分布类型	均值	标准差
分布 1	正态分布	0	1.00
分布 2	对数正态	2.73	0.27
分布 3	对数正态	2.00	0.40
分布 4	极值 1 型	25.0	11.3

分别使用上述两种计算方法对上述四种分布进行计算，计算结果如图 5–5～图 5–12 所示，其中图 5–5～图 5–8 为遗传算法拟合结果；图 5–9～图 5–12 为遗传算法和 Fsolve 函数相结合拟合结果。

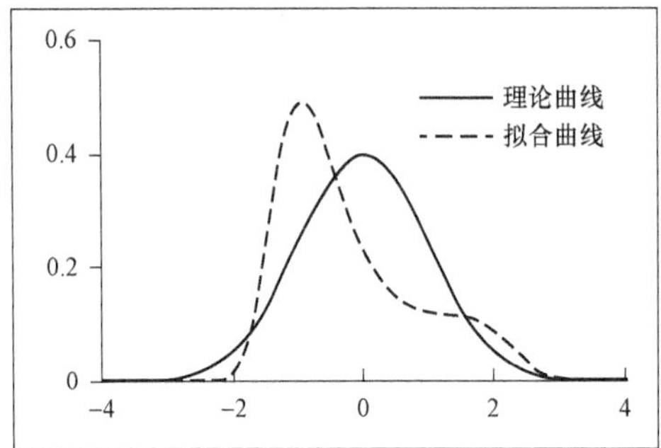

图 5–5　分布 1 遗传算法拟合结果

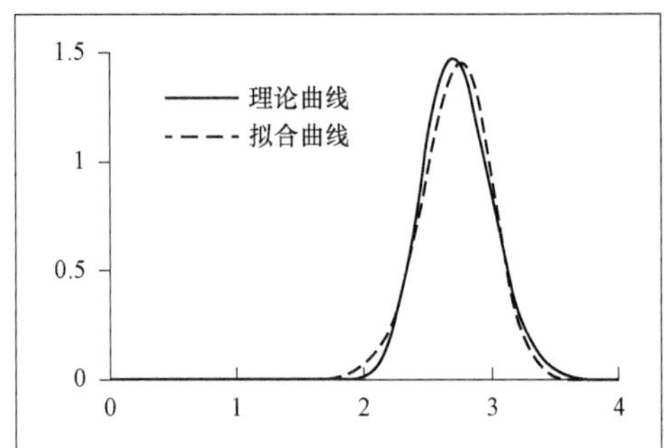

图 5–6　分布 2 遗传算法拟合结果

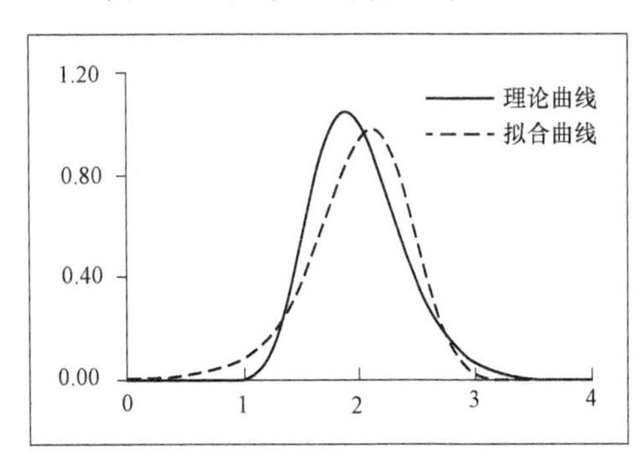

图 5–7　分布 3 遗传算法拟合结果

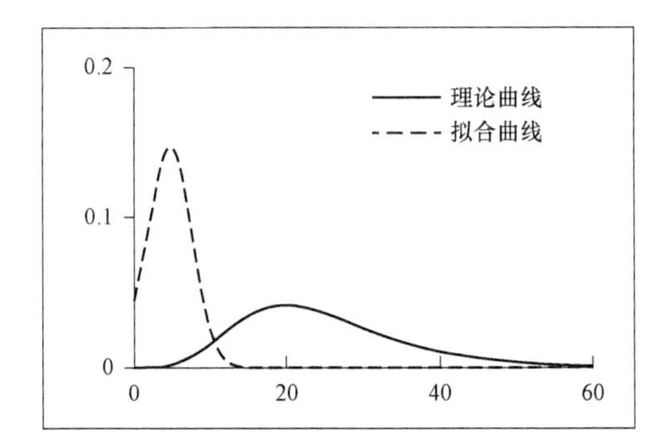

图 5–8　分布 4 遗传算法拟合结果

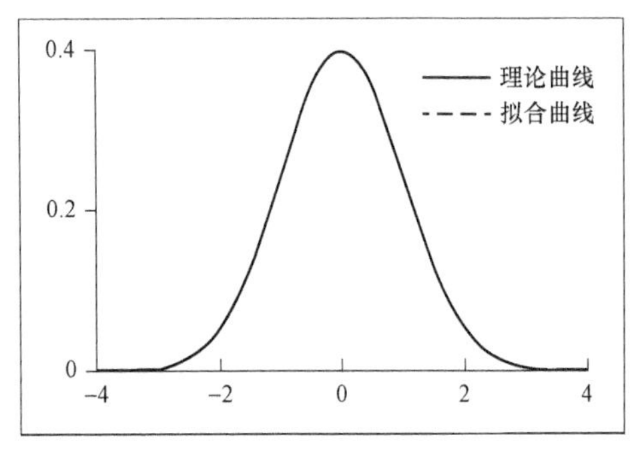

图 5–9　分布 1 遗传算法和 Fsolve 函数相结合拟合结果

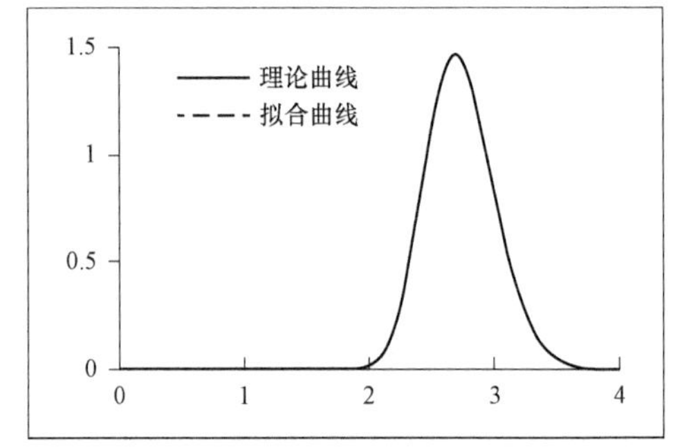

图 5–10　分布 2 遗传算法和 Fsolve 函数相结合拟合结果

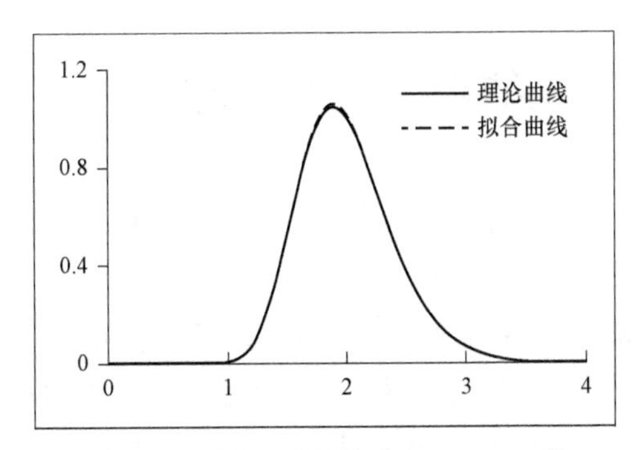

图 5-11 分布 3 遗传算法和 Fsolve 函数相结合拟合结果

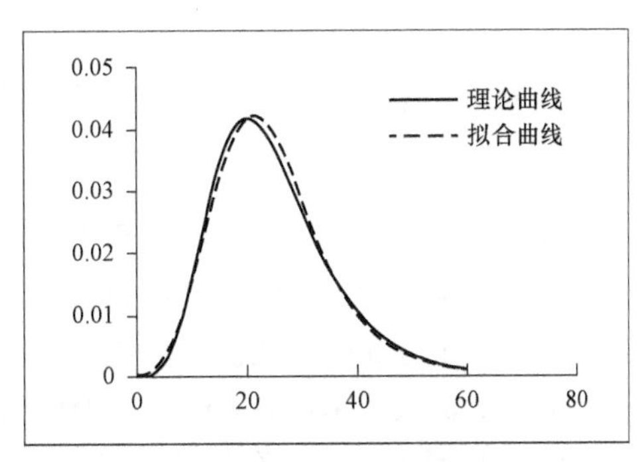

图 5-12 分布 4 遗传算法和 Fsolve 函数相结合拟合结果

对以上模拟结果的精度进行对比分析，结果如表 5-2 所示。

表 5-2 各分布计算精度对比

分布	计算方法	方程解精度	拟合最大误差
分布 1	遗传算法	1.00E-02	0.25
	改进算法	1.00E-09	1.00E-05
分布 2	遗传算法	1.00E-04	0.1
	改进算法	1.00E-07	0.01
分布 3	遗传算法	1.00E-04	0.18
	改进算法	1.00E-07	0.02
分布 4	遗传算法	1.00E-04	0.14
	改进算法	1.00E-09	0.003

由表 5-2 可以看出，单纯用遗传算法计算的结果精度不太高，概率密度函数拟合的误差在 0.3 到 0.1 之间，将这样的拟合概率密度函数代替真实密度函数进行可靠度计算会带来较大的误差。而采用遗传算法和 Fsolve 函数相结合的算法得到的拟合函数最大拟合误差均在 0.03 以下，精度较高。其中正态分布（分布 1）拟合精度由原来的 0.25 提高至 10^{-5}；分布 3 的最大拟合误差为 0.02，代数与遗传算法相比精度提高了 9 倍。因此用遗传算法得到拟合函数的待定系数后，再以此结果为初始解用 Fsolve 进行一次求解可以有效地提高计算精度，解决了方程组（5-31）求解困难的问题，并且该方法直接调用 Matlab 内置函数，不需要编写实现遗传算法和非线性方程组数值解法的程序，实际操作起来简便易行。

5.6 基于改进一次二阶矩法的复杂结构可靠性分析方法

以上简要介绍了常用的结构可靠性分析方法及其各自的优缺点，其中响应面法作为一种分析复杂结构可靠性的简单有效方法，在岩土工程中得到了广泛的应用，但是该方法还存在三个方面的问题没有解决：① 构造的极限状态函数仅在样本点附近能够准确反映结构真实极限状态函数；② 对抽样方法要求较高，否则会遇到收敛问题；③ 响应面法是一种间接的方法，在可靠性分析中使用的是人为构造的极限状态函数而非真实的极限状态函数。为了解决或者规避响应面法存在的这些问题，本节将提出一种将改进一次二阶矩法（FOSM）与有限元程序直接结合的做法，与响应面法相比该方法不需要人为拟合极限状态方程而是直接用结构的真实极限状态方程求解，是一种直接的方法。

5.6.1 一次二阶矩法（FOSM）的基本原理

随机变量分布特征是进行结构可靠性分析的基础，然而在实际工程中通常情况下很难确定随机变量的分布形式，相比之下随机变量的前两阶矩（均值和标准差）比较容易获得。在此背景下提出一次二阶矩法（FOSM），此方法只利用均值和标准差就可以求解结构可靠指标，是可靠性分析最重要的方法之一。

一次二阶矩法（FOSM）的基本思路是用 Taylor 级数把功能函数 $g(X)$ 在某点 X^* 处展开，只保留常数项和一次项使功能函数线性化，然后计算出线性化后的功能函数在展开点处的均值和标准差，进而求解结构可靠指标。

1. 相互独立的正态随机变量

本节先从功能函数中各随机变量均服从正态分布且相互独立的情况下介绍一次二阶矩法的基本原理。

把结构功能函数 $g(X)=g(x_1,x_2,\cdots,x_n)$ 在某一点 $X^*=(x_1^*,x_2^*,\cdots,x_n^*)$ 处应用 Taylor 级数展开并略去二阶以上小量，如式（5−38）所示：

$$g(X)=g(x_1^*,x_2^*,\cdots,x_n^*)+\sum_{i=1}^{n}(x_i-x_i^*)\left.\frac{\partial g}{\partial x_i}\right|_{X^*} \tag{5-38}$$

式中：$\left.\frac{\partial g}{\partial x_i}\right|_{X^*}$ 为功能函数 $g(X)$ 在点 X^* 处对 x_i 的偏导数值。

由于点 $X^*=(x_1^*,x_2^*,\cdots,x_n^*)$ 是极限状态面上的点，因此满足式（5−39）：

$$g(X^*)=g(x_1^*,x_2^*,\cdots,x_n^*)=0 \tag{5-39}$$

将式（5−39）代入式（5−38）得：

$$g(X)=\sum_{i=1}^{n}(x_i-x_i^*)\frac{\partial g}{\partial x_i}\bigg|_{X^*} \tag{5-40}$$

将随机变量标准化，引入标准正态随机变量 z_i：

$$z_i=\frac{x_i-\mu_i}{\sigma_i} \tag{5-41}$$

式中：μ_i，σ_i 分别为随机变量 x_i 的均值和标准差。

对式（5−41）变换得：

$$x_i=z_i\sigma_i+\mu_i \tag{5-42}$$

由式（5−42）可得：

$$\frac{\partial g}{\partial x_i}=\frac{\partial g}{\partial z_i}\frac{\partial z_i}{\partial x_i}=\frac{1}{\sigma_i}\frac{\partial g}{\partial z_i} \tag{5-43}$$

将式（5−42）、式（5−43）代入式（5−40）得：

$$g(X)=\sum_{i=1}^{n}(z_i-z_i^*)\frac{\partial g}{\partial z_i}\bigg|_{Z^*} \tag{5-44}$$

则 $g(X)$ 的均值为：

$$\mu_g=-\sum_{i=1}^{n}z_i^*\frac{\partial g}{\partial z_i}\bigg|_{Z^*} \tag{5-45}$$

$g(X)$ 标准差为：

$$\sigma_g=\sqrt{\sum_{i=1}^{n}\left(\frac{\partial g}{\partial z_i}\bigg|_{Z^*}\right)^2} \tag{5-46}$$

由式（5−45）、式（5−46）可得可靠指标 β 如式（5−47）所示：

$$\beta=\frac{\mu_g}{\sigma_g}=-\frac{\sum_{i=1}^{n}z_i^*\frac{\partial g}{\partial z_i}\Big|_{Z^*}}{\sqrt{\sum_{i=1}^{n}\left(\frac{\partial g}{\partial z_i}\Big|_{Z^*}\right)^2}} \tag{5-47}$$

定义向量 $Z^*=(z_1^*,z_2^*,\cdots,z_n^*)$，则由式（5−47）可知向量的各个分量可表示为：

$$z_i^*=-\alpha_i^*\beta \tag{5-48}$$

其中 α_i^* 为在标准正态空间内破坏点 Z^* 处临界状态面的方向导数，可按照式（5−49）

计算α_i^*的值。

$$\alpha_i^* = \frac{\left.\frac{\partial g}{\partial z_i}\right|_{Z^*}}{\sqrt{\sum_{i=1}^{n}\left(\left.\frac{\partial g}{\partial z_i}\right|_{Z^*}\right)^2}} \tag{5-49}$$

2. 非正态相关随机变量一次二阶矩法

在对实际工程进行可靠性分析时，并非所有的随机变量都服从正态分布，并且各个随机变量之间往往还有复杂的相关关系。在使用一次二阶矩法之前需要先使用一定的数学变换手段将随机变量正态化、独立化。下面将分别介绍这两种变换方法。

1）非正态随机变量正态化

在结构可靠性分析中对于非正态随机变量，通常采用当量正态化的变换方法将非正态随机变量“当量”变换为正态随机变量，进而可以按照分析正态分布随机变量的可靠性计算方法计算结果可靠指标。当量正态化的本质是用一个服从正态分布的随机变量$X'\sim N(\mu', \sigma')$去等效替代原均值为μ，标准差为σ的非正态随机变量X，这种等效替代需遵循在设计验算点x^*处替代前后概率密度函数(CDF)值和累积概率密度函数(PDF)值相等的原则，即：

$$f'_{X'}(x^*) = \left.\frac{\mathrm{d}\phi\left(\frac{X-\mu'}{\sigma'}\right)}{\mathrm{d}X}\right|_{X=x^*} = \phi\left(\frac{x^*-\mu'}{\sigma'}\right)\frac{1}{\sigma'} = f_X(x^*) \tag{5-50}$$

$$P(X \leqslant x^*) = \phi\left(\frac{x^*-\mu'}{\sigma'}\right) \tag{5-51}$$

式（5-50）、式（5-51）即为随机变量当量正态化等效原则的数学表达式，等效正态随机变量中有μ'、σ'两个未知数，可由式（5-50）、式（5-51）两个方程求解，其结果如式（5-52）所示：

$$\sigma' = \phi\left[\Phi^{-1}\left(P(X \leqslant x^*)\right)\right] / f_X(x^*) \tag{5-52}$$

$$\mu' = x^* - \sigma'\Phi^{-1}\left[P(X \leqslant x^*)\right] \tag{5-53}$$

以上是随机变量当量正态化的一般公式，对任一非正态随机变量，只要知道其概率密度函数（PDF）或者累积概率密度函数（CDF）均可按照上述原理及公式进行当量正态化。

2）相关随机变量的独立化

在实际工程中，基本随机变量往往是相关的，变量之间的相关性关系将会影响可靠指标β的取值，下面将介绍一种将正态相关随机变量转化为独立的正态随机变量的变换方法。

假设有 n 个随机变量 $x_1, x_2, \cdots, x_n$ 均服从正态分布（不服从正态分布时可按照前面介绍的方法将非正态随机变量当量正态化），记向量 $\boldsymbol{X}=(x_1, x_2, \cdots, x_n)^{\mathrm{T}}$。按照式（5–54）将正态随机变量 X_i 转变为标准正态随机变量 z_i。

$$z_i = (x_i - \mu_i)/\sigma_i \qquad (i = 1, 2, \cdots, n) \tag{5–54}$$

式中：μ_i，σ_i 分别为随机变量 x_i 的均值和标准差。

则随机变量 z_i，z_i 之间的协方差 Cov（z_i，z_i）如式（5–55）所示：

$$\begin{aligned}\mathrm{COV}(z_i, z_j) &= E[(z_i - \mu_i)(z_j - \mu_j)] \\ &= E(z_i z_j) - \mu_i \mu_j\end{aligned} \tag{5–55}$$

由于 z_i，z_i 为标准正态随机变量，故$\mu_i=\mu_j=0$，代入式（5–55）得：

$$\mathrm{COV}(z_i, z_j) = E(z_i z_j) \tag{5–56}$$

假设 $\boldsymbol{C}_z$ 为向量 $\boldsymbol{Z}=(z_1, z_2, \cdots, z_n)^{\mathrm{T}}$ 的协方差矩阵，则：

$$\boldsymbol{C}_z = \begin{bmatrix} \mathrm{COV}(z_1, z_1) & \mathrm{COV}(z_1, z_2) & \cdots & \mathrm{COV}(z_1, z_n) \\ \mathrm{COV}(z_2, z_1) & \mathrm{COV}(z_2, z_2) & \cdots & \mathrm{COV}(z_2, z_n) \\ \vdots & \vdots & & \vdots \\ \mathrm{COV}(z_n, z_1) & \mathrm{COV}(z_n, z_2) & \cdots & \mathrm{COV}(z_n, z_n) \end{bmatrix} \tag{5–57}$$

将式（5–56）代入式（5–57）得：

$$\boldsymbol{C}_z = \begin{bmatrix} E(z_1 z_1) & E(z_1 z_2) & \cdots & E(z_1 z_n) \\ E(z_2 z_1) & E(z_2 z_2) & \cdots & E(z_2 z_n) \\ \vdots & \vdots & & \vdots \\ E(z_n z_1) & E(z_n z_2) & \cdots & E(z_n z_n) \end{bmatrix} = E(\boldsymbol{Z}\boldsymbol{Z}^{\mathrm{T}}) \tag{5–58}$$

现构造一个单位正交化矩阵 $\boldsymbol{T}$，其列向量为对称矩阵 $\boldsymbol{C}_z$ 单位正交化的特征向量则由线性代数知识可得：

$$\boldsymbol{T}^{\mathrm{T}} \boldsymbol{C}_z \boldsymbol{T} = \lambda = \begin{bmatrix} \lambda_1 & 0 & \cdots & 0 \\ 0 & \lambda_2 & \cdots & 0 \\ \vdots & \vdots & & \vdots \\ 0 & 0 & \cdots & \lambda_n \end{bmatrix} \tag{5–59}$$

其中$\lambda_1, \lambda_2, \cdots, \lambda_n$ 为矩阵 $\boldsymbol{C}_z$ 特征值。

按式（5–60）做变换：

$$\boldsymbol{Y} = \boldsymbol{T}^{\mathrm{T}} \boldsymbol{X} \tag{5–60}$$

则由式（5–56）、式（5–57）得 Y 协方差矩阵 $\boldsymbol{C}_Y$，如式（5–61）所示：

$$\begin{aligned}
\boldsymbol{C}_Y &= E(\boldsymbol{Y}\boldsymbol{Y}^{\mathrm{T}}) = E(\boldsymbol{T}^{\mathrm{T}}\boldsymbol{Z}\boldsymbol{Z}^{\mathrm{T}}\boldsymbol{T}) \\
&= \boldsymbol{T}^{\mathrm{T}}E(\boldsymbol{Z}\boldsymbol{Z}^{\mathrm{T}})\boldsymbol{T} = \boldsymbol{T}^{\mathrm{T}}\boldsymbol{C}_z\boldsymbol{T} \\
&= \begin{bmatrix} \lambda_1 & 0 & \cdots & 0 \\ 0 & \lambda_2 & \cdots & 0 \\ \vdots & \vdots & & \vdots \\ 0 & 0 & \cdots & \lambda_n \end{bmatrix}
\end{aligned} \tag{5-61}$$

式（5-61）表明随机变量 $\boldsymbol{Y}=(z_1, z_2, \cdots, z_n)$ 的协方差矩阵 $\boldsymbol{C}_Y$ 为一对角矩阵，即随机变量 $\boldsymbol{Y}$ 各分量为相互独立的随机变量，上面介绍了将相关的随机变量转化为相互独立随机变量的一般过程，在对结构进行可靠性分析时对于有相关关系的随机变量均可按照式（5-60）转换为相互独立的随机变量，进而按照随机变量相互独立的可靠性分析方法计算结构可靠指标。

5.6.2 改进一次二阶矩（FOSM）法的基本原理

一次二阶矩法具有对随机变量的分布信息要求不高（只需要知道前两阶矩）、求解过程简单的优点，是分析结构可靠性最重要的方法之一。在结构可靠性分析中得到广泛的应用，但是一次二阶矩法的收敛性并不是十分理想，为了改善一次二阶矩法的收敛性，陈祖煜提出了改进一次二阶矩法。为了简洁，下面介绍的改进一次二阶矩法是假设随机变量相互独立且服从标准正态分布的，用该方法对结构进行可靠性分析时应根据具体情况将相关的随机变量转化为相互独立的变量且当量正态化。

传统的一次二阶矩法认为每次迭代的验算点 X^*均在极限状态面上，即 $g(X^*)=0$，如式（5-62）所示，但是在实际计算中验算点 X^*并不在极限状态面上，即式（5-62）并不成立，$g(X^*)$ 为一个非零的值 d，如式（5-62）所示：

$$g(X^*) = g(x_1^*, x_2^*, \cdots, x_n^*) = d \tag{5-62}$$

对于下一次迭代随机变量 x_i 将有一增量 Δx_i^*，改进一次二阶矩法认为 $x_i^* + \Delta x_i^*$ 将在极限状态面上，即：

$$g(x_1^* + \Delta x_1^*, x_2^* + \Delta x_2^*, \cdots, x_n^* + \Delta x_n^*) = 0 \tag{5-63}$$

采用 Taylor 级数将式（5-63）左边在 X^*处展开，并略去二阶以上高阶小量只保留常数项和一次项得：

$$g(x_1^*, x_2^*, \cdots, x_n^*) + \sum_{i=1}^{n} \left.\frac{\partial g}{\partial x_i}\right|_{X^*} \Delta x_i^* = 0 \tag{5-64}$$

将式（5-62）代入式（5-64）得：

$$\sum_{i=1}^{n}\frac{\partial g}{\partial x_i}\bigg|_{X^*}\Delta x_i^* = -d \tag{5-65}$$

由式（5−48）得 Δx_i^* 如式（5−66）所示：

$$\Delta x_i^* = -x_i^* - (\alpha_i^* + \Delta\alpha_i^*)(\beta + \Delta\beta) \tag{5-66}$$

忽略式（5−66）中的 $\Delta\alpha_i^*$ 得：

$$\Delta x_i^* = -x_i^* - \alpha_i^*(\beta + \Delta\beta) \tag{5-67}$$

将式（5−65）代入式（5−67）可得到 $\Delta\beta$，如式（5−68）所示：

$$\Delta\beta = \frac{d - \sum_{i=1}^{n}\left[(\alpha_i^*\beta + x_i^*)\frac{\partial g}{\partial x_i^*}\bigg|_{X^*}\right]}{\sum_{i=1}^{n}\left(\alpha_i^*\frac{\partial g}{\partial x_i^*}\bigg|_{X^*}\right)} \tag{5-68}$$

上述改进一次二阶矩法推导过程中忽略了式（5−66）中的 $\Delta\alpha_i^*$，这一处理方法大大简化了可靠指标的求解过程，并且不会影响最终的计算结果。陈祖煜在编写边坡稳定可靠性分析程序时对该方法进行了验证考核，通过实例计算发现改进一次二阶矩法对收敛性有很大的提高。

5.6.3　改进一次二阶矩法与有限元程序的结合

一次二阶矩法及其改进方法通常都用于求解结构功能函数有明确的解析表达式且函数比较简单的结构可靠性问题，但是岩土工程不仅不确定性强还具有结构系统及失效模式复杂的特点。在岩土工程可靠度分析中，经常遇到复杂结构系统的可靠度分析问题，这类结构的系统输入（随机变量）和系统输出（结构响应）之间的关系往往是高度非线性的，甚至不存在明确的解析表达式，需借助有限元程序才能算得系统输入所对应的输出值，不能直接用极限状态方程进行可靠度计算，目前将一次二阶矩法与有限元程序直接结合起来的做法还比较少见。为解决这一问题，本书将提出一种新的把改进一次二阶矩法与有限元程序有机结合起来的计算结构可靠指标的方法，为分析复杂结构的可靠性提供了一种简洁、有效的新思路。

经过仔细观察上述改进一次二阶矩法发现在计算结构可靠指标时需要的是结构功能函数在验算点 Z^*处的函数值 $g(Z^*)$ 及在改点处的偏导数 $\partial g/\partial z_i^*$。对于复杂的结构功能函数在验算点 Z^*处的函数值可以通过有限元程序算出，但是我们可能没有办法写出结构功能函数的解析表达式，因而也就无法求得功能函数的偏导函数。为了解决功能函数求导的问题，在此将按照式（5−69）所示，使用偏导数的数值解法取代解析解。

$$\frac{\partial g}{\partial x_i}\bigg|_{X^*} = \frac{g(x_1^*, x_2^*, \cdots, x_i^* + \Delta x_i^*, \cdots, x_n^*) - g(x_1^*, x_2^*, \cdots, x_n^*)}{\Delta x_i^*} \tag{5-69}$$

在式（5−69）中 Δx_i^* 为随机变量 x_i 的微小增量，通常可取 $0.01\,x_i^*$ 或 $0.001\,x_i^*$，$g(x_1^*,x_2^*,\cdots,x_i^*+\Delta x_i^*,\cdots,x_n^*)$ 为功能函数在点 $(x_1^*,x_2^*,\cdots,x_i^*+\Delta x_i^*,\cdots,x_n^*)$ 处的函数值，可由有限元程序计算，这一处理方法实现了改进一次二阶矩法与有限元程序的无缝对接，成功地将二者结合起来，只需要验算点及其附近的少数样本点就可以求解复杂结构可靠指标，为分析复杂结构的可靠性提供了一种新的思路。

5.6.4 基于改进 FOSM 法复杂结构可靠指标求解步骤

前面介绍了改进一次二阶矩法的基本原理及其与有限元程序相结合的方法，在实例分析中发现可靠性分析是一个很复杂的过程，往往无法直接计算出可靠指标的数值，需借助数值分析的手段计算。本节将给出改进一次二阶矩法与有限元程序相结合分析结构可靠性的数值分析方法，具体过程如下。

（1）选择初始验算点 $X^*=(x_1^*,x_2^*,\cdots,x_n^*)$ 及可靠指标 β 初始值 β_0。

（2）采用式（5−41）将 X^* 标准化为 Z^*。

（3）对于非正态随机变量按照式（5−52）和式（5−53）当量正态化，如果随机变量之间有相关关系则需按照式（5−55）～式（5−60）转化为独立的随机变量。

（4）将 X^* 代入式（5−62）得出 d。

（5）按照式（5−69）计算偏导数 $\left.\dfrac{\partial g}{\partial x_i^*}\right|_{X^*}$

$$\frac{\partial g}{\partial z_i^*}=\frac{\partial g}{\partial x_i^*}\frac{\partial x}{\partial z_i^*} \tag{5-70}$$

式（5−42）代入式（5−70）得：

$$\frac{\partial g}{\partial z_i^*}=\frac{\partial g}{\partial x_i^*}\sigma_i \tag{5-71}$$

（6）代入式（5−49）求出 α_i^*。

（7）由式（5−68）求出 $\Delta\beta$，将 $\beta+\Delta\beta$ 作为 β 下次迭代值。

（8）利用第（7）步求出的 β，再通过式（5−48）和式（5−42）重新计算 Z^* 和 X^* 作为下次迭代的初始值。

（9）重复第（2）步～第（8）步直至满足式（5−72）、式（5−73）所示的收敛准则。

$$\Delta\beta<\varepsilon_\beta \tag{5-72}$$

$$d<\varepsilon_d \tag{5-73}$$

式中：ε_β，ε_d 为允许误差。

5.6.5 一次二阶矩法与响应面法的比较

（1）响应面法通常用式（5−74）所示的不含交叉项的二次函数去拟合结构的真实极

限状态面：

$$g(X)=a+\sum_{i=1}^{n}b_i x_i+\sum_{i=1}^{n}c_i x_i^2 \tag{5-74}$$

式中：a、b_i、c_i 为 $2n+1$ 个待定系数，为完全确定这些系数至少需要 $2n+1$ 个样本点及其对应的功能函数值，在计算过程中为了使抽样中心更接近真实极限状态面需要对抽样中心做一次插值运算，这个过程会增加一个样本点，因此单次迭代响应面法需要 $2n+2$ 个样本点，而改进一次二阶矩法在计算过程中用到的只是 $g(X)$ 在 $X^*=(x_1^*,x_2^*,\cdots,x_3^*)$ 处的函数值及偏导数，分别按照式（5−62）和式（5−69）只需 $n+1$ 个样本点即可求出所需要的函数值及偏导数，因此就单次迭代来说，改进一次二阶矩法所需的样本数仅为响应面法的一半。

（2）响应面法在分析结构可靠性时依据样本点处的功能函数值。

（3）试验设计即样本点的选取是响应面法的核心问题，常用的抽样方法有二水平因子法、三水平因子法和中心复合抽样法。抽样方法的好坏直接关系到响应面法的收敛与否，目前虽然已有很多文献提出了各种各样的改进试验设计的方法，但是响应面法仍然会经常遇到收敛性的问题。改进一次二阶矩法每次迭代所需的样本点均为 $X^*=(x_1^*,x_2^*,\cdots,x_n^*)$ 及 $(x_1^*,x_2^*,\cdots,x_i^*+\Delta x_i^*,\cdots,x_n^*)$，其中 $i=1,2,\cdots,n$，Δx_i^* 为一增量，可取为 $0.01x_i^*$ 或 $0.001x_i^*$，因此改进一次二阶矩法不需要复杂的抽样方法，从而规避了试验设计的问题。

（4）响应面法每次迭代都需要人为地构造一个简单极限状态面去拟合结构真实的极限状态面，而改进一次二阶矩法并不要求结构极限状态方程为简单的解析表达式，因此不需要拟合结构的真实极限状态面，计算过程更加简便。

5.6.6　验证示例

下面将 3 个示例分别用改进 FOSM 法和响应面法（RSM）计算可靠指标，通过这 3 个示例来验证改进 FOSM 法的可行性与有效性，并与响应面法比较，对比二者的计算效率与收敛性。

1. 示例 1

功能函数 $g=\dfrac{10F_1+10F_2}{3W+5T}-1$，其中 $F_1\sim N(100, 30)$、$F_2\sim N(200, 40)$、$W\sim N(500, 75)$、$T\sim N(10, 1)$。表 5−3 列出了改进一次二阶矩法，响应面法及蒙特卡罗法经过 10^6 次模拟抽样的计算结果。

2. 示例 2

示例 2 来自文献[71]，其功能函数为 $g=1.016\sqrt{Et^2/(\rho L^4)}-360$，其中 $E\sim N(10^7, 3\times10^5)$、$L\sim N(20, 1)$、$\rho\sim N(2.5\times10^{-4}, 1.25\times10^{-5})$、$t\sim N(0.98, 0.049)$。分别使用改进一次二阶矩法，响应面法及蒙特卡罗法经过 10^6 次模拟抽样计算该算例的可靠指标，结果如表 5−3 所示。

3. 示例3

极限状态方程：$Z=X_2X_3X_4-\dfrac{X_5X_3^2X_4^2}{X_6X_7}-X_1=0$，其中 $X_1\sim N$（0.01，0.003），$X_2\sim N$（0.3，0.016），$X_3\sim N$（360，36），$X_4\sim N$（0.01，0.005），$X_5\sim N$（0.5，0.05），$X_6\sim N$（0.35，0.2），$X_7\sim N$（40，6）。分别使用改进一次二阶矩法，响应面法及蒙特卡罗法经过10^6次模拟抽样计算该算例的可靠指标，结果如表5–3所示。

4. 计算结果

计算结果见表5–3。

表5–3 计算结果

编号	蒙特卡罗法	改进FOSM法			响应面法		
		迭代次数	β	误差/%	迭代次数	β	误差/%
示例1	2.640	3	2.644	0.152	4	2.645	0.189
示例2	2.904	3	2.908	0.138	3	2.714	6.543
示例3	0.958	9	0.915	4.489	不收敛		

从表5–3中的计算结果可以得出以下结论：

1）改进FOSM法收敛速度较快

示例1采用改进一次二阶矩法计算，经过3轮迭代收敛比响应面法少一轮，示例2二者迭代次数相同。对于功能函数较简单的情况，改进一次二阶矩法和响应面法计算过程均能够收敛，计算出可靠指标，而对于极限状态方程比较复杂的示例3，响应面法计算无法收敛，不能计算出结构的可靠指标，而改进一次二阶矩方法仍可经过9轮的迭代准确地计算出可靠指标。

2）改进FOSM法计算精度更高

对于示例1和示例2这类功能函数比较简单的结构来说，FOSM法与响应面法都可以计算出可靠指标，但是改进FOSM法的计算精度要高于响应面法，以示例2为例，改进一次二阶矩法的计算误差为0.138%，精度很高，满足工程精度要求，而响应面法的计算误差为6.543%，远大于改进一次二阶矩法的0.138%。从整体上说改进FOSM法的计算精度要优于响应面法，并且随着功能函数由简单逐渐变得复杂，这种优势更加明显，示例3用响应面法计算是不收敛的，得不到结果。相比之下改进FOSM法仍然可以较为准确地计算出可靠指标。

3）改进FOSM法的计算效率更高

响应面法计算可靠指标时，每一轮的迭代都需要计算$2n+1$个样本点处的函数值去构造极限状态方程，而改进 FOSM 法每一轮迭代过程只需计算验算点及其附近共$n+1$个点处的函数值，用以计算验算点处的偏导数。以示例1为例，改进FOSM法经过3轮迭代收敛，整个计算过程共需计算15个样本点处的函数值，而响应面法经过4轮迭代收敛，计算过程共需计算 36 个样本点处的函数值，比改进 FOSM 法多计算 21 次，计算量是改进 FOSM 法的 2.4 倍。在本例中由于功能函数的解析式都已知，所以多计算 21 个样本点处的函数值对于计算机来说多耗费的时间可以忽略不计，但是对于大型复杂工程，其功能函数无法用明确的解析式表示，往往需要借助数值计算程序计算样本点处功能函数值，每次数值计算都需要耗费大量的时间和精力，对于这类情况，改进 FOSM 法计算效率高的优势就显现出来了，使用该方法可以极大地减少整个计算过程的数值计算次数，从而简化了可靠指标的计算过程，节省了大量的时间和精力。

5.7　小　　结

目前求解复杂结构可靠指标最常用的方法是响应面法，但是响应面法常遇到收敛性的问题。本章分析了响应面法存在收敛性的原因并提出了改进陈祖煜院士改进 FOSM 法的方法，使之与数字计算程序有机结合起来，能够用于求解复杂结构的可靠指标，将该改进方法与响应面法进行比较，最后通过 3 个示例验证了该改进方法的可行性与有效性，三个验证示例的计算结果表明使用改进的 FOSM 法求解复杂结构的可靠指标是可行、有效的；与响应面法相比，改进 FOSM 法具有计算过程无须构造极限状态方程，编写程序更加简便，计算精度高，收敛性好，计算量小的优点，对于需要借助数值计算程序的大型复杂结构可有效地减少数值计算程序计算的次数从而减少大量的计算。

第 6 章　岩土变形可靠度分析

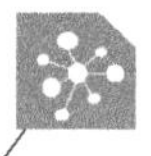

6.1　堆石料邓肯–张 E–B 模型参数求解及概率特性统计

6.1.1　邓肯–张 E–B 模型

本书主要针对土石坝的主要筑坝材料堆石开展对邓肯–张 E–B 模型的参数统计，给出了堆石料各参数的统计规律，为大坝稳定和变形可靠度计算提供了依据。邓肯和张金荣等人曾根据康德（Condoner）的标准土料下三轴试验的 $(\sigma_1-\sigma_3)-\varepsilon_a$ 曲线提出 E－μ 模型，但是实际情况表明此模型尽管适用于一般的标准土料，但是并不适用于堆石体、混凝土面板坝等的应力变形分析，在 1980 年邓肯等人用体变模量 B 代替 E－μ 模型中的切线泊松比，提出了 E–B 模型，该模型成为了国内土石坝计算分析的主要模型，应用十分广泛。为准确表达相关的参数统计工作，首先对该模型做简要介绍。下面主要从确定 E–B 模型的切线变形模量 E_t、卸载–再加载模量、体变模量 B 等参数来对其进行简单介绍。

康纳（Kondner）在 1963 年根据大量土的三轴试验的应力-应变关系曲线，提出可以用双曲线拟合一般土的三轴试验的 $(\sigma_1-\sigma_3)-\varepsilon_a$ 曲线，如图 6–1 所示，即：

$$\sigma_1-\sigma_3=\frac{\varepsilon_a}{a+b\varepsilon_a} \tag{6-1}$$

式中：a、b 为试验常数。

对于常规三轴压缩试验 $\varepsilon_a=\varepsilon_1$，在常规三轴压缩试验中，式（6–1）也可以写成：

$$\frac{\varepsilon_1}{\sigma_1-\sigma_3}=a+b\varepsilon_1 \tag{6-2}$$

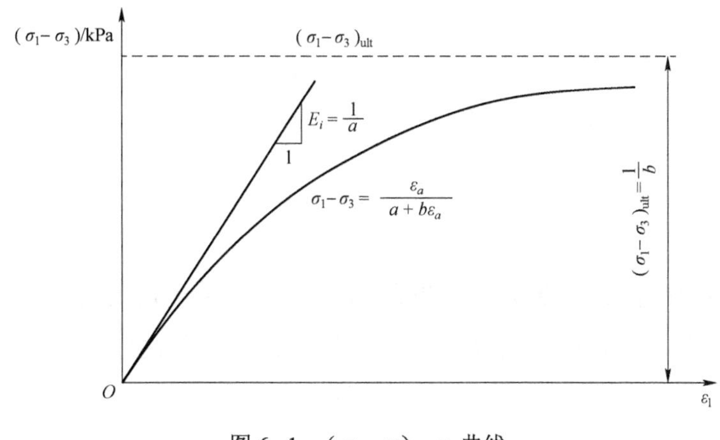

图 6-1　$(\sigma_1-\sigma_3)-\varepsilon_a$ 曲线

将常规三轴压缩试验的结果按 $\frac{\varepsilon_1}{\sigma_1-\sigma_3}-\varepsilon_1$ 的关系进行整理，则二者近似成线性关系，一般取应力水平为 70%和 95%的两点进行连线。其中 a 为直线的截距，b 为直线的斜率，如图 6-2 所示。

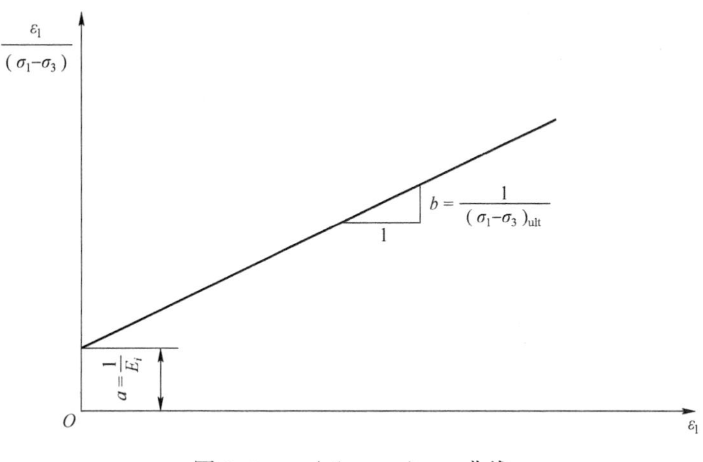

图 6-2　$\varepsilon_1/(\sigma_1-\sigma_3)-\varepsilon_1$ 曲线

在常规三轴压缩试验中，由于 $d\sigma_2=d\sigma_3=0$，所以切线模量 E_t 为：

$$E_t=\frac{d(\sigma_1-\sigma_3)}{d\varepsilon_1}=\frac{a}{(a+b\varepsilon_1)^2} \tag{6-3}$$

在试验的起始点，$\varepsilon_1=0$，$E_t=E_i$，则：

$$E_i=\frac{1}{a} \tag{6-4}$$

则a为试验中起始变形模量E_i的倒数，如图6–1所示，在式（6–2）中，如果$\varepsilon_1 \to \infty$，则：

$$(\sigma_1-\sigma_3)_{\text{ult}}=\frac{1}{b} \tag{6-5}$$

$$b=\frac{1}{(\sigma_1-\sigma_3)_{\text{ult}}} \tag{6-6}$$

也即b为双曲线的渐近线所对应的极限偏差应力$(\sigma_1-\sigma_3)_{\text{ult}}$的倒数。

如果应力–应变曲线近似于双曲线关系而没有峰值，则往往是根据一定应变值（一般$\varepsilon_1=15\%$）来确定土的破坏强度$(\sigma_1-\sigma_3)_f$；而对于应力–应变曲线有峰值点的情况，取$(\sigma_1-\sigma_3)_f=(\sigma_1-\sigma_3)_{\text{峰值}}$，定义破坏比$R_f$为：

$$R_f=\frac{(\sigma_1-\sigma_3)_f}{(\sigma_1-\sigma_3)_{\text{ult}}} \tag{6-7}$$

$$b=\frac{1}{(\sigma_1-\sigma_3)_{\text{ult}}}=\frac{R_f}{(\sigma_1-\sigma_3)_f} \tag{6-8}$$

将式（6–4）、式（6–8）代入式（6–3）中，得：

$$E_t=\frac{1}{E_i}\left[\frac{1}{\dfrac{1}{E_i}+\dfrac{R_f}{(\sigma_1-\sigma_3)_f}\varepsilon_1}\right]^2 \tag{6-9}$$

式（6–9）中E_t表示为应变ε_1的函数，使用时不够方便，下面将E_t表示为应力的函数形式。将式（6–2）变形可得：

$$\varepsilon_1=\frac{a(\sigma_1-\sigma_3)}{1-b(\sigma_1-\sigma_3)}=\frac{\sigma_1-\sigma_3}{E_i\left[1-\dfrac{R_f(\sigma_1-\sigma_3)}{(\sigma_1-\sigma_3)_f}\right]} \tag{6-10}$$

将式（6–10）代入式（6–9）中可得：

$$E_t=\frac{a}{\left[a+\dfrac{ab(\sigma_1-\sigma_3)}{1-b(\sigma_1-\sigma_3)}\right]^2}=\frac{1}{a\left[1+\dfrac{b(\sigma_1-\sigma_3)}{1-b(\sigma_1-\sigma_3)}\right]^2}=\frac{1}{a\left[\dfrac{1}{1-b(\sigma_1-\sigma_3)}\right]^2} \tag{6-11}$$

然后可得：

$$E_t=E_i\left[1-R_f\frac{\sigma_1-\sigma_3}{(\sigma_1-\sigma_3)_f}\right]^2 \tag{6-12}$$

根据莫尔－库仑强度准则：

$$(\sigma_1-\sigma_3)_f=\frac{2c\cos\varphi+2\sigma_3\sin\varphi}{1-\sin\varphi} \tag{6-13}$$

根据简布对三轴压缩试验的研究，初始切线模量与固结应力有以下近似关系：

$$E_i=KP_a\left(\frac{\sigma_3}{P_a}\right)^n \tag{6-14}$$

其中 P_a 为大气压（P_a=101.4 kPa），量纲与 σ_3 相同；K、n 为试验常数，分别代表 $\lg(E_i/P_a)\sim\lg(\sigma_3/P_a)$ 直线的截距和斜率。

将式（6–13）和式（6–14）代入式（6–12）则得到：

$$E_t=KP_a\left(\frac{\sigma_3}{P_a}\right)^n\left[1-\frac{R_f(\sigma_1-\sigma_3)(1-\sin\varphi)}{2c\cos\varphi+2\sigma_3\sin\varphi}\right]^2 \tag{6-15}$$

可见切线变形模量的公式中共包括有 K、n、φ、c、R_f 五个材料常数。

经过大量试验表明，在 E－μ 模型中，ε_1 与 $-\varepsilon_3$ 的双曲线假设与实际情况相差较多，同时 E－μ 模型中推出的切线泊松比 υ_t 在计算中也有一些不便之处，在 1980 年邓肯等人引入体变模量来代替切线泊松比 υ_t，即：

$$B=\frac{E}{3(1-2\upsilon_t)} \tag{6-16}$$

可以在三轴试验中用下式确定 B：

$$B=\frac{(\sigma_1-\sigma_3)_{70\%}}{3(\varepsilon_v)_{70\%}} \tag{6-17}$$

其中 $(\sigma_1-\sigma_3)_{70\%}$ 与 $(\varepsilon_v)_{70\%}$ 为 $\sigma_1-\sigma_3$ 达到 $70\%(\sigma_1-\sigma_3)_f$ 时的偏差应力和体应变的试验值，这样如果对于每一个 σ_3 为常数的三轴压缩试验，B 此时就变成了一个常数。试验表明，B 与 σ_3 有关，二者关系在双对数坐标中可近似为一直线，即：

$$B=K_bP_a\left(\frac{\sigma_3}{P_a}\right)^m \tag{6-18}$$

其中 K_b 和 m 是材料常数，分别为 lg（B/P_a）与 lg（σ_3/P_a）所成直线的截距和斜率。

6.1.2　E–B 模型参数确定的规范方法

通过上面对于邓肯－张 E–B 模型的简单介绍，可以知道邓肯－张 E–B 模型一共有 c、

φ、R_f、K、n、K_b、m 和 K_{ul} 等八个参数，而对于堆石料，抗剪强度呈现强烈的非线性，因此一般采用非线性指标 ϕ_0 和 $\Delta\phi$。

前述方法主要是通过只取应力水平 70%和 95%两点的连线来确定相关参数。如图 6-2 所示，b 为直线的斜率，b 的表达式可以表示为：

$$b=\frac{1}{(\sigma_1-\sigma_3)_{\text{ult}}}=\frac{\left(\dfrac{\varepsilon_1}{\sigma_1-\sigma_3}\right)_{95\%}-\left(\dfrac{\varepsilon_1}{\sigma_1-\sigma_3}\right)_{70\%}}{(\varepsilon_1)_{95\%}-(\varepsilon_1)_{70\%}} \tag{6-19}$$

其中下标 95%、70%分别代表 $\sigma_1-\sigma_3$ 等于 $(\sigma_1-\sigma_3)_f$ 的 95%及 70%时的试验数据，其他数值以此类推。

K 和 n 两个试验常数，分别代表 $\lg(E_i/P_a)$ 与 $\lg(\sigma_3/P_a)$ 所成直线的截距和斜率，所以要想确定 K 和 n，首先必须确定 E_i。根据规范法也可以确定 a 值，然后通过计算得到 E_i，并根据 $\lg(E_i/P_a)$ 与 $\lg(\sigma_3/P_a)$ 所成的直线确定 K、n 值。

在上述内容中我们已经知道 K_b 和 m 两个试验常数，分别代表 $\lg(B/P_a)$ 与 $\lg(\sigma_3/P_a)$ 所成直线的截距和斜率，所以要想确定 K_b 和 m，首先必须由式（6-19）确定 b，然后根据 $\lg(B/P_a)$ 与 $\lg(\sigma_3/P_a)$ 直线的截距和斜率确定 K_b、m 值。

6.1.3 E-B 模型参数确定的优化方法

从计算成果看，规范法在很多情况出现异常，例如较为常见的是高围压下得到的初始模量 E_i 小于前一级围压下的 E_i。这一反常的结果将大大降低邓肯-张 E-B 模型参数的可靠性。

为了使得该求解过程更为简单、方便和标准，我们基于 Excel 编制了邓肯-张参数求解的电子表格。该电子计算表包括三轴原始实验数据和邓肯-张参数计算表两个主要表格。

应用规范法求解邓肯-张参数，首先要进行判断和获取应力水平 70%和 95%时对应的数值。这一工作可以通过 VBA 编制一个简单程序导入三轴实验原始数据，然后通过插值技术得到这 2 个应力水平对应的原始数据：偏差应力（$\sigma_1-\sigma_3$）和轴向应变 ε_1。根据这些数值变换得到 $\varepsilon_1/$（$\sigma_1-\sigma_3$），然后利用 Excel 的斜率计算函数 slope 和截距计算函数 intercept 就能得到参数 a 和 b。

云南高达 261.5 m 的糯扎渡大坝在建设过程中，对 I 区堆石料进行了多组大型三轴固结排水实验。每组实验采用 100、300、500、900、1 500 和 2 500 kPa 这样 6 种不同的围压。取其中的一组，由规范法得出的各个围压对应的 $\lg(E_i/P_a)-\lg(\sigma_3/P_a)$ 线性关系如图 6-3 所示。从图中可以发现，R^2 为 0.592 5，说明拟合的线性并不是很好。

因此本书提出了新的优化算法。首先采用规范建议方法得到邓肯-张 E-B 模型参数，将这些数据作为优化的初值。在统计参数的特征规律时采用这两种方法的结果作为优化初值，然后利用线性规划方法进行优化得到模型参数。

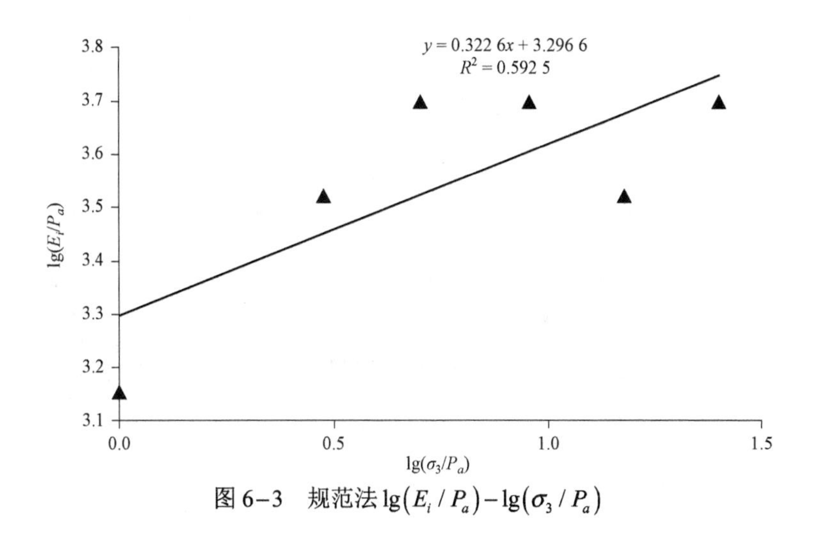

图 6-3　规范法 $\lg\left(E_i / P_a\right)-\lg\left(\sigma_3 / P_a\right)$

该优化方法是针对某一种特定围压下的应力应变曲线，对 a、b 进行优化。如果 a、b 已知，那么通过下式求解。

$$\mathrm{d}(\sigma_1-\sigma_3)=\frac{a}{(a+b\varepsilon_1)^2}\mathrm{d}\varepsilon_1 \tag{6-20}$$

优化过程首先采用规范法求解的 a、b 为变量，然后用单个围压下，应变小于 2%条件下的应力应变实验曲线和根据模型反演的计算曲线的差值平方和最小作为优化目标值，进行“规划求解”。优化求解每个围压下的参数 a、b，在此基础上得到邓肯–张 E–B 模型的参数 k、n 和 R_f。“规划求解”工具是 Excel 提供的。“规划求解”将对直接或间接与目标单元格中公式相关联的一组单元格中的数值进行调整，最终在目标单元格公式中求得期望的结果。“规划求解”通过调整所指定的可变单元格中的值，从目标单元格公式中求得所需的结果，采用“规划求解”可以快速、简单地求解到最优的 a 和 b。

由第一步优化得出的六个围压下 E_i 和围压的关系如图 6-4 所示。

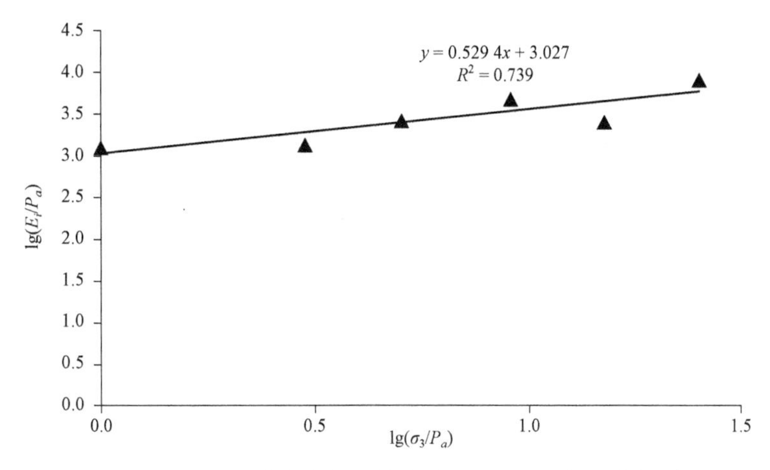

图 6-4　由第一步优化得出的六个围压下 E_i 和围压的关系

如图 6–5 所示，应变在 5%之前的各围压对应的两条曲线拟合得较好，而优化后的数据线性关系相对较好，R^2 上升为 0.74。而且反演数据和实验数据吻合度也很高。

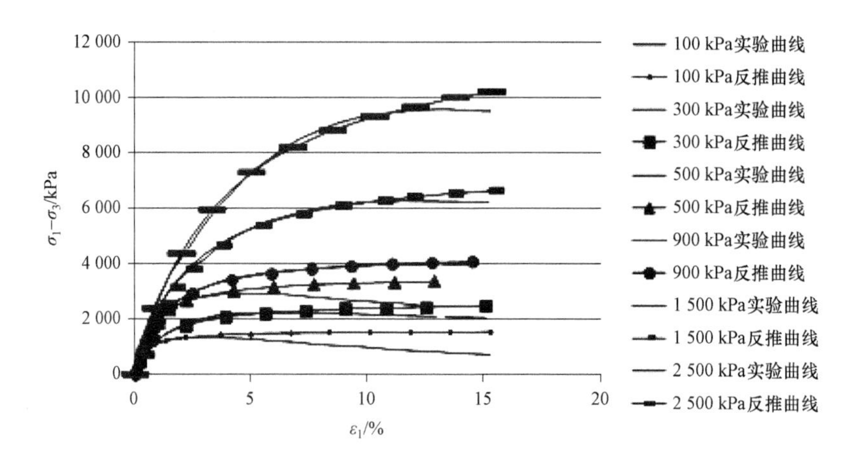

图 6–5　第一步优化 $(\sigma_1-\sigma_3)\sim\varepsilon_1$

前面是利用优化来求解 a、b 值，从而得到邓肯–张 E–B 模型参数 k 和 n。如果 k、n、R_f 已知，那么通过式（6–21）可以反演实验曲线。

$$\mathrm{d}(\sigma_1-\sigma_3)=KP_a\left(\frac{\sigma_3}{P_a}\right)^n\left[1-\frac{R_f(\sigma_1-\sigma_3)(1-\sin\phi)}{2c\cos\phi+2\sigma_3\sin\phi}\right]^2\mathrm{d}(\varepsilon_1-\varepsilon_0) \qquad (6\text{–}21)$$

此时反演的实验曲线并不同于图 6–5 中的反推曲线。为了更好地综合反映实验成果，采用第一步优化所得的 k、n、R_f 为初始变量，进行二次优化。用应变小于 2%条件下的应力应变实验曲线和根据模型反演的计算曲线差值平方和最小作为优化目标值，进行规划求解。

如图 6–6 所示，在变形 5%之前，第二步优化所得曲线与实验曲线拟合较好。与第一步优化结果相比，各组 k、n 值略有变化，但总体变化不大。由于高坝碾压控制质量要求高，而且采用的堆石料工程特性也较好，因此实际大坝变形量往往不足 1%，变形处于弹性范围。因此，本次优化采用实验应力应变曲线在应变到达 1%～2%之前的实验数据作为优化的实测值，而优化目标设定为模型计算值与实验值差值的平方和最小。计算发现，采用优化算法后，高围压下 E_i 小于低围压的情况不再出现，这充分说明优化方法的合理性。

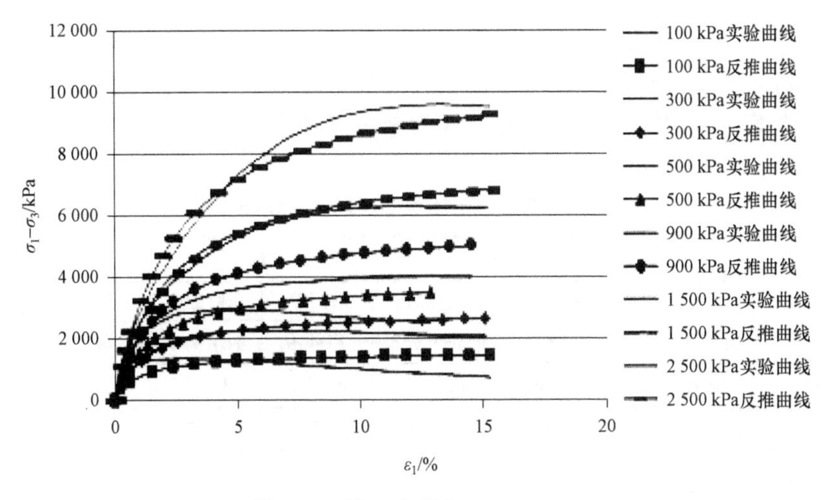

图 6-6　第二步优化 $(\sigma_1-\sigma_3)$~ε_1

6.1.4　高坝堆石料的邓肯–张 E–B 模型参数统计

本书收集了糯扎渡和甲岩等大坝堆石料硬岩的三轴固结排水实验成果，应用多种方法开展了参数统计。

糯扎渡大坝坝体堆石料主要有：① Ⅰ区粗堆石料为白莫菁石料场角砾岩弱风化中部开挖料（11 组数据）和坝址区花岗岩弱风化中部开挖料（共 12 组数据）；② Ⅱ区粗堆石料主要为电站左岸进水口段（1 区）、溢洪道进口及平流段（2 区）、溢洪道消力塘及冲刷区段（3 区）三个部位的 T2m 岩层弱风化开挖料各 11 组共 33 组及枢纽区花岗岩强风化开挖料 11 组。T2m 岩层弱风化开挖料主要由泥岩、粉砂质泥岩、泥质粉砂岩、粉砂岩、砂砾岩和角砾岩六种岩石组成，按设计提供的比例混合后进行试验。

大坝设计建设阶段，开展了多组实验，针对Ⅰ区和Ⅱ区的三种不同类型的堆石料：角砾岩、花岗岩及 T2m 混合料共开展了 67 组大三轴实验，每组实验采用 100、300、500、900、1 500 和 2 500 kPa 等 6 种围压。根据试验成果，分别统计了邓肯–张 E–B 模型参数。

将以上四种石料的参数 E_i、K、n、R_f，统计结果进行汇总。

各级围压下堆石料的初始切线模量如表 6–1 所示，从统计结果看，E_i 的均值在 2 500 kPa 时并非最大值，即并不完全符合邓肯–张 E–B 模型中的假定。E_i 的变异系数在 100 kPa 围压时最大，接近 0.3。随着围压增加，变异系数明显减小，超过 500 kPa 后，变异系数小于 0.2。值得注意的是，当围压为 100 kPa 时，根据计算公式：

$$E_i = KP_a\left(\frac{\sigma_3}{P_a}\right)^n$$

可以知道，$E_i=KP_a$，因此 E_i 的变异系数就是 K 的变异系数，E_i 的均值和标准差就是 K 的 100 倍。因此根据 100 kPa 围压下的实验也可知 K 的变异系数，但是随着围压增加，E_i 的变异系数减小，因此进行综合考虑的话，K 的变异系数要小于 100 kPa 时 E_i 的数值。

根据这些E_i统计得到的每组实验的K和n如表6–1～表6–4和图6–7～图6–10所示。从表中可以发现对于花岗岩或角砾岩，K的变异系数约为0.2，同时两者呈现强烈的负相关性，从表6–4中可以发现负相关系数超过–0.7。

表6–1　各级围压下堆石料的初始切线模量

石料名称	项目	E_i					
		100 kPa	300 kPa	500 kPa	900 kPa	1 500 kPa	2 500 kPa
Ⅰ区角砾岩	标准差	99 805	133 353	77 419	161 910	99 939	53 170
	均值	339 867	462 083	587 745	734 232	571 566	519 200
	变异系数	0.29	0.29	0.13	0.22	0.17	0.1
Ⅰ区弱风化花岗岩	标准差	38 294	57 492	76 630	80 361	33 376	59 272
	均值	137 349	230 174	363 748	467 038	405 041	408 903
	变异系数	0.28	0.25	0.21	0.17	0.08	0.14
Ⅱ区强风化花岗岩	标准差	30 010	65 067	77 948	53 802	91 997	115 905
	均值	162 882	321 274	392 030	425 467	448 955	413 884
	变异系数	0.18	0.2	0.2	0.13	0.2	0.28
Ⅱ区T2m料	标准差	38 483	58 370	30 321	98 760	74 438	35 114
	均值	114 757	165 653	255 444	330 430	347 936	345 896
	变异系数	0.34	0.35	0.12	0.3	0.21	0.1

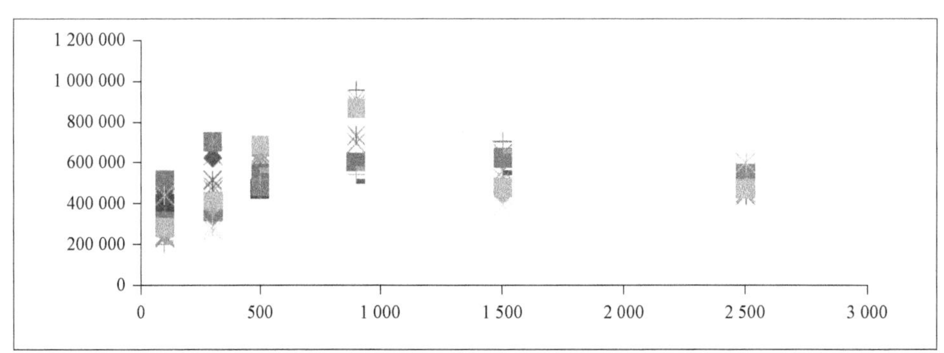

图6–7　角砾岩各级围压下E_i统计结果图

图6–8　弱风化花岗岩各级围压下E_i统计结果图

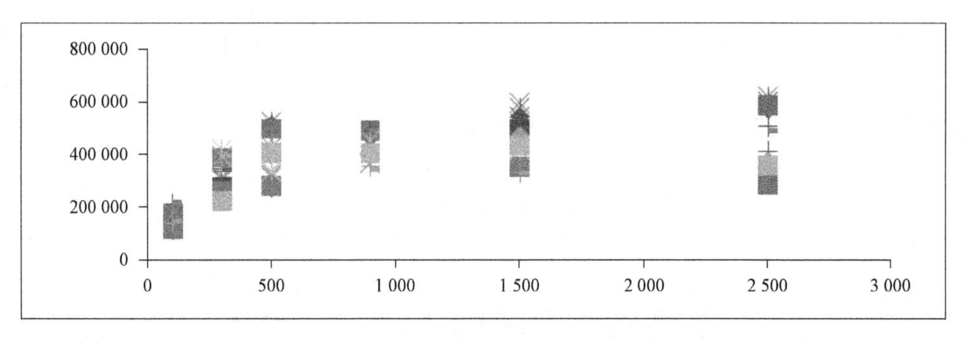

图 6-9　强风化花岗岩各级围压下 E_i 统计结果图

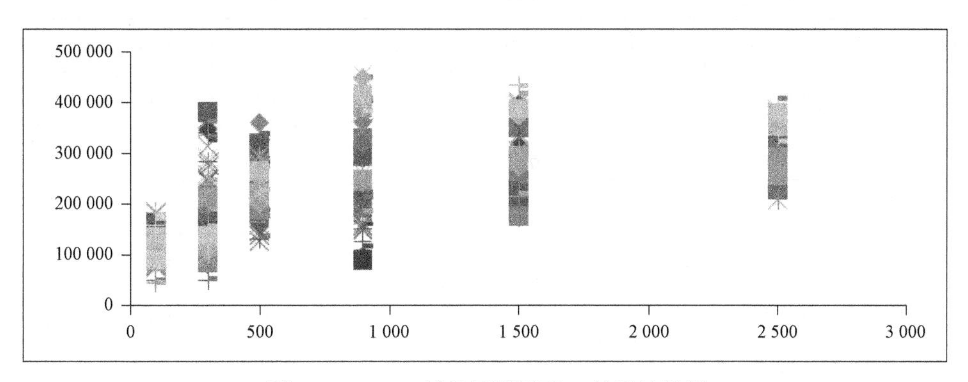

图 6-10　T2m 料各级围压下 E_i 统计结果图

表 6-2　参数 *K* 统计结果汇总表

石料名称	Ⅰ区角砾岩	Ⅰ区弱风化花岗岩	Ⅱ区强风化花岗岩	Ⅱ区 T2m 料
标准差	706	333	516	337
均值	3 709	1 654	2 115	1 197
变异系数	0.19	0.2	0.24	0.28

表 6-3　参数 *n* 统计结果汇总表

石料名称	Ⅰ区角砾岩	Ⅰ区弱风化花岗岩	Ⅱ区强风化花岗岩	Ⅱ区 T2m 料
标准差	0.09	0.08	0.09	0.09
均值	0.19	0.35	0.27	0.38
变异系数	0.48	0.24	0.33	0.23

表 6-4　参数 *K*、*n* 相关系数汇总表

石料名称	Ⅰ区角砾岩	Ⅰ区弱风化花岗岩	Ⅱ区强风化花岗岩	Ⅱ区 T2m 料
相关系数	−0.68	−0.87	−0.74	−0.87

破坏应力比 R_f 随围压的变化如表 6–5 所示，从结果看，R_f 的均值随着围压的增长呈现先上升后下降的规律，围压 900 kPa 左右时达到最大值。超过 500 kPa 后，变异系数一般小于 0.1。如果将 R_f 视为在各围压下相同考虑，那么均值约为 0.83。

表 6–5　破坏应力比 R_f 随围压的变化

石料名称	项目	R_f					
		100 kPa	300 kPa	500 kPa	900 kPa	1 500 kPa	2 500 kPa
Ⅰ区角砾岩	标准差	0.08	0.05	0.05	0.05	0.04	0.05
	均值	0.76	0.79	0.82	0.87	0.84	0.77
	变异系数	0.11	0.06	0.06	0.06	0.05	0.06
Ⅰ区弱风化花岗岩	标准差	0.21	0.16	0.07	0.05	0.05	0.04
	均值	0.56	0.71	0.82	0.85	0.79	0.76
	变异系数	0.38	0.22	0.08	0.05	0.06	0.05
Ⅱ区强风化花岗岩	标准差	0.11	0.07	0.1	0.08	0.06	0.04
	均值	0.64	0.68	0.74	0.78	0.81	0.8
	变异系数	0.17	0.1	0.14	0.11	0.08	0.05
Ⅱ区 T2m 料	标准差	0.17	0.17	0.09	0.06	0.06	0.06
	均值	0.67	0.74	0.82	0.86	0.83	0.78
	变异系数	0.25	0.23	0.11	0.07	0.07	0.08

6.2　面板堆石坝沉降变形可靠性分析

混凝土面板堆石坝是一种新的土石坝坝型，具有安全性高、实用性广、施工方便、就地取材、工期短等一系列优点，在国内外得到广泛的应用。中国混凝土面板堆石坝的数量、规模、技术难度都已居世界前列，目前正面临着坝高由 200 m 级向 300 m 级突破的问题。已建成的大量面板堆石坝的运行状态表明坝体变形和不均匀变形是引起面板开裂、止水失效、影响工程正常运行的主要原因，对于高坝尤为严重，高面板堆石坝安全性评价方法的相关研究更是薄弱，缺乏相关的评价标准、参数和指标等，难以对具体高堆石坝工程的安全性进行客观性评价。因此，需针对高面板堆石坝研究建立一套完整的安全性评价体系和评价方法，供 300 m 级高面板堆石坝建设决策，本书将以高 300 m 级面板堆石坝的沉降变形为例，在改进一次二阶矩法和 Rosenblueth 法的基础上提出一套合理有效的混凝土面板堆石坝风险分析与评估的方法。

6.3 混凝土面板堆石坝沉降变形计算模型

近年来，伴随着有限元、有限差分等数值计算方法和计算机技术的发展，以及土工测试技术水平的提高，岩土工程材料本构关系的研究也取得了丰硕的成果。

目前，岩土工程材料本构关系的研究主要是基于连续介质力学的宏观力学理论，其技术手段为从材料的表观性状着手，通过室内或现场试验得出材料的应力-应变关系曲线，采用曲线拟合或者弹性理论，塑性理论及其他理论来建立材料的本构模型。现已提出的本构关系理论中，主要可以分为非线性弹性理论、弹塑性理论和黏弹塑性理论三种，在混凝土面板堆石坝常规数值计算分析中，一般常用的本构模型主要是非线性弹性模型和弹塑性模型。

从已有的分析结果来看，面板坝堆石料的应力–应变关系具有明显的非线性，为了使本构模型能够反映这种非线性的特性，非线性弹性模型是不适用的，而多屈服面、非关联流动法则的弹塑性模型面临着试验方法特殊、计算复杂和计算参数类比性差的问题，邓肯–张 E–B 模型是一种弹性增量模型，模型参数物理意义比较明确，通过普通的三轴压缩试验即可确定参数值，试验方法简便，并且由参数反算的应力–应变关系与试验实测的应力–应变曲线符合较好，因此邓肯–张 E–B 模型在混凝土面板堆石坝的分析计算中得到了广泛的应用，取得了丰富的工程类比成果资料。

6.4 可靠性分析方法

前面两章介绍了常见的结构可靠性分析方法及其改进方法，对各种方法的基本原理及其优缺点进行了简要的描述。在前面的论述中，我们发现一次二阶矩法是目前结构可靠性分析最主要的方法，其改进方法具有收敛速度快，计算精度高的优点，但是，用一次二阶矩法分析混凝土面板堆石坝沉降变形可靠性时一次计算只能得到坝截面一个点处的可靠性指标，当需要对坝截面上所有点的可靠性指标有一个认识时，就要对截面上每一个节点都用改进一次二阶矩法求解，而一个高 300 m 级的混凝土面板堆石坝截面往往有数千个节点，每个节点可靠性指标的计算还需要结合有限元程序求解，进行数千次的可靠性指标计算所需的工作量和时间是难以接受的；Rosenblueth 法又称点估计法，对于 n 个随机变量的结构，通过 2^n 次有限元计算就可以得到截面上所有点处的可靠性指标，但是计算结果的精度较差。因此本书将提出一种将二者有机结合的思路，充分利用两种方法的优点去分析高 300 m 级混凝土面板堆石坝沉降变形的可靠性指标，先采用 Rosenblueth 法经过 2^n 次有限元计算得到坝截面上所有点处的可靠性指标，绘出可靠性指标的云图，再以截面上可靠性指标最小的点作为控制点，对该控制点采用改进一次二阶矩法与有限元程序相结合的做法精确地求解该点的可靠性指标，从而对整个坝的风险水平做出准确的评估。可靠性分析流程如图 6–11 所示。

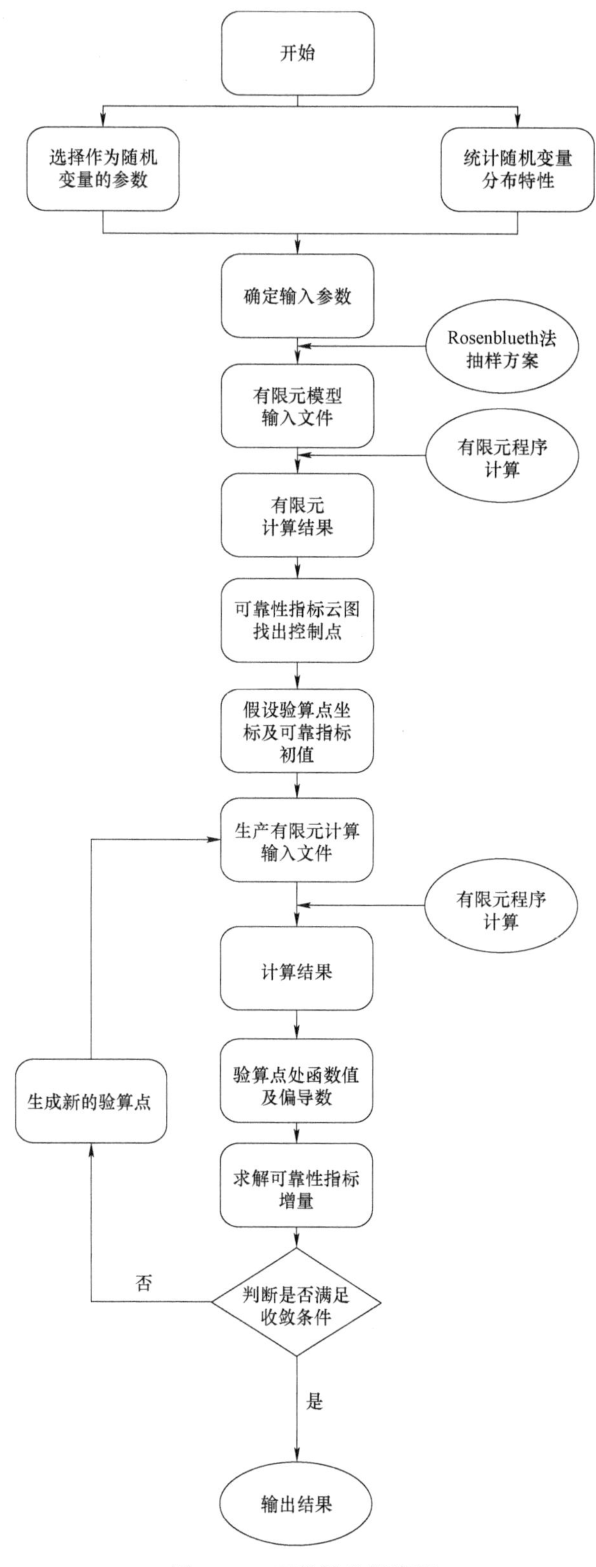

图 6-11　可靠性分析流程

6.5　数值计算程序及模型

坝体截面沉降变形需依靠有限元程序建立数值计算模型来计算，目前成熟的数值计算软件有很多，本书将使用 CON2D 程序计算沉降变形，该程序为邓肯和张金荣于 1977 年基于 Biot 固结理论开发的计算平面应变条件下土石坝固结的有限元程序 CON2D。经过多次修改和完善，CON2D 可用于模拟坝体施工期、蓄水期直至稳定渗流情况下的固结过程及地基土在回填、建筑物荷载和储油罐等外力作用下的固结过程。此外，该软件还能够模拟开挖过程及支撑结构的设置和拆除，并可以利用杆单元来模拟加筋土结构及利用梁单元来模拟防渗墙等结构。同时还能按双线法计算浸水湿化变形。CON2D 中的单元类型包括实体单元、两节点接触面单元、梁单元、杆单元。实体单元类型为四边形等参单元及退化的三角形单元，单元结点数目可设置为 4～8 个。程序中内置了线弹性模型，邓肯–张 E–B 模型、修正剑桥模型及刚塑性接触面模型等多种本构模型可供选择。该有限元计算程序具有所占存储空间小，计算速度快，本构模型丰富的优点，与开发的多节点消息通信及计算管理软件配合使用可以同时调集多台计算机进行计算，同时实现输入文件和输出结果向指定计算机发送的功能，在混凝土面板堆石坝敏感性和可靠性分析过程中，需要计算不同参数下同一模型的变形值，采用 CON2D 程序和多节点消息通信及计算管理软件可以极大地提高计算效率。

CON2D 作为一个主要用于科研分析的有限元程序，其前处理和后处理程序很弱，网格划分、节点坐标、边界条件、材料参数等所有模型信息都需要人工逐个写入文本文档，将该文本文档作为输入文件供程序调用，程序的计算结果也只是输出到数据文件中，数据查找比较麻烦。为了便于对计算结果数据进行处理和分析，本书在处理过程中变形 Matlab 程序用于输出结果数据查找，同时使用数据图形化软件 Tecplot 2011 绘制混凝土面板堆石坝变形云图，使计算结果更加直观。

本书选取典型混凝土面板堆石坝模型划分好的有限元网格如图 6–12 所示，该面板坝模型共有 992 个节点，960 个单元。在计算中模拟面板坝分层填筑的过程，坝体分 30 层填筑，每层厚度为 10 m。

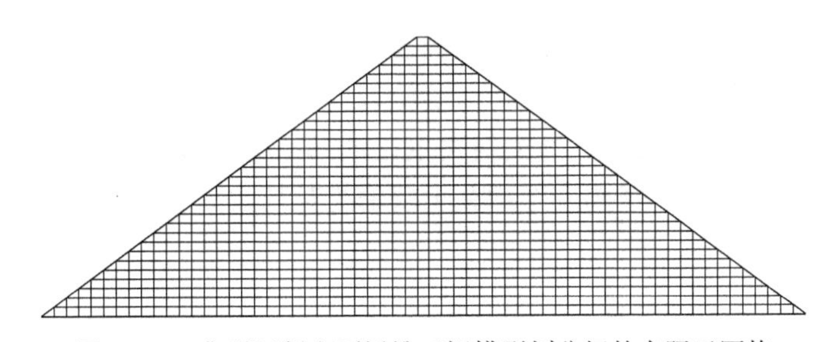

图 6–12　典型混凝土面板堆石坝模型划分好的有限元网格

本次计算堆石料的力学参数按照洪家渡面板堆石坝主堆石料的邓肯–张 E–B 模型参数取值，如表 6–6 所示。

表 6–6　邓肯–张 E–B 模型参数分布特性统计表

参数	K	R_f	K_b	m	φ_0	$\Delta\varphi$	K_{ur}	n	c
分布类型	正态	正态	正态	正态	正态	/	/	/	/
均值	1 000	0.87	600	0.4	53	9	2 050	0.55	0

6.6　混凝土面板堆石坝变形敏感性分析

邓肯–张 E–B 模型参数对混凝土面板堆石坝沉降变形影响比较复杂，不同的人分析的结果有着很大的差异。邓肯–张 E–B 模型有 K、m、φ、$\Delta\varphi$、c、R_f、K_{ur}、K_b、n 共九个参数，每个参数都会对坝体变形产生影响，但是不同的参数对变形的影响程度也不一样，有的参数对变形的影响很大，参数微小的改变会导致坝体变形值大幅度变化，反之有的参数发生变化对坝体变形的影响不大，本书通过坝体变形和可靠指标敏感性分析可以找出影响坝体变形及可靠指标的关键因素，为混凝土面板堆石坝设计和施工过程中的质量控制提供理论指导。

6.6.1　有限元计算结果

按照 CON2D 程序要求编写 3.1 节中构建的典型混凝土面板堆石坝计算模型的输入文件，使用 CON2D 程序进行计算，计算结果采用 Tecplot 2011 程序进行可视化处理，典型混凝土面板堆石坝在竣工期沉降变形云图和水平变形云图分别如图 6–13（a）和图 6–13（b）所示。

计算结果表明竣工期坝体最大沉降变形为 1.939 m，最大沉降变形节点编号为 768，即位于高程为 160 m 的坝体中央，最大水平变形为 0.774 m，大水平变形产生于坝高 100 m 的上、下游坝面附近。由图 6–13（a）和图 6–13（b）可以看出，在堆石体自重的作用下，混凝土面板堆石坝断面所有点均产生向下的竖向沉降变形，沉降变形的最大值产生于约 1/2 坝高的坝体中央；水平变形的方向在上游部分和下游部分不同，在坝轴线的上游侧坝体产生指向上游的水平变形，在下游侧坝体产生指向下游的水平变形，在坝轴线处坝体水平变形为 0，水平变形的最大值发生在 1/3 坝高距离坝体上下游表面约 1/6 坝宽处。竣工期坝体水平变形和竖向变形均关于坝轴线对称。

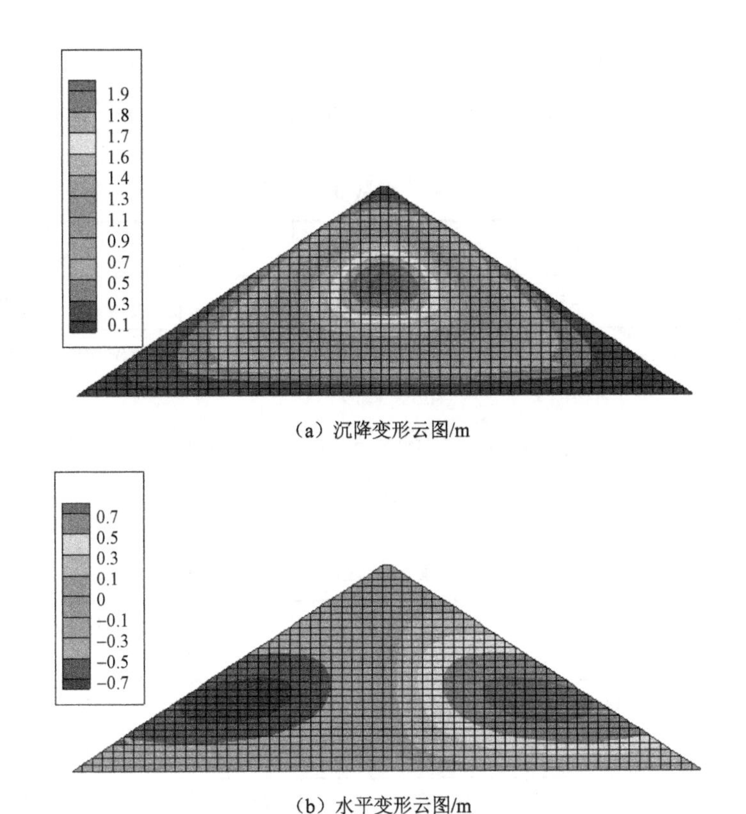

（a）沉降变形云图/m

（b）水平变形云图/m

图 6−13　典型混凝土面板堆石坝在竣工期沉降变形云图和水平变形云图

6.6.2　变形敏感性分析

下面将对混凝土面板堆石坝变形进行参数敏感性分析，找出对敏感性影响较大的参数，可靠性分析为随机变量的选择及面板坝设计、施工时质量控制提供理论基础，已有研究资料表明混凝土面板堆石坝变形对参数的敏感性作用比较复杂，与参数的数值、选取研究点的位置、样本点的抽取方法、样本点的变化步长等因素都有关系，在本书中，将选取最大沉降变形点、最大水平变形点，以及二者之间的一个点，共 3 个点分别研究混凝土面板堆石坝变形的敏感性，其中最大沉降点位于坝体中央，没有水平变形，因此该点处只做沉降变形敏感性分析，其余两点同时做水平变形和竖向变形及总变形的敏感性分析。敏感性分析点位置示意图如图 6−14 所示。

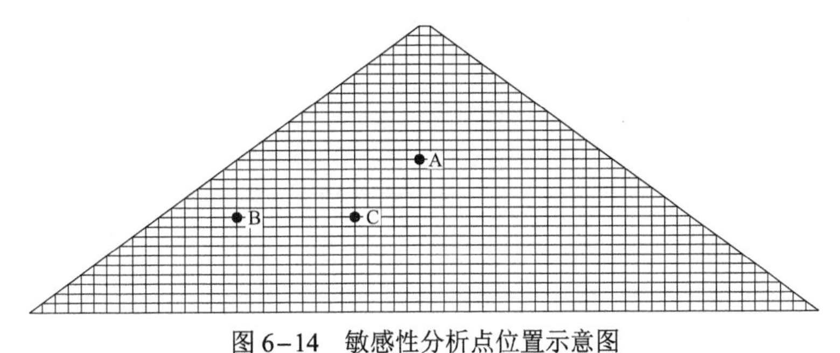

图 6−14　敏感性分析点位置示意图

其中 A 点为坝体最大沉降点，B 点为坝体最大水平变形点，C 点为 A、B 间代表点。依据实际情况，邓肯–张 E–B 模型各个参数变化范围如表 6–7 所示。

表 6–7　参数变化范围

参数	K	R_f	K_b	m	φ_0	$\Delta\varphi$	K_{ur}	n
变化下限/%	−20	−5	−20	−10	−5	−10	−20	−10
变化上限/%	20	5	20	10	5	10	20	10

表 6–8 列出了单一参数变化时对应的最大沉降点（点 A）、最大水平变形点（点 B）及二者之间代表点（点 C）的竖向变形、水平变形，以及总变形。

表 6–8　单一参数变化时对应的变形值

参数	参数变化/%	A 点沉降变形/m	B 点沉降变形/m	B 点水平变形/m	C 点沉降变形/m	C 点水平变形/m
K	−20	2.094	0.744	0.994	1.366	0.607
	−10	2.009	0.719	0.876	1.331	0.548
	0	1.939	0.695	0.774	1.302	0.501
	10	1.883	0.681	0.702	1.278	0.462
	20	1.833	0.666	0.635	1.257	0.429
K_{ur}	−20	1.941	0.698	0.781	1.302	0.501
	−10	1.94	0.698	0.781	1.302	0.501
	0	1.939	0.695	0.774	1.302	0.501
	10	1.94	0.698	0.78	1.302	0.501
	20	1.94	0.698	0.78	1.302	0.5
n	−10	2.018	0.718	0.88	1.335	0.553
	−5	1.978	0.708	0.829	1.318	0.526
	0	1.939	0.695	0.774	1.302	0.501
	5	1.905	0.688	0.735	1.287	0.477
	10	1.871	0.679	0.69	1.273	0.455
R_f	−5	1.89	0.688	0.731	1.286	0.473
	−2.5	1.915	0.693	0.755	1.294	0.487
	0	1.939	0.695	0.774	1.302	0.501
	2.5	1.966	0.703	0.807	1.31	0.515
	5	1.993	0.708	0.833	1.318	0.53

续表

参数	参数变化/%	A 点沉降变形/m	B 点沉降变形/m	B 点水平变形/m	C 点沉降变形/m	C 点水平变形/m
K_b	−20	2.264	0.825	0.755	1.559	0.519
	−10	2.085	0.754	0.771	1.417	0.509
	0	1.939	0.695	0.774	1.302	0.501
	10	1.821	0.651	0.787	1.207	0.494
	20	1.72	0.612	0.792	1.128	0.488
m	−10	2.069	0.748	0.772	1.405	0.507
	−5	2.003	0.722	0.777	1.353	0.504
	0	1.939	0.695	0.774	1.302	0.501
	5	1.88	0.675	0.784	1.254	0.498
	10	1.822	0.652	0.788	1.207	0.495
φ_0	−5	2.125	0.736	0.974	1.354	0.602
	−2.5	2.027	0.716	0.869	1.329	0.549
	0	1.939	0.695	0.774	1.302	0.501
	2.5	1.865	0.682	0.704	1.278	0.459
	5	1.798	0.669	0.638	1.26	0.422
$\Delta\varphi$	−10	1.89	0.692	0.737	1.284	0.473
	−5	1.915	0.695	0.759	1.293	0.487
	0	1.939	0.695	0.774	1.302	0.501
	5	1.968	0.701	0.804	1.312	0.516
	10	1.996	0.704	0.828	1.321	0.531

各个参数变化及其对应的变形关系曲线如图 6−15～图 6−19 所示。

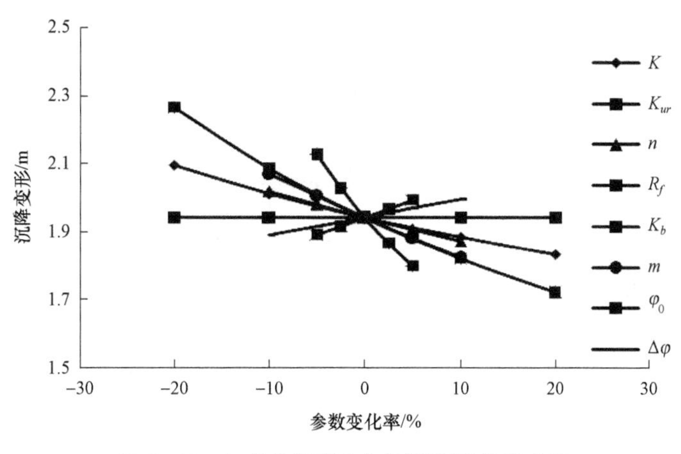

图 6−15　A 点参数变化与沉降变形关系曲线

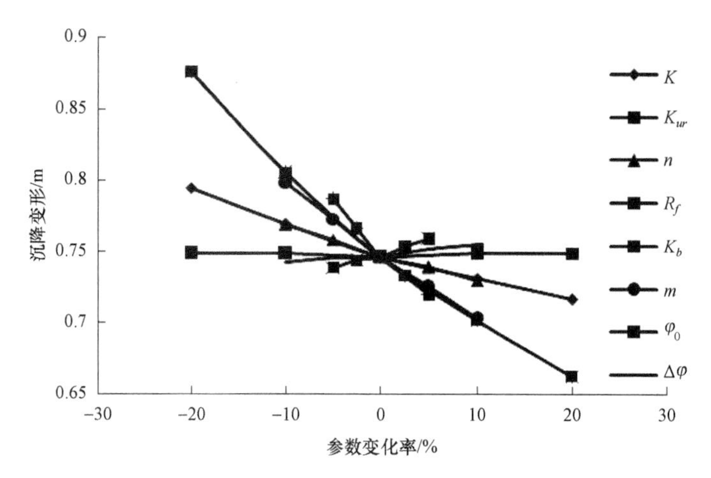

图 6−16　B 点参数变化与沉降变形关系曲线

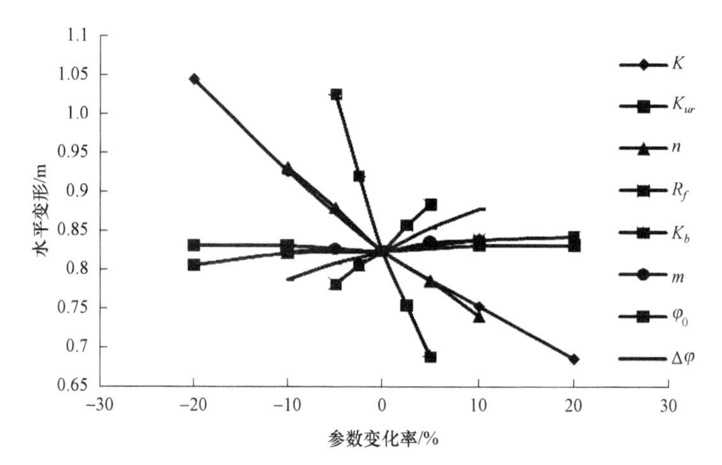

图 6−17　B 点参数变化与水平变形关系曲线

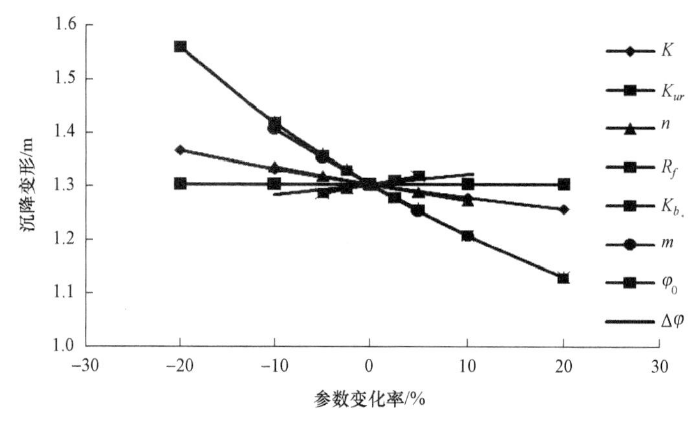

图 6−18　C 点参数变化与沉降变形关系曲线

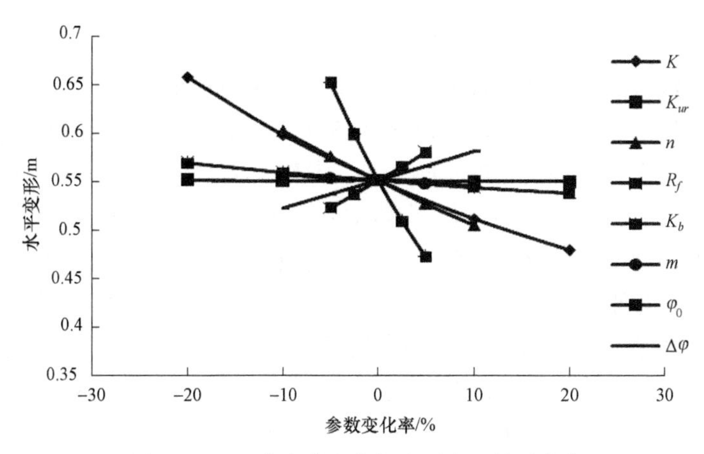

图 6–19 C 点参数变化与水平变形关系曲线

1. 同一点处参数敏感性

由图 6–15 可以看出在最大沉降变形处，随着 K、n、φ_0、K_b、m 这 5 个参数的增加，沉降变形减小，其中 φ_0 对沉降变形的影响最大，当 φ_0 增加约 10%（从 50.35° 增加到 55.65°）沉降变形由 2.125 m 减小至 1.798 m，减小了约 16%，K、n 两个参数对沉降变形的影响相近，当二者减小 10%时，沉降变形分别增加 3.64%和 4.68%，变形增加量很接近；K_b、m 两个参数对沉降变形的影响也基本一致，二者分别减小 10%时，沉降变形分别增加 4.55%和 6.69%。$\Delta\varphi$、R_f 与沉降变形呈正相关关系，随着这两个参数的增加，混凝土面板堆石坝的坝体沉降逐渐增大，其中破坏比 R_f 对沉降变形的影响要大于 $\Delta\varphi$ 的影响，当二者均增加 10%时，沉降变形变化率分别为 5.27%和 2.93%。参数 K_{ur} 对该点处沉降变形的影响不大，参数变化 20%时沉降变形的变化小于 0.1%，其对沉降变形的影响可以忽略。综上所述，在最大沉降点处，邓肯–张 E–B 模型参数对沉降变形的影响按照 φ_0、K_b、m、R_f、n、K、$\Delta\varphi$、K_{ur} 的顺序依次递减，其中 K_b、m 对沉降变形的影响基本一致，n、K 两个参数对沉降变形的影响差别不大，参数 K_{ur} 对沉降变形的影响可以忽略。

表 6–9 列出了单一参数变化 10%引起的最大水平位移处（B 点）水平变形和竖向变形的变化率。

表 6–9 B 点参数变化对应的变形变化率

参数	K	R_f	K_b	m	φ_0	$\Delta\varphi$	K_{ur}	n
参数变化/%	10	10	10	10	10	10	10	10
水平变形变化/%	9.21	13.29	1.74	1.87	43.44	6.96	0.38	10.76
竖向沉降变形变化/%	2.1	2.92	6.32	6.2	9.66	1.3	0.07	2.33

由表 6–9 可以看出同一参数对混凝土面板堆石坝水平变形最大点处的水平变形和竖向沉降变形的影响不同，K_b、m 两个参数在该点对竖向沉降变形的影响大于对水平变形的影响，而其余各参数对水平变形的影响大于对竖向沉降变形的影响。对于水平变形，

参数φ_0的影响最大，当φ_0增加10%时，水平变形量减小了43.44%，引起的水平变形变化量远大于其他参数。参数K_b、m对水平变形的影响差别不大，参数变化10%引起的水平变形变化分别为1.74%和1.87%，n、K变化对水平变形的影响较为接近。邓肯－张E－B模型参数对该点处竖向沉降变形的影响较小，参数变化10%，除φ_0外，其余各个参数引起的竖向沉降变形变化均小于6.5%。参数对水平变形的影响按照φ_0、R_f、n、K、$\Delta\varphi$、m、K_b、K_{ur}的顺序递减，而参数对竖向沉降的影响按照φ_0、K_b、m、R_f、n、K、$\Delta\varphi$、K_{ur}的顺序依次减弱。对比表6－9中沉降变形和水平变形变化率，发现在水平变形最大点处堆石料初始内摩擦角φ_0对水平变形和竖向沉降变形的影响均为最大，且远大于其他因素的影响。K_b、m对同一种变形的影响相近，n、K两个参数对同一种变形的影响也相近，这四个参数对于不同的变形影响差异较大，K_b、m对竖向沉降变形的影响大于对水平变形的影响，而n、K两个参数对水平变形的影响大于对竖向沉降变形的影响。

表6－10列出了单一参数变化10%引起的最大水平位移处（B点）水平变形和竖向沉降变形的变化率。

表6－10　C点参数变化对应的变形变化率

参数	K	R_f	K_b	m	φ_0	$\Delta\varphi$	K_{ur}	n
参数变化/%	10	10	10	10	10	10	10	10
水平变形变化/%	7.88	11.3	1.47	1.84	35.82	5.95	0.13	9.24
竖向沉降变形变化/%	1.86	2.49	7.27	7.25	7.2	1.48	0.01	2.27

由表6－10可以看出，参数φ_0对于水平变形的影响最大，φ_0增加10%，水平变形减小35.82%，邓肯－张E－B模型参数对水平变形的影响按照φ_0、R_f、n、K、$\Delta\varphi$、m、K_b、K_{ur}的顺序依次减弱。除了K_b、m两个参数外，邓肯－张E－B模型参数对竖向沉降变形的影响小于对水平变形的影响。φ_0、K_b、m三个参数对竖向沉降的影响最大且三者的影响比较接近，参数变化10%引起的竖向沉降变形均在7.2%～7.27%之间。邓肯－张E－B模型参数对该点竖向沉降的影响按照K_b、m、φ_0、R_f、n、K、$\Delta\varphi$、K_{ur}的顺序依次减弱。

2. 不同参考点之间参数敏感性比较

分析表6－8～表6－10及图6－15～图6－19中的数据，比较不同的三个点沉降变形与水平变形对邓肯－张E－B模型参数敏感性发现，K_b、m两个参数对混凝土面板堆石坝变形的影响相近；n、K两个参数对变形的影响也基本一致，前两个参数对参考点处沉降变形影响较大，而后两个参数对水平变形的影响较大。对于同时存在水平变形和沉降变形的两个参考点除了K_b、m两个参数外，其余各参数对水平变形的影响均大于对竖向沉降变形的影响，不同的点处邓肯－张E－B模型参数对水平变形的影响规律基本相同，都是初始内摩擦角φ_0的影响最大，φ_0改变10%引起的水平变形变化率是其他参数的三倍以上，邓肯－张E－B模型参数对水平变形的影响在不同点处均按照φ_0、R_f、n、K、$\Delta\varphi$、m、K_b、K_{ur}的顺序依次减弱。

邓肯–张 E–B 模型参数对竖向沉降变形的影响较为复杂，不同的点处参数对沉降变形的影响差异较大，在前两个点处邓肯–张 E–B 模型参数对沉降变形的影响均按照 φ_0、K_b、m、R_f、n、K、$\Delta\varphi$、K_{ur} 的顺序递减，并且在参数变化 10%时，φ_0 对沉降变形变化率的影响是 K_b 的 2.7 倍和 1.5 倍。在 C 点参数对沉降变形的影响规律与前两个点不同，在 C 点 φ_0、K_b、m 三个参数对沉降变形的影响大于其他参数的影响，这三个参数对沉降变形的影响很接近，参数变化 10%时三者引起的沉降变化率均在 4.25%左右，且参数 K_b 对沉降变形的影响略大于其他两参数，在该点处参数对沉降变形的影响按照 K_b、m、φ_0、R_f、n、K、$\Delta\varphi$、K_{ur} 的顺序递减。

6.7　可靠指标的计算

已建成的大量面板堆石坝的运行状态表明坝体变形和不均匀变形、面板的挠曲过大是引起面板开裂、止水失效、影响工程正常运行的主要原因，对于高坝尤为严重，上一节分析了邓肯–张 E–B 模型参数变化对混凝土面板堆石坝变形的影响，但是在实际工程中，混凝土面板堆石坝堆石料邓肯–张 E–B 模型参数并不是一个确定值，而是一个随机变量，传统的确定性安全评价方法难以对具体的高堆石坝工程的安全性进行客观性的评价，为了更好地评价混凝土面板堆石坝的风险水平需要引入可靠度理论，本书将在构建的典型坝基础上计算竣工期堆石体沉降和蓄水期堆石体沉降与面板挠曲变形可靠指标，并分析随机变量变异系数对可靠指标的影响，从而找出影响可靠指标的关键因素，用于指导混凝土面板堆石坝的设计与施工。

6.7.1　随机变量的确定

邓肯–张 E–B 模型所有参数对混凝土面板堆石坝的变形均有影响，从理论上来说，在沉降和面板挠曲变形可靠性分析中应该把所有的参数均作为随机变量来考虑，但是随机变量过多往往使得可靠性分析过程过于复杂，甚至在求解可靠指标时容易出现算法不收敛的现象。实际上邓肯–张 E–B 模型各个参数对混凝土面板堆石坝变形的影响程度并不相同，有些参数对面板坝变形影响较大，有些参数对变形的影响很小，在可靠性分析中可以忽略掉对变形影响较小的参数从而减少随机变量的个数，简化可靠性分析过程。从上一节混凝土面板堆石坝变形敏感性分析中可以看出邓肯–张 E–B 模型有些参数中除φ_0、R_f外，K_b、m、n、K 对面板坝的变形影响也比较大，其中 n、K 对沉降变形的影响也很接近，在邓肯–张 E–B 模型中二者通过式（6–22）共同决定初始弹性模量 E_i，通过初始弹性模量对堆石坝坝体变形产生影响，在统计上 n、K 也存在着很强烈的负相关性，因此本书在做可靠性分析时，同样在二者之间选择 K 作为随机变量，不考虑参数 n 的随机性。

$$E_i = KP_a\left(\frac{\sigma_3}{P_a}\right)^n \tag{6–22}$$

同样地，K_b、m 对沉降变形的影响很接近，在邓肯－张 E－B 模型中二者通过式（6－23）共同决定体积模量 B，通过体积模量对堆石坝坝体变形产生影响，统计资料表明 K_b、m 在统计上存在着很强烈的负相关性，因此本书在做可靠性分析时在二者之间选择 K_b 作为随机变量，不考虑参数 m 的随机性。

$$B = K_b P_a \left(\frac{\sigma_3}{P_a} \right)^m \tag{6-23}$$

综上所述，按照上节参数敏感性分析结果同时结合参数统计特性和相关文献，本书在下面介绍的混凝土面板堆石坝沉降变形和面板挠曲变形可靠性分析中选择 φ_0、R_f、K、$\Delta\varphi$、K_b 五个参数作为随机变量，其余参数视为常量。

陈祖煜、陈立宏等对岩土材料强度指标随机特性进行了统计研究，论文《非线性强度指标边坡稳定安全系数取值标准的研究》统计了硬岩堆石料非线性强度指标的随机特性，参考该论文的统计结果，本书中 φ_0 变异系数取 0.04。徐泽平在《混凝土面板堆石坝应力变形特性研究》一书中统计了 19 座面板堆石坝堆石材料的邓肯－张 E－B 模型参数，其中收录了 15 组主堆石料的参数，如表 6－11 所示。

统计这15组数据并结合相关的文献和实际工程经验，同时结合第3章中的统计结果，选定面板堆石坝材料邓肯－张 E－B 模型参数随机变量分布特性参数表如表 6－12 所示。

表 6－11 选定面板堆石坝堆石材料的邓肯－张 E－B 模型参数汇总表

工程名称	堆石岩性	ρ_d/（g/cm³）	K	n	R_f	K_b	m	φ_0/（°）	$\Delta\varphi$/（°）
西北口	灰岩	2.04	522	0.38	0.68	125	0.22	50.6	5.5
洪家渡	灰岩	2.22	1 700	0.55	0.929	560	0.47	57	13.1
盘石头	灰岩	2.1	565	0.503	0.814	146	0.277	54.6	10.7
天生桥	灰岩	2.1	940	0.35	0.849	340	0.18	54	13
	灰岩	2.05	720	0.303	0.798	800	0.18	54	13.5
思安江	灰岩	2.12	700	0.52	0.876	290	0.14	46.7	6.6
九甸峡	灰岩	2.2	1 400	0.53	0.798	1 000	0	50.9	8.5
南车	砂岩	2.07	790	0.39	0.785	/	/	49.8	6.5
芭蕉河	粉砂岩	2.17	1 000	0.32	0.875	320	0.22	49.3	10
	粉砂岩	2.18	1 010	0.36	0.893	360	0.24	49.9	10
公伯峡	花岗岩	2.06	750	0.51	0.878	520	0.27	54	13.4
吉林台	凝灰岩	/	1 050	0.517	0.903	176	−0.383	53	8.1
公伯峡	砂砾石	2.14	690	0.31	0.842	410	0.03	47.4	6
乌鲁瓦提	砂砾石	2.178	850	0.34	0.819	468	0.1	43.5	3
察汗乌苏	砂砾石	2.19	1 260	0.4	0.891	522	0.17	53.2	10.4

表 6-12　随机变量分布特性参数表

参数	K	R_f	K_b	$\Delta\varphi$	φ_0	m	K_{ur}	n	c
分布类型	正态	正态	正态	正态	正态				
均值	1 000	0.87	600	9	53	0.4	2 050	0.87	0
变异系数	0.2	0.048	0.2	0.1	0.04				
标准差	200	0.042	120	0.9	2.1				

6.7.2　功能函数的建立

在水电工程中，坝体竖向沉降变形控制标准经验值为 1%，有关文献统计了大量的已建混凝土面板堆石坝的面板挠度观测资料，提出混凝土面板堆石坝的面板挠度应控制在 6‰以内，在计算典型混凝土面板堆石坝坝体沉降变形和面板挠度可靠指标时建立功能函数分别如式（6-24）和式（6-25）所示：

$$G = 1\%H - s \tag{6-24}$$

$$G = 6‰ - w \tag{6-25}$$

式中：H 为混凝土面板坝高，此处为 300 m；s、w 分别为堆石体沉降和面板挠度，需要借助有限元程序建模计算。

6.8　局域网的集群计算技术

由于可靠度计算往往涉及巨大的计算量，特别是当面对复杂结构需要采用有限元等数值分析手段时，因此十分有必要开发一套系统，用于解决计算量的问题。目前有多种分布式计算、云计算技术及高性能计算机等解决方案。对于岩土工程可靠度分析，无论是 Rosenblueth 法、FOSM 法还是摄动法随机有限元，常常碰到的是结构体系不变，而材料参数变化的情况，因此对于此类情况，最合适和经济的解决方案就是购买多台普通计算机，构建局域网，然后在局域网内实现集群分布式计算。为此我们开发了一套计算系统，利用该系统可以将计算任务分解到各个计算节点，因此大大节约了计算时间。下面对这一系统做一简单描述。

6.8.1　系统描述

（1）较高的可靠性：如果集群系统中的一个节点失效，分配到它上面的任务可以传递给其他节点继续处理，不会出现系统崩溃的现象，从而能有效防止单点故障。

（2）良好的扩展性：集群系统不局限于单一的主机节点，新的节点可以自由地加入集群，增强集群的总体性能，也可以从集群中删除。

（3）较好性价比：可以采用廉价的符合工业标准的硬件来构造系统。在达到同等性能的条件下，采用集群比采用同等运算能力的大型计算机具有更高的性价比。

为了具有较高的可靠性和良好的扩展性，集群必须具备以下两种能力。

（1）健壮性：在系统运行过程中，如果某一节点在执行任务时出现故障，系统中的其他节点不会受到影响，能继续完成任务。

（2）负载均衡：根据某种分配策略把任务比较合理地分配到系统的各个计算节点上，从而减少运行时间，提高计算的效率。

该集群系统是一种分布式计算系统，它具有成本低、易构建、可扩展性好等特点。使用多台计算机求解问题，将具有更大的存储容量和更强的处理能力，从而具有更快的计算速度。

多代理系统架构（multi-agent）是可以扩展到智能计算的软件系统，控制节点负责任务的分配及集群机器的管理，计算节点负责实际的运算，两类节点均可部署在普通的PC机器上。在此结构中运行的应用程序由两部分组成：一是主机程序；二是节点程序。主机程序运行在控制节点上；节点程序运行在所有的计算节点上。这种形式的程序，实际上是一个主机程序控制一组以分布式方式执行的计算节点程序，如图6-20所示。

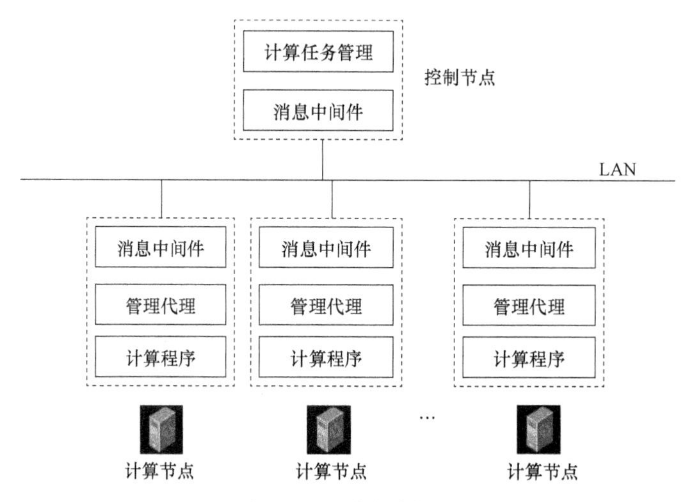

图6-20　系统结构图

主节点的功能如下。

（1）申请和释放处理器，加载节点程序。

（2）执行I/O和处理用户界面。

（3）发送数据给各个节点处理器，并收集各处理器的计算结果。

计算节点的功能如下。

（1）接收来自主机的输入信息。

（2）完成各自的局部计算，实行计算节点的通信。

（3）回送计算结果给主机。

6.8.2 控制节点

控制节点主要包括以下几个部分：计算节点添加模块、资源管理模块、任务调度模块。各模块的功能如下：计算节点添加模块就是当增加计算节点时，计算节点信息就动态地添加到控制节点上；资源管理模块负责对系统资源进行收集、管理和分配；任务调度模块是根据系统资源的状况对计算节点上执行的进程进行调度。

1. 计算节点添加模块

首先，我们在所有的计算节点上都定义一个相同端口地址（例如："port：8080"）接收 UDP 数据包。因为开始的时候，控制节点并不知道哪些计算节点要添加到集群系统中，所以当系统开始运行时，控制节点首先向所有计算节点的预定义端口地址发送广播 UDP 数据包，表示可以让计算节点添加到系统中。

其次，远程计算节点启动添加程序。如果计算节点想要添加到系统中，需要把一个添加消息（UDP 数据包）发送给控制进程。控制进程接收添加数据包，从而知道此计算进程的存在。

在某个时间段内，控制节点并不知道有多少个计算节点添加到系统中，为了不影响控制节点的性能，不可能让它无限地等待所有可能的添加信息。为了解决这个问题，我们在控制节点的服务程序中设置一个超时计时器，如果在 2 s 内没有添加信息数据包到达，控制节点就认为没有计算节点要添加了，从而关闭添加服务程序。当计算节点添加成功时，系统就在控制节点上自动生成一个文件，记录计算节点的先后添加顺序和对应的主机名及其 IP 地址，如图 6-21 所示。

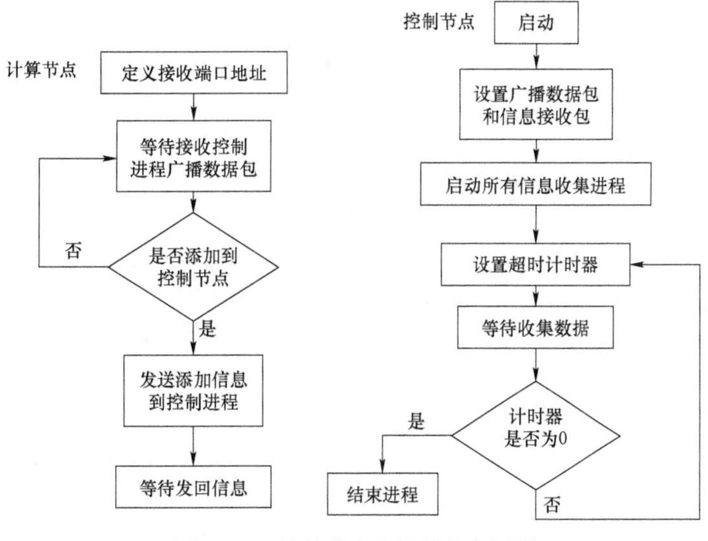

图 6-21　计算节点和控制节点框图

2. 资源管理模块

一般来说，要提高集群系统的性能，首先要提高系统资源的利用率，集群系统的资源利用率越高，说明系统吞吐能力越强，系统的总体性能也越好。这里的资源是个很广泛的概念，如内存、处理器、存储器、I/O 设备等都可以看成资源。资源管理就是分配系统的资源和监控系统资源的使用情况。

资源管理模块的原理：在集群系统的各个计算节点上运行一个资源收集程序，定期收集每个节点的负载信息并发送到控制节点上，为任务分配模块提供必要的数据。收集节点的动态指标：CPU 利用率、内存利用率、磁盘 I/O 量。

3. 任务调度模块

任务调度模块提出了一种考虑负载阈值的任务调度策略，其思想是：在系统分配任务之前，控制节点根据每个计算节点的运算能力的大小来分配任务，如果计算节点的资源负载比较轻，说明该节点可以接收较多的计算任务，就把多一点的任务分配给它。反之，将少量的计算任务分配给负载较重的节点，最大程度上减少运算时间，提高系统的并行运算效率。任务调度策略是根据各个计算节点的负载情况来动态迁移任务，将负载重的节点上的任务迁移到负载轻的节点上，尽可能使所有节点达到负载均衡，减少运行时间。其主要包括以下三个方面。

（1）信息收集：在资源管理模块中，资源收集程序把各计算节点的负载信息收集起来，并添加到资源信息列表中，为本节的任务调度提供数据。

（2）迁移策略：根据设定的负载阈值来判断是否需要把一个计算任务迁移到其他节点上运行。

（3）迁移执行：当计算节点上有需要迁移的任务时，应该根据迁移策略选择目标节点进行迁移。

上述三个部分之间相互作用，当且仅当任务被“迁移策略”判断为适合迁移之后，“迁移执行”才开始执行，同时“迁移执行”必须利用“信息收集”提供的负载信息。因此，对于动态负载平衡，调度进程负责接收从各个计算节点收集负载信息，根据负载信息来确定哪个计算节点的任务需要迁移，迁移到哪个节点比较合适。

6.9 可靠指标敏感性分析

为了分析 φ_0、R_f、K、$\Delta\varphi$、K_b 这五个随机变量变异系数对高 300 m 级混凝土面板堆石坝坝体沉降变形和面板挠曲的影响，本书在 3.5.1 节统计的随机变量变异系数基础上，逐个改变每个随机变量的变异系数并计算相应的可靠指标，每个随机变量的变异系数按照表 6-12 中数据及表 6-12 中数据增大和减小 25%三个水平取值，变异系数取值表如表 6-13 所示。

表 6-13　变异系数取值表

敏感参数	参数编号	K	K_b	R_f	φ_0	$\Delta\varphi$
–	1	0.2	0.2	0.048	0.04	0.1
K	2	0.15	0.2	0.048	0.04	0.1
	3	0.25	0.2	0.048	0.04	0.1

续表

敏感参数	参数编号	K	K_b	R_f	φ_0	$\Delta\varphi$
K_b	4	0.2	0.15	0.048	0.04	0.1
	5	0.2	0.25	0.048	0.04	0.1
R_f	6	0.2	0.2	0.036	0.04	0.1
	7	0.2	0.2	0.06	0.04	0.1
φ_0	8	0.2	0.2	0.048	0.03	0.1
	9	0.2	0.2	0.048	0.05	0.1
$\Delta\varphi$	10	0.2	0.2	0.048	0.04	0.075
	11	0.2	0.2	0.048	0.04	0.125

按照表6–12、表6–13中的随机变量分布特性参数计算表6–13中11套参数下的典型混凝土面板堆石坝竣工期、蓄水期坝体沉降变形和蓄水期面板挠度可靠指标，分析可靠指标对各随机变量变异系数的敏感性。

6.9.1　竣工期坝体沉降可靠指标敏感性

先用Rosenblueth法计算表6–12各组参数下竣工期坝截面各个节点处沉降变形可靠指标，用数据图形化软件Tecplot 2011绘制坝截面可靠指标云图，如图6–22～图6–32所示。

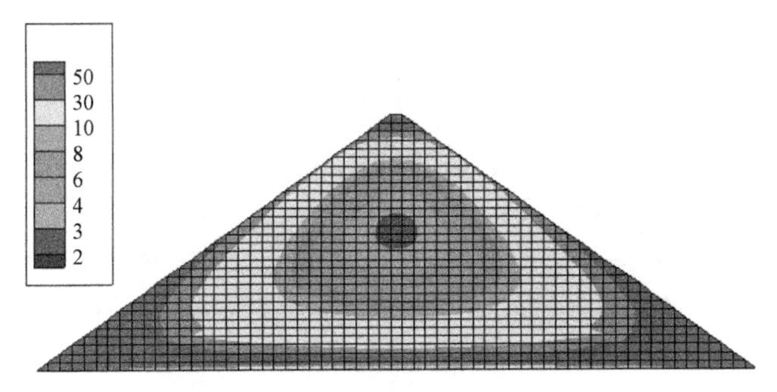

图6–22　参数1竣工期可靠指标云图

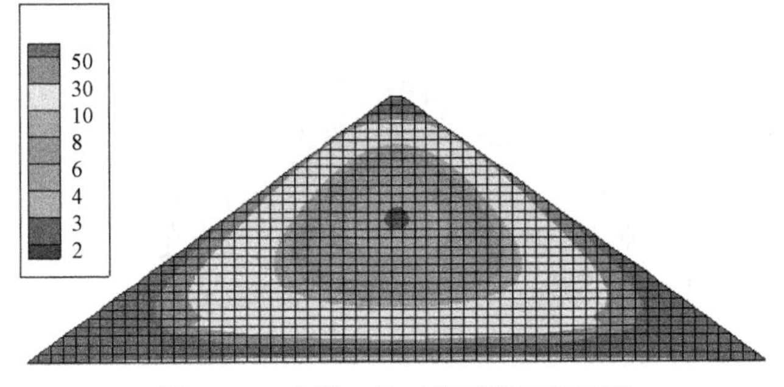

图6–23　参数2竣工期可靠指标云图

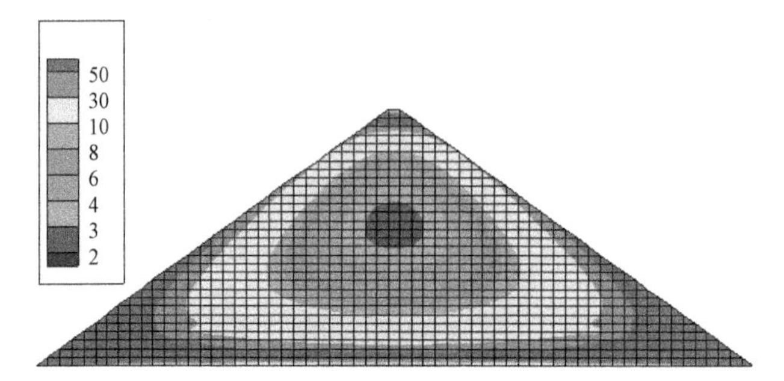

图 6-24　参数 3 竣工期可靠指标云图

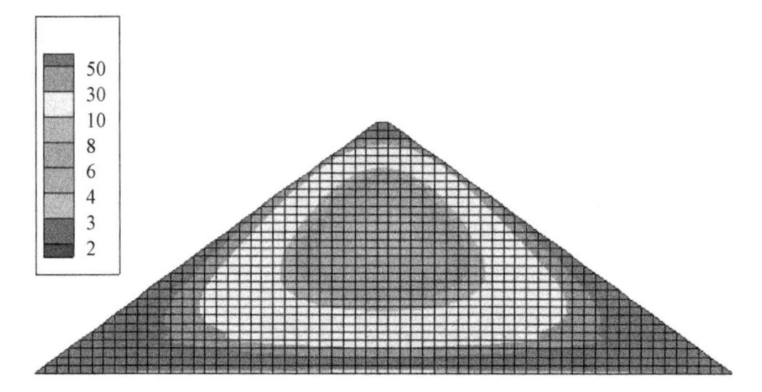

图 6-25　参数 4 竣工期可靠指标云图

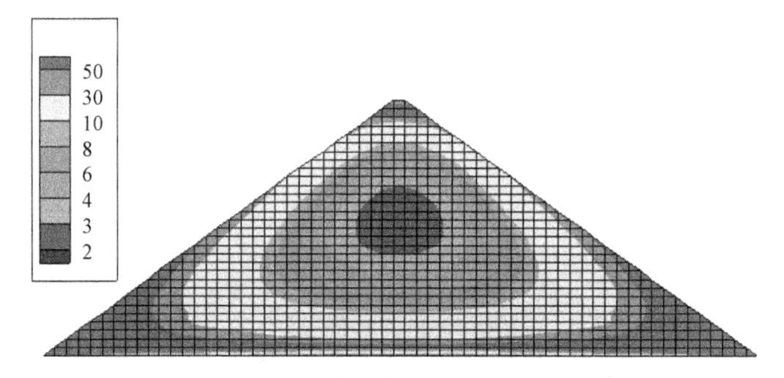

图 6-26　参数 5 竣工期可靠指标云图

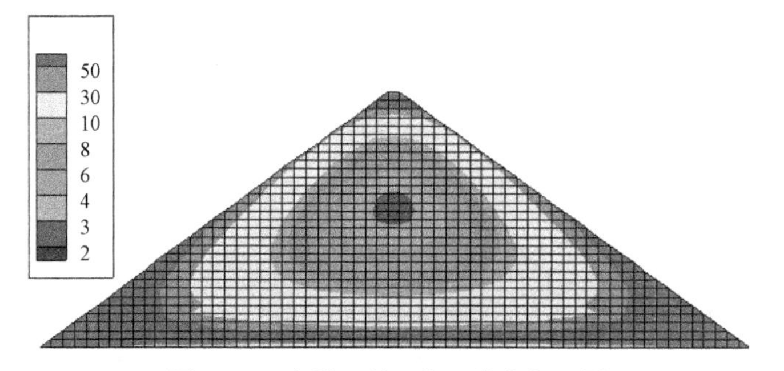

图 6-27　参数 6 竣工期可靠指标云图

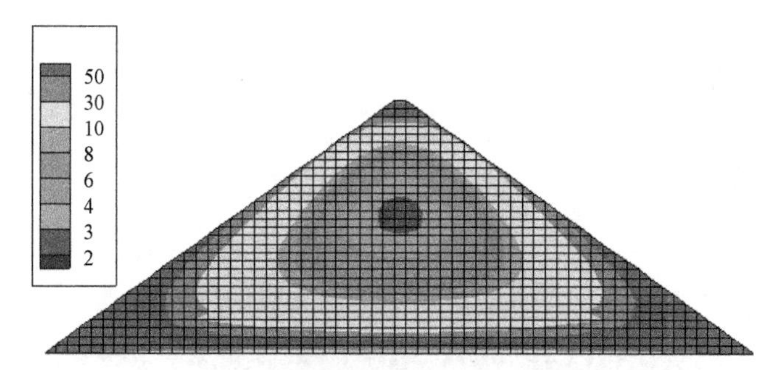

图6-28 参数7竣工期可靠指标云图

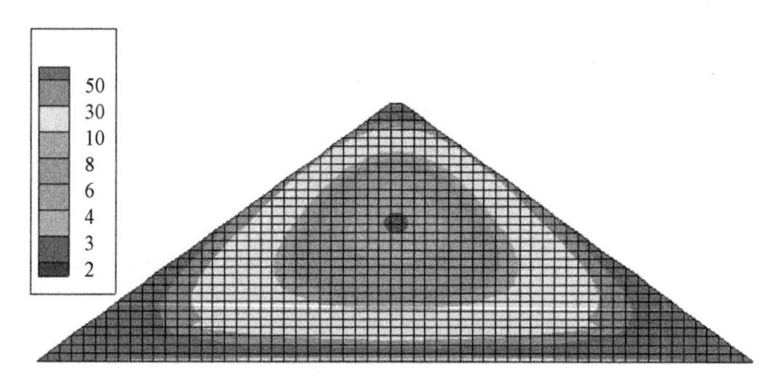

图6-29 参数8竣工期可靠指标云图

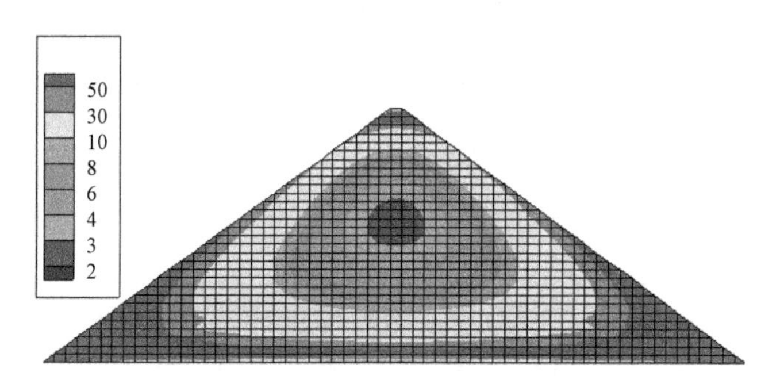

图6-30 参数9竣工期可靠指标云图

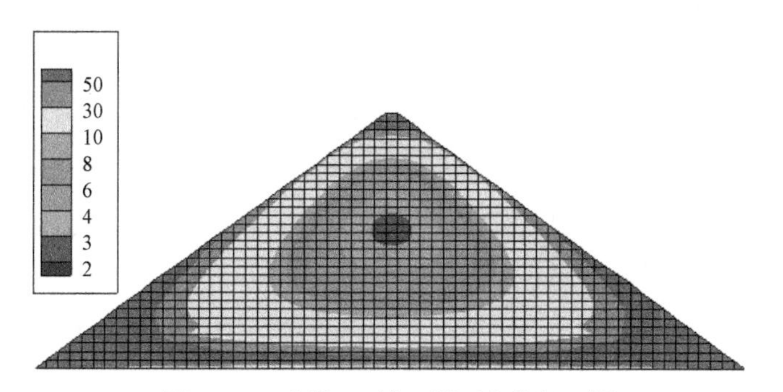

图6-31 参数10竣工期可靠指标云图

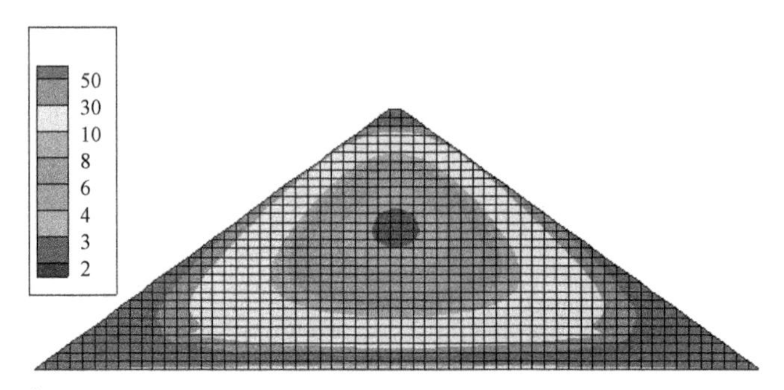

图 6-32　参数 11 竣工期可靠指标云图

各组参数下构造的高 300 m 级混凝土面板堆石坝竣工期坝体沉降可靠指标最小值及其最小值出现的节点编号和位置如表 6-14 所示，表中节点坐标以坝址为原点，高程向上为正，*Y* 坐标向右为正。

采用改进一次二阶矩法精确分析各组参数下混凝土面板堆石坝竣工期沉降变形可靠性，表 6-15 列出了各组参数下改进一次二阶矩法求得的可靠指标及验算点坐标。

表 6-14　竣工期沉降 Rosenblueth 法计算结果

参数编号	最小可靠指标	可靠指标最小点节点编号	节点坐标	
			高程/m	*Y*/m
1	2.503	767	160	420
2	2.625	767	160	420
3	2.348	796	170	420
4	3.021	796	170	420
5	2.041	767	160	420
6	2.52	767	160	420
7	2.481	767	160	420
8	2.628	767	160	420
9	2.345	796	170	420
10	2.525	767	160	420
11	2.473	767	160	420

表 6-15　竣工期可靠指标改进一次二阶矩法计算结果

参数组合	可靠指标	验算点坐标				
		K	R_f	K_b	$\Delta\varphi$	φ_0
1	2.223	907.6	0.880 9	366.9	9.27	51.11
2	2.285	938.7	0.884 2	361.9	9.339	51.03
3	2.158	732.2	0.882 6	396	9.283	51.61
4	2.687	795.9	0.891 3	412.3	9.492	50.61
5	1.832	915.7	0.877 1	347.4	9.212	51.92
6	2.24	871.2	0.88	359.3	9.34	51.77
7	2.205	910.6	0.886 8	361	9.253	51.48
8	2.32	884.9	0.890 8	351	9.378	52.11
9	2.148	903.9	0.882 6	385.6	9.287	50.35
10	2.241	871	0.893 9	364.7	9.191	51.74
11	2.203	898.1	0.881	369.6	9.78	51.73

为了更清晰地反映各个随机变量变异系数对混凝土面板堆石坝竣工期沉降变形的影响，将变异系数变化率-可靠指标变化率曲线绘制在图 6-33 中。

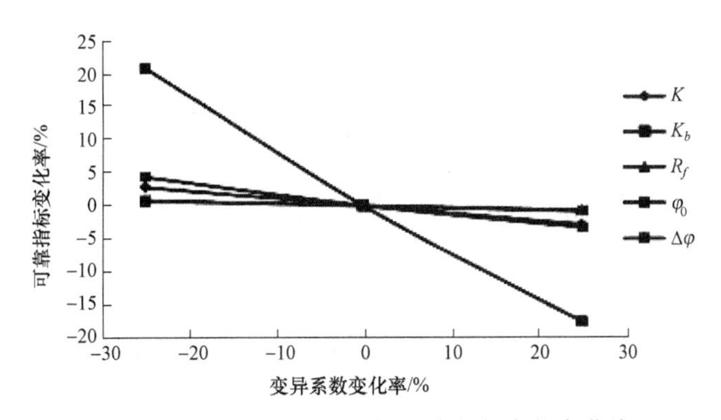

图 6-33　变异系数变化率-可靠指标变化率曲线

由图 6-22～图 6-32 可以看出在混凝土面板堆石坝截面上，沉降变形可靠指标最小值出现在坝体中间，其分布规律与沉降变形的分布规律类似，同时随机变量变异系数的变化对可靠指标最小值出现的位置有影响，但是该点都在坝体中部，变化范围不大。

分析表 6-15 及图 6-33 可以得出混凝土面板堆石坝竣工期沉降变形的可靠指标随着 φ_0、R_f、K、$\Delta\varphi$、K_b 这五个参数变异系数的增大而减小，不同随机变量的变异系数对沉降变形的可靠指标影响不同，其中参数 K_b 的变异系数对沉降变形可靠指标影响最大，当 K_b 变异系数增加 25%时，竣工期坝体沉降变形可靠指标减小了 14.6%，减小量为参数

φ_0的 5 倍，参数$\Delta\varphi$、R_f的变异系数对沉降变形的可靠指标影响较小，当$\Delta\varphi$、R_f的变异系数增加 25%时，其引起的沉降变形可靠指标变化小于 1%。变异系数对可靠指标的影响按照K_b、φ_0、K、$\Delta\varphi$、R_f的顺序递减。

6.9.2 蓄水期坝体沉降变形可靠指标敏感性分析

先用 Rosenblueth 法计算表 6-12 各组参数下蓄水期坝截面各个节点处沉降变形可靠指标，用数据图形化软件 Tecplot 2011 绘制坝截面可靠指标云图，如图 6-34～图 6-44 所示。

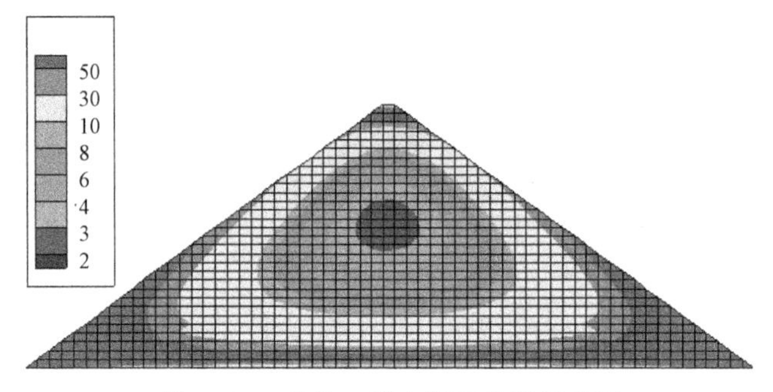

图 6-34 参数 1 蓄水期可靠指标云图

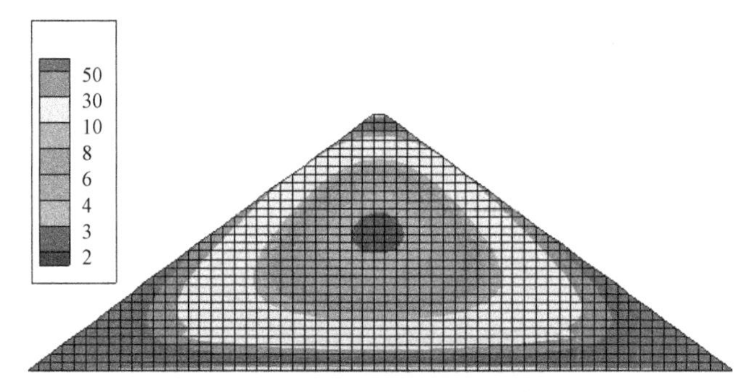

图 6-35 参数 2 蓄水期可靠指标云图

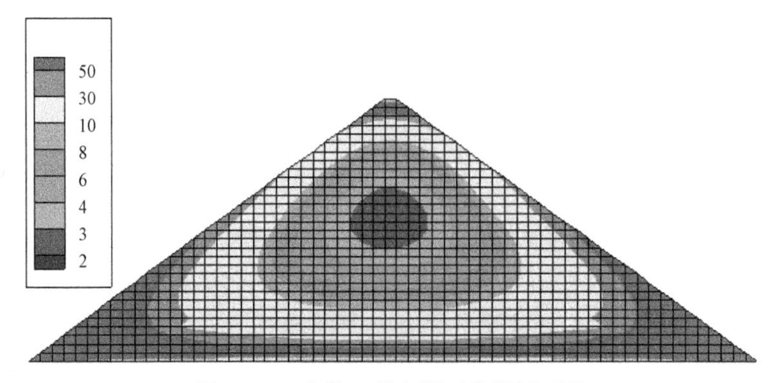

图 6-36 参数 3 蓄水期可靠指标云图

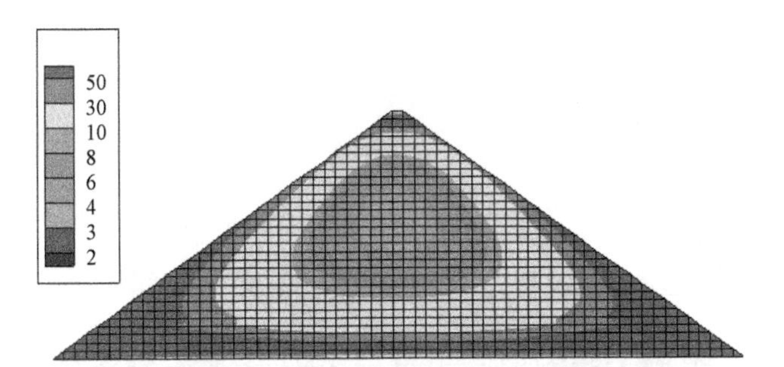

图 6-37　参数 4 蓄水期可靠指标云图

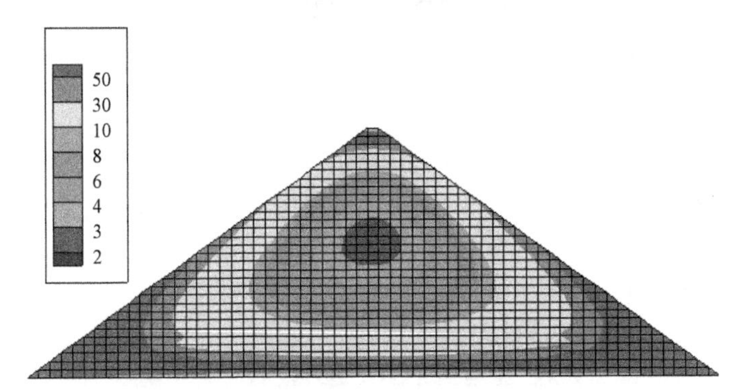

图 6-38　参数 5 蓄水期可靠指标云图

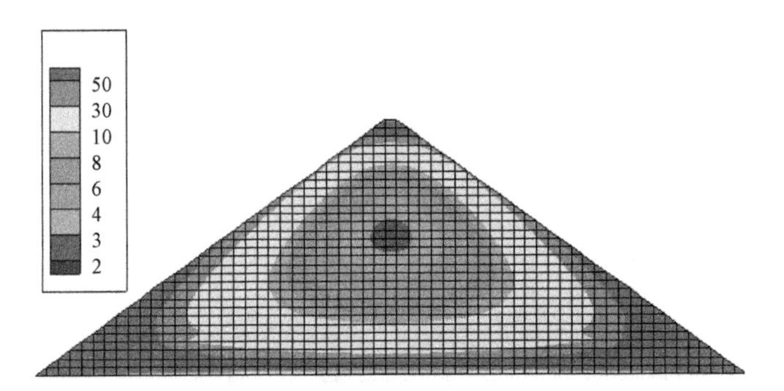

图 6-39　参数 6 蓄水期可靠指标云图

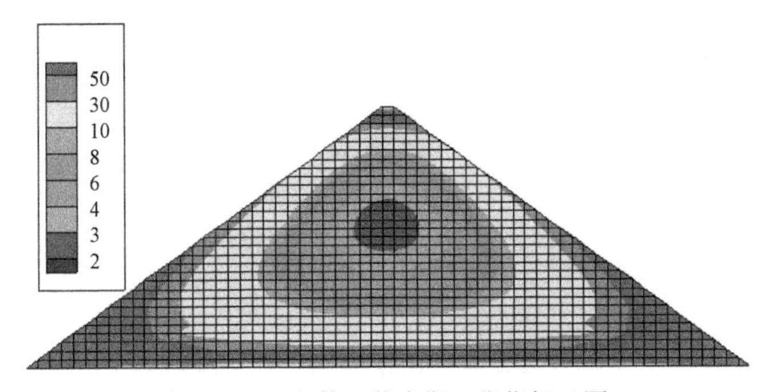

图 6-40　参数 7 蓄水期可靠指标云图

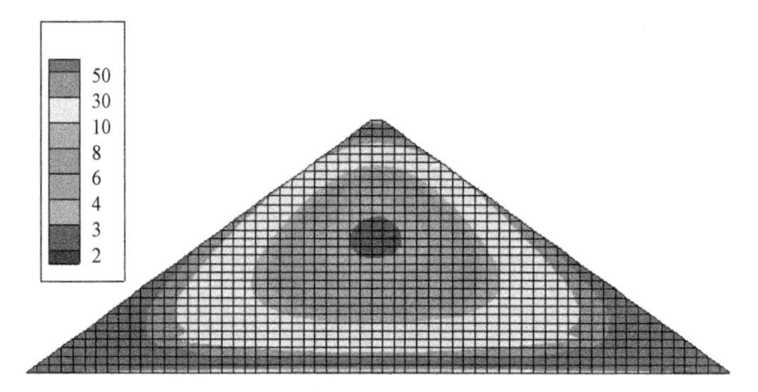

图 6-41　参数 8 蓄水期可靠指标云图

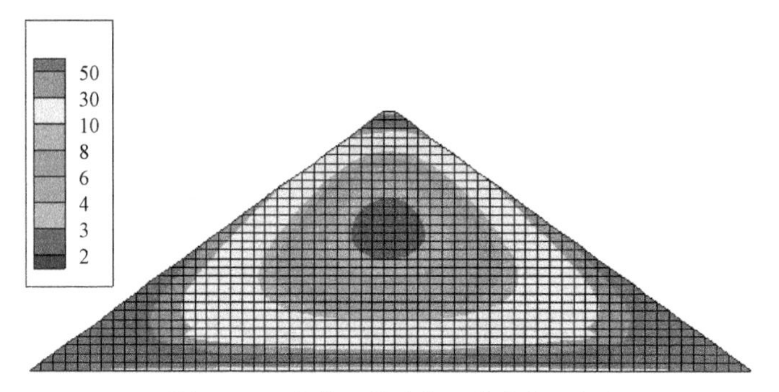

图 6-42　参数 9 蓄水期可靠指标云图

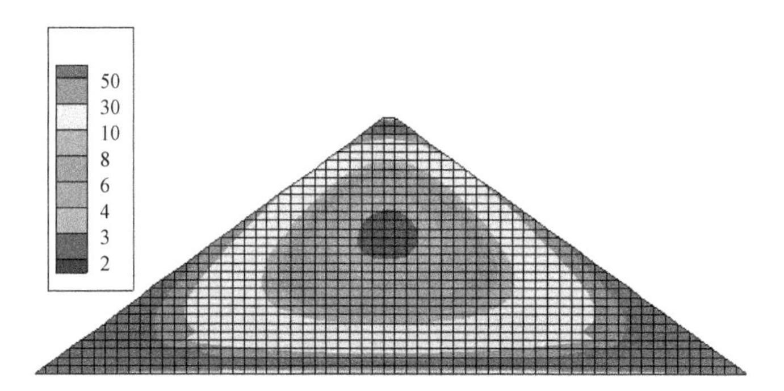

图 6-43　参数 10 蓄水期可靠指标云图

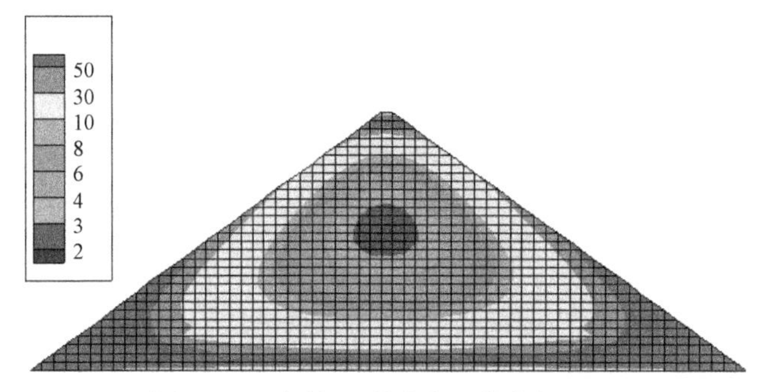

图 6-44　参数 11 蓄水期可靠指标云图

各组参数下构造的高 300 m 级典型混凝土面板堆石坝蓄水期坝体沉降可靠指标最小值及其最小值出现的节点编号和位置如表 6–16 所示。

采用改进一次二阶矩法精确分析各组参数下混凝土面板堆石坝蓄水期沉降变形可靠性，表 6–17 列出了各组参数下改进一次二阶矩法求得的可靠指标及验算点坐标。

将变异系数变化率–沉降变形可靠指标关系曲线绘制在同一张图中，如图 6–45 所示。

表 6–16 蓄水期沉降 Rosenblueth 法计算结果

参数编号	最小可靠指标	可靠指标最小值出现的节点编号	节点坐标	
			高程/m	*Y*/m
1	2.298	767	160	420
2	2.412	767	160	420
3	2.154	796	170	420
4	2.785	796	170	420
5	1.863	767	160	420
6	2.313	767	160	420
7	2.278	767	160	420
8	2.411	767	160	420
9	2.155	796	170	420
10	2.318	767	160	420
11	2.27	767	160	420

表 6–17 蓄水期可靠指标改进一次二阶矩法计算结果

参数组合	可靠指标	验算点坐标				
		K	R_f	K_b	$\Delta\varphi$	φ_0
1	2.016	909.8	0.880 6	378.9	9.244	51.79
2	2.105	941.1	0.880 9	368.8	9.256	51.5
3	1.926	771.6	0.882 1	404.2	9.276	51.68
4	2.491	764.5	0.890 8	440.6	9.459	50.7
5	1.661	942.6	0.876 9	363.6	9.156	52.22
6	2.024	907.2	0.875 9	377.2	9.243	51.79
7	1.998	919.6	0.886 3	380.9	9.245	51.79
8	2.116	880.4	0.881 4	366.2	9.299	52.41
9	1.907	908.9	0.882	403.8	9.271	50.98
10	2.036	917.1	0.880 6	389.3	9.132	51.12
11	1.991	913.8	0.880 7	383.7	9.445	51.83

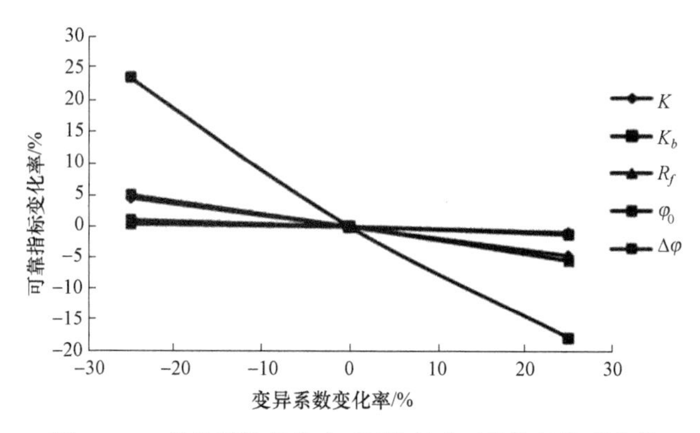

图 6–45　变异系数变化率–沉降变形可靠指标关系曲线

由图 6–34～图 6–44 可以看出蓄水期混凝土面板堆石坝截面沉降变形可靠指标分布规律与竣工期沉降变形一致，都是越靠近坝截面中部沉降变形可靠指标越小。与竣工期相比在各种参数下蓄水期的沉降变形可靠指标均有所减小，这是由于水库蓄水后在水荷载的作用下混凝土面板堆石坝进一步发生沉降变形引起的，由于水荷载对面板坝沉降变形的影响主要集中于坝体上游部分，因此可靠指标减小的幅度并不大约为 0.25。与竣工期相比参数 K 变异系数对沉降变形可靠指标的影响增大，蓄水期参数 K 变异系数增加 25%引起的可靠指标减小了 4.5%，大于竣工期的 2.9%。

混凝土面板堆石坝蓄水期沉降变形可靠指标随着 φ_0、R_f、K、$\Delta\varphi$、K_b 这 5 个随机变量变异系数的增大而减小，参数 K_b 变异系数对沉降变形可靠指标的影响最大，变异系数增加 25%，沉降变形可靠指标减小了 14.6%，参数 φ_0 和 K 变异系数的影响次之，变异系数增加 25%，沉降变形可靠指标分别减小 5.4%和 4.5%。参数变异系数对蓄水期沉降变形影响按照 K_b、φ_0、K、$\Delta\varphi$、R_f 的顺序递减。

6.9.3　面板挠曲变形可靠指标敏感性分析

先用 Rosenblueth 法计算表 6–12 中各组参数下混凝土面板堆石坝面板各个节点处沉降变形可靠指标，各组参数下构造的高 300 m 级典型混凝土面板堆石坝面板各节点挠曲变形可靠指标最小值及最小值出现的节点编号和高程如表 6–18 所示。

采用改进一次二阶矩法精确分析各组参数下混凝土面板堆石坝面板挠曲变形可靠性，表 6–19 列出了各组参数下改进一次二阶矩法求得的可靠指标及验算点坐标。

将各个随机变量的变异系数变化率–面板挠曲变形可靠指标关系曲线绘制在同一张图中，如图 6–46 所示。

表 6–18　面板挠曲变形 Rosenblueth 法计算结果

参数编号	可靠指标最小值	可靠指标最小值出现的节点编号	高程/m
1	1.907	837	190
2	2.183	837	190

续表

参数编号	可靠指标最小值	可靠指标最小值出现的节点编号	高程/m
3	1.653	837	190
4	1.593	837	190
5	1.937	837	190
6	1.952	837	190
7	1.907	837	190
8	2.027	837	190
9	1.88	837	190
10	1.955	837	190
11	1.868	837	190

表 6-19　蓄水期可靠指标改进一次二阶矩法计算结果

参数组合	可靠指标	验算点坐标				
		K	R_f	K_b	$\Delta\varphi$	φ_0
1	1.766	714.3	0.886 7	552.7	9.226	51.24
2	2.013	812.4	0.896 4	523	9.297	50.34
3	1.496	662.1	0.881 7	587.7	9.179	51.87
4	1.782	704.1	0.887 3	578.9	9.265	51.27
5	1.74	730.8	0.887 7	526.1	9.267	51.22
6	1.787	708.4	0.88	557.8	9.296	51.19
7	1.741	728.3	0.896 1	556.6	9.278	51.21
8	1.874	666.5	0.887	561.4	9.278	52.03
9	1.634	760.6	0.885 7	558.4	9.232	50.47
10	1.776	710	0.887 6	559	9.156	51.22
11	1.752	721.6	0.887	551.9	9.391	51.25

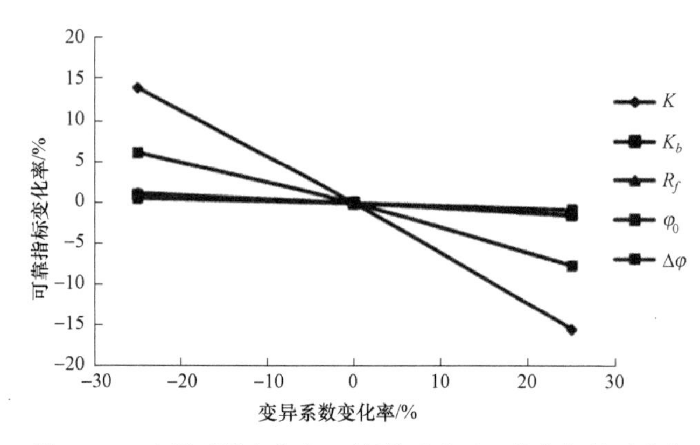

图 6−46　变异系数变化率−面板挠曲变形可靠指标关系曲线

由表 6−18 和表 6−19 可以看出混凝土面板堆石坝面板挠曲变形的可靠指标随着 φ_0、R_f、K、$\Delta\varphi$、K_b 这 5 个参数变异系数的增大而减小，其中参数 K 的变异系数对混凝土面板堆石坝面板挠曲变形可靠指标影响最大，当参数 K 的变异系数增大 25%时，挠曲变形可靠指标减小 15.3%，参数 φ_0 对混凝土面板堆石坝沉降变形可靠指标的影响仅次于 K，当参数 φ_0 的变异系数增大 25%时，挠曲变形可靠指标减小了 4.5%，参数 $\Delta\varphi$ 的变异系数对混凝土面板堆石坝面板挠曲变形可靠指标的影响最小，$\Delta\varphi$ 变异系数增加 25%引起的面板挠曲变形可靠指标变化小于 1%。φ_0、R_f、K、$\Delta\varphi$、K_b 这 5 个参数的变异系数对混凝土面板堆石坝面板挠曲变形可靠指标的影响按照 K、φ_0、R_f、K_b、$\Delta\varphi$ 的顺序递减。

第7章　子集模拟法原理及应用

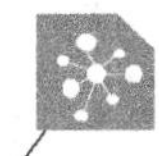

7.1　研究的主要内容

本章结合可靠性理论的研究进展、子集模拟法在进行可靠度分析时的特点及可靠度理论在隧道工程中的应用，主要涵盖以下内容。

（1）全面分析目前常用可靠度分析方法中的蒙特卡罗法、一次二阶矩法、响应面法的特点，指出它们在分析可靠度时的优势与不足，从而指出子集模拟法在计算可靠度时的优势。本章详细介绍了子集模拟法的计算原理，并在 MATLAB 软件中实现失效概率和可靠度指标的计算，分析了其在计算可靠度时的特点及存在的不足。

（2）根据子集模拟法的特点，并结合数论方法产生低偏差数集时的均匀特点及重要抽样法在抽样时的高效特点，提出基于数论和重要抽样法的子集模拟法，并且用数值算例验证该方法的适用性及可行性，并在计算效率和准确性方面与传统的子集模拟法进行了对比分析。

（3）以兰渝铁路胡麻岭隧道为工程背景，分析了大断面黄土隧道的围岩、荷载、衬砌尺寸、弹性模量等随机变量的统计特征，基于有限元分析软件 ANSYS 中的 PDS 技术，以荷载—结构模型为基础利用 APDL 语言编制 ANSYS 的宏文件（.mac），采用蒙特卡罗—随机有限元法分析黄土隧道的荷载效应时采用蒙特卡罗—随机有限元法对隧道衬砌的荷载效应进行统计分析，得到二衬内力及偏心率等变量的统计特征，并分析随机变量对于轴力、弯矩、偏心率的灵敏度。

（4）通过建立的隧道衬砌抗压和抗裂极限状态功能函数，验证利用子集模拟法及基于数论、重要抽样法的子集模拟法在分析隧道衬砌可靠度时的适用性和准确性，通过计算得到的隧道二次衬砌所有截面的可靠度指标和失效概率分析衬砌截面出现拉裂破坏和压坏截面的潜在位置。

7.2 子集模拟法的基本原理及应用

在岩土工程中常常存在一些高维、非线性及小失效概率的可靠性问题，蒙特卡罗法或是一次二阶矩法等常见的可靠度分析方法在计算效率、收敛性等方面存在一定的局限性，而本章所介绍的子集模拟法作为一种在蒙特卡罗法基础上发展而来的高级蒙特卡罗法，是一种较为实用的可靠度分析方法，其既能够保证计算的效率又能够保证计算的精度，本节主要对子集模拟法的主要思想、实现过程、中间失效事件选择、马尔可夫链产生样本点，以及子集模拟法改进方面的一些问题进行介绍与分析。

子集模拟法（subset simulation，SS）最早是由 S.K.Au 和 James L.Beck 两人在 2001 年提出的，经过十几年来国内外众多专家学者的研究，现在对于子集模拟法的研究主要集中在对于其的应用和改进两个方面，目前子集模拟法已被用来分析边坡工程、结构工程、电力工程等可靠度分析中，与此同时国内外学者也尝试对其进行了改进及应用，主要的研究进展及内容如下。

新加坡国立大学 Anastasia Santoso 等人于 2009 年在“Reliability Analysis of Infinite Slope using Subset Simulation”一文中，将子集模拟法计算可靠度的方法引入到边坡工程中，展示了子集模拟法可以通过产生较少的样本点来计算出精确的可靠性指标。

法国南特大学 Ashraf Ahmed 于 2011 年在“Subset Simulation and its Application to a Spatially Random Soil”一文中，将子集模拟的原理应用到土性的随机场中；纽约市立大学冯淼于 2011 年在“Modified subset simulation method for reliability analysis of structural systems”一文中，提出了一种基于子集模拟原理针对评价复杂结构可靠度的计算方法——RASS，并分析了其应用的可行性。

印度技术学院 D. Sen 于 2012 年在“Reliability of bridge deck subject to random vehicular and seismic loads through subset simulation”一文中，将车辆和地震载荷作为随机变量将子集模拟法应用到桥面板的可靠性分析中；美国克拉克森大学 Li Hongshuang 等人于 2012 年在“Probabilistic fatigue life prediction using subset simulation”一文中也对子集模拟的优势与传统的蒙特卡罗法进行了对比分析。

近年来，子集模拟法这种计算可靠性指标的高效方法也已经被国内许多专家学者引进，台湾科技大学 Wei-Chih Hsu 等人于 2010 年在“Evaluating small failure probabilities of multiple limit states by parallel subset simulation”一文中，对传统的子集模拟法提出了改进，提出了一种更加高效的新奇子集模拟法，通过确定一个主要变量从而提高计算效率，通过两个算例可看出其比传统的子集模拟法计算速率更加快速。

西南交通大学曹子君等人于 2009 年和 2013 年在《子集模拟在边坡可靠性分析中的应用》及《基于子集模拟的边坡可靠度分析方法研究》中，将子集模拟法计算可靠度的方法应用到了边坡可靠性分析中，通过工程实例计算分析得到子集模拟应用在边坡可靠性分析中可以提高可靠性分析的计算效率，使用很少的样本数，就可以达到蒙特卡罗法模拟使用大量样本进行计算的计算精度。

西北工业大学宋述芳、吕震宙于2009年在《基于马尔科（可）夫蒙特卡罗子集模拟的可靠性灵敏度分析方法》中提出了基于马尔可夫蒙特卡罗法（MCMC）子集模拟的可靠性灵敏度分析方法，通过算例表明：基于MCMC子集模拟的可靠性灵敏度分析方法有较高的计算效率和精度，对于高度非线性极限状态方程问题亦有很强的适应性。

北京交通大学刘佩、姚谦峰于2010年在《基于子集模拟法的非线性结构动力可靠度计算》一文中，应用子集模拟法的基本思想计算了受平稳高斯白噪声作用的单自由度体系的失效概率，结果表明子集模拟法计算非线性结构动力可靠度时具有高效及高精度的特点，尤其适用于小失效概率的计算。

哈尔滨工业大学薛国峰于2010年和2011年在《结构可靠性和概率失效分析数值模拟方法》《基于多点Metropolis的子集模拟方法》中，将多点Metropolis（Multiple-Try Metropolis，MTM）算法应用到子集模拟法中，用MTM算法代替M-H算法来模拟中间失效事件，进而提高子集模拟法的效率，通过计算得到基于MTM的子集模拟法可以达到和经典子集模拟法相同的效果，在进行可靠性分析时可以作为一个选择。

西安交通大学王冬青等人于2012年在《基于子集模拟法非能动系统功能故障概率评估》一文中同样证明了子集模拟法在进行可靠性分析时具有较高的计算效率，同时又能保证很高的计算精度；武汉大学张曼、唐小松、李典庆于2012年在《含相关非正态变量边坡可靠度分析的子集模拟方法》一文中，通过以岩质边坡稳定可靠度为例证明了子集模拟的有效性，该方法能够有效地分析含相关非正态变量高维小失效概率的边坡可靠度问题，并在分析含有复杂的隐式及非线性功能函数的边坡可靠度问题方面体现出明显的优越性，极大地拓展了子集模拟方法在边坡可靠度分析中的应用。

华南理工大学张加兴于2012年在《基于子集模拟法的结构动力可靠度研究》一文中，以时域显示随机模拟法和时域显式迭代随机模拟法为基础，引入子集模拟法的原理，提出了分别应用于线性和非线性结构动力可靠度分析的时域显式子集模拟法和时域显式迭代子集模拟法，通过数值算例表明，在小失效概率和多自由度情况下，基于子集模拟的方法，计算效率更为明显。

对于子集模拟法的应用和发展，大多数学者将其应用到自己所研究领域的可靠度分析之中，现在应用子集模拟法进行可靠度分析的主要有边坡工程、结构工程等，而在隧道工程的可靠度研究中尚未引进子集模拟法；而对于子集模拟法的改进大多集中在对MCMC抽样的改进，如纽约大学的Feng Miao于2011年提出的Regenerative Adaptive Subset Simulation，即再生自适应的子集模拟法，将再生过程、延迟拒绝、自适应马尔可夫过程及分量各自采样等过程引入子集模拟法中，但S. K. Au等人于2012年对其方法的严密性提出了质疑。

7.2.1 子集模拟法的基本原理

1. 基本思想

子集模拟法（subset simulation）是可靠度分析方法中一种高效的数字模拟法，它的主要思想是：通过引入合理的中间失效事件，将小失效概率表达为一系列较大的条件失效概率的乘积，这样在原始概率空间中计算小失效概率的问题转化为在条件概率空间中计算一系列较大的条件失效概率的问题，通过这种方式提高抽样效率。

假定某失效问题的功能函数为$g(x)$，其失效域为$F=\{x:g(x)\leqslant 0\}$，中间失效事件为$F_k(k=1,2,\cdots,n)$，并令$F_1\supset F_2\supset\cdots\supset F_n=F$，即$F_k=\bigcap_{i=1}^{k}F(k=1,2,\cdots,n)$，失效问题的临界值$b_1>b_2>\cdots>b_n=0$，此时既定的失效事件与临界值将具有这样的嵌套关系，即$F_k=\{x:g(x)\leqslant b_k\}(k=1,2,\cdots,n)$。根据条件概率的定义则失效概率如下：

$$
\begin{aligned}
P_f&=P\{F_n\}=P\{\bigcap_{i=1}^{n}F_i\}=P\{F_n\mid\bigcap_{i=1}^{n-1}F_i\}P\{\bigcap_{i=1}^{n-1}F_i\}\\
&=P\{F_n|F_{n-1}\}P\{\bigcap_{i=1}^{n-1}F_i\}=\cdots=P\{F_1\}\cdot\prod_{i=1}^{n-1}P\{F_{i+1}|F_i\}
\end{aligned}
\tag{7-1}
$$

此时令P_1=$P\{F_1\}$，P_{i+1}=$P\{F_{i+1}|F_i\}(i$=$1,2,\cdots,n-1)$，则上式可以变换为：

$$
P_f=\prod_{i=1}^{n}P_i \tag{7-2}
$$

由式（7–2）可以看出，即使所计算的失效概率比较小，通过选择合适的中间失效事件确定子失效域，使得条件失效概率足够大，这样小概率的失效问题就能够高效地模拟出来，以此来提高模拟计算效率。

式（7–1）中的P_1可以直接通过蒙特卡罗法计算，计算条件失效概率可以通过马尔可夫蒙特卡罗（Markov chain Monte Carlo，MCMC）等方法进行高效估计，这将在后面的章节中进行详细介绍。

2. 中间失效事件的选择

从子集模拟法的基本思想可以看出，失效问题的失效事件被表示为一系列的中间失效事件$F_k(k=1,2,\cdots,n)$，因此利用子集模拟法计算可靠度问题，中间失效事件的选择非常重要。

在确定中间失效事件时，过多或者过少的失效事件都对最终的计算结果有较大的影响，如果所选择的中间失效事件过多，那么对应的条件概率会比较大，虽然可以用较少的条件样本点进行估计，但是总的抽样点数也会增加；如果中间失效事件过少，则对应的条件概率会比较小，则需要较多的条件样本点进行估计，这样也会增加总的抽样点数。所以子集模拟法的提出者 S. K. Au 指出，对于中间失效事件的选择，需要在模拟条件失效概率的抽样点数N_i和中间失效事件的个数n上采取折衷的方法，提出一种预先设定条

件概率值 p_0 并进行自动分层的方法，其中每层的抽样点数相同，即 $N_i = N$，且 p_0N 为正整数，$(1-p_0)N$ 也为正整数。除此之外，S. K. Au 建议当失效概率在10^{-3}～10^{-6}时，条件概率 p_0 取值为 0.1，大量的实例也表明，当失效概率大概在10^{-3}～10^{-6}或者更低时，条件失效概率 p_0 取 0.1 时子集模拟的效率是非常高效的，因此，本书所采用的条件失效概率 p_0 为 0.1。

3. 自动分层法

上面提到的利用自动分层实现子集模拟法是 S. K. Au 等人提出的预先设定概率值 p_0 及每层抽样点数 N 的方法，现在介绍自动分层法的具体实现过程，其中关于 MCMC 法的具体内容将在后面进行详细介绍。

（1）用直接蒙特卡罗法（MC 法）生成 N 个服从基本随机变量概率密度函数 $f_X(X)$ 的相互独立样本点 $X_j^{(1)}(j=1,2,\cdots,N)$。

（2）分别计算这 N 个样本点所对应的功能函数值 $g(X_j^{(1)})(j=1,2,\cdots,N)$，将这 N 个功能函数值按照降幂顺序进行排序，取 $(1-p_0)N$ 个值作为中间失效事件 F_1 的临界值 b_1，此时 $b_1 = g(X_{[(1-p_0)N]}^{(1)})$，$P_1$=$p_0$。

（3）将落在 $F_{i-1}(i=2,3,\cdots,n)$ 内的 p_0N 个样本点作为种子，从每个样本点出发利用 MCMC 模拟出一条马尔可夫链，这样一共就能够模拟出 p_0N 条马尔可夫链，其中每条马尔可夫链生成的样本点数量为 $N/p_0N=1/p_0$ 个，这样在每层中生成的样本点总数依旧可以保持为 N 个。

（4）类比于第 2 步，利用第 3 步得到的 N 个样本点再分别计算所对应的功能函数值 $g(X_j^{(i)})(i=2,3,\cdots,n,j=1,2,\cdots,N)$，并按照降幂顺序进行排序，取第 $(1-p_0)N$ 个值作为中间失效事件 $F_i=\{X:g(X)\leqslant b_i\}$ 的临界值 b_i，此时 $b_i = g(X_{[(1-p_0)N]}^{(i)})$，$P_i$=$p_0$。

（5）将第（3）、（4）步的计算过程重复进行，直到第 n 层所求得的功能函数值按降幂排序后第 $(1-p_0)N$ 个值小于 0，此时自动分层自动结束，然后统计 N 个条件样本点中落入失效域 F 中的个数 N_f，这时条件概率的估计值 $P_n = N_f/N$。

（6）根据以上的计算，最终得到的失效概率估计值为：

$$\hat{P}_f = p_0^{\,n-1} \times \frac{N_f}{N} \tag{7-3}$$

4. 算法的特性

子集模拟法对于失效概率的估计是有偏的，随着样本点数量的增加渐近无偏，S. K. Au 等人给出了每层失效概率估计值的变异系数公式，如式（7-4）所示：

$$\delta_i = \sqrt{\frac{1-P_i}{P_iN}(1+\gamma_i)} \tag{7-4}$$

其中 N 为每层所取得的样本点的数量，P_i 为每层的条件概率估计值，γ_i 与样本点之间的相关性有关，当样本间完全无关时，$\gamma_i=0$，当样本间的相关性越大，γ_i 值越大。

虽然估计值 $\hat{P}_i$ 之间一般存在相关性，但实际计算模拟中将 $\hat{P}_i$ 考虑成完全无关，此时失效概率估计值 $\hat{P}_f$ 的变异系数如式（7–5）所示：

$$\delta_i=\sum_{i=1}^{m}\delta_i^2 \tag{7–5}$$

7.2.2 MCMC 方法

薛国锋于 2010 年在子集模拟的过程中，通过马尔可夫链（Markov chain）原理进行条件样本抽样，使得样本空间逐步逼近小概率事件发生的失效区域，这个过程称作马尔可夫链蒙特卡罗模拟，可用这种方法来提高抽样的效率，下面详细介绍其基本原理及在进行子集模拟时最常用的算法。

1. 基本原理

假设有一个随机变量 $\{X_1,X_2,X_3,\cdots\}$，如果满足对任意的 $t\in N^{+}S$，X_{t+1} 仅依赖于前一个状态 X_t，而与 X_t 以前的历史状态 $\{X_1,X_2,\cdots,X_{t-1}\}$ 都无关，则称这样的随机变量序列 $\{X_1,X_2,X_3,\cdots\}$ 为马尔可夫链。

MCMC 就是通过一些转移规则构造出马尔可夫链，使得马尔可夫链的平稳分布为 $\pi(\bullet)$，这里的平稳分布所指的就是随机变量的目标分布。令马尔可夫链相邻状态间的转移概率密度函数为 $A(X_t,X_{t+1})$，而实际上 $A(X_t,X_{t+1})=f_{X_{t+1}|X_t}(X_{t+1}\mid X_t)$，一般假定它与时间无关。如果马尔可夫链满足细致平衡条件：

$$\pi(X_t)A(X_t,X_{t+1})=\pi(X_{t+1})A(X_{t+1},X_t) \tag{7–6}$$

则马尔可夫链的平稳分布为 $\pi(\bullet)$，而由全概率公式可以得到 X_{t+1} 的概率密度函数为：

$$\begin{aligned}f(X_{t+1})&=\int A(X_t,X_{t+1})\pi(X_t)\mathrm{d}X_t\\&=\int A(X_{t+1},X_t)\pi(X_{t+1})\mathrm{d}X_t\\&=\pi(X_{t+1})\int A(X_{t+1},X_t)\mathrm{d}X_t=\pi(X_{t+1})\end{aligned} \tag{7–7}$$

其中，$\int A(X_{t+1},X_t)\mathrm{d}X_t=1$，所以只要初始状态 X_t 服从目标分布 $\pi(\bullet)$，那么经过 MCMC 法产生的下一个状态点或者以后所有的状态点都会服从目标分布 $\pi(\bullet)$，从而在特定的转移规则下产生的马尔可夫链 $\{X_1,X_2,X_3,\cdots\}$ 是完全服从平稳分布（或者目标分布）$\pi(\bullet)$ 的。

2. M–H 算法

M–H 算法（Metropolis–Hasting 算法）是由 Metropolis 提出继而由 Hastings 推广的

一种马尔可夫链转移规则（薛国锋、王伟等，2011）。令目标分布为$\pi(\cdot)$，初始状态点为X_1，选择一个建议分布为T，令当前状态点为X_t，M–H 转移规则由以下两步定义：

（1）由建议分布T产生备选样本点$y \sim T(X_t)$，计算接受率r：

$$r = \min\left\{1, \frac{\pi(y)T(y, X_t)}{\pi(x)T(X_t, y)}\right\} \tag{7-8}$$

（2）根据上一步计算的接受率r进行样本点的接受或者拒绝，以概率r接受转移，即$X_{t+1} = y$，以概率$1-r$拒绝转移，即$X_{t+1} = X_t$，在[0, 1]区间上产生一个随机数u，则：

$$X_{t+1} = \begin{cases} y, & u \leqslant r \\ X_t, & u > r \end{cases} \tag{7-9}$$

重复以上步骤，构造出一条马尔可夫链$\{X_1, X_2, X_3, \cdots\}$。当$X_t \neq X_{t+1}$时，相邻状态间的实际转移概率密度为：

$$A(X_t, X_{t+1}) = T(X_t, X_{t+1}) \min\left\{1, \frac{\pi(X_{t+1})T(X_{t+1}, X_t)}{\pi(X_t)T(X_t, X_{t+1})}\right\} \tag{7-10}$$

因为$a\min\left\{1, \frac{b}{a}\right\} = b\min\left\{1, \frac{a}{b}\right\}, (a, b\text{为任意正实数})$，所以在式（7–10）左右两边同时乘以$\pi(X_t)$，则有：

$$\begin{aligned} \pi(X_t)A(X_t, X_{t+1}) &= \pi(X_t)T(X_t, X_{t+1}) \min\left\{1, \frac{\pi(X_{t+1})T(X_{t+1}, X_t)}{\pi(X_t)T(X_t, X_{t+1})}\right\} \\ &= \pi(X_{t+1})T(X_{t+1}, X_t) \min\left\{1, \frac{\pi(X_t)T(X_t, X_{t+1})}{\pi(X_{t+1})T(X_{t+1}, X_t)}\right\} \\ &= \pi(X_{t+1})A(X_{t+1}, X_t) \end{aligned} \tag{7-11}$$

当X_t=X_{t+1}时，上式依然成立，因此利用 M–H 算法构造出来的马尔可夫链满足细致平衡条件。

从上式中可以看出对于建议分布的选择并没有具体要求，而建议分布控制着马尔可夫链中相邻状态间的转移，进而控制马尔可夫链样本遍历整个失效域的效率，在进行模拟时，为了便于操作，一般选用服从对称分布的正态分布和均匀分布，则式（7–8）的接受率r转换成下式：

$$r=\min\left\{1,\frac{\pi(y)}{\pi(x)}\right\} \tag{7-12}$$

3. 改进的 M–H 算法

MCMC 方法能够高效地模拟出任意概率分布的随机样本点，但是 S. K. Au 等人在提出子集模拟法时就曾证明 M–H 算法不适合高维问题，随着随机变量维数的增加，相邻状态间相等的概率就趋近于 1，从而使得到的样本点大量重复。进而 S. K. Au 等人提出一种改进的 M–H 算法来构造马尔可夫链，改进的 M–H 算法要求多维随机变量的每个分量相互独立，然后对每个分量进行 M–H 转移，从而构造出一条马尔可夫链。改进的 Metropolis–Hasting 算法详述如下。

对于每一个 $k=1,2,\cdots,n$，令建议分布的概率密度函数为 $p_j^*(\eta\mid x)$，按照之前提出的将建议分布定义为对称分布，即 $p_j^*(\eta\mid x)=p_j^*(x\mid\eta)$，令 $x_j^i=\left\{x_j^i(1),x_j^i(2),x_j^i(3),\cdots,\ x_j^i(n)\right\}$ 为初始样本点。

（1）备选样本点的产生。

根据建议分布 $p_k^*(\bullet\mid x_j^i(k))$ 生成样本点 η_k，计算接受率 $r_k=q_k(\eta_k)/q_k(x_j^i(k))$，以概率 $\min\{1,r_k\}$ 接受转移，即 $\tilde{x}=\eta_k$，以概率 $1-\min\{1,r_k\}$ 拒绝转移，即 $\tilde{x}=x_j^i(k)$。

（2）验证备选样本点是否在失效域内。

检查备选样本点 $\tilde{x}$ 所处的位置，若 $\tilde{x}\in F_{i-1}$，则接受它作为下一个样本点，即 $x_{j+1}^i=\tilde{x}$；若 $\tilde{x}\notin F_{i-1}$，则拒绝它并把当前样本点当作下一个样本点，即 $x_{j+1}^i=x_j^i$。

改进后的 M–H 算法所构造的马尔可夫链接受率更高，从而提高了抽样效率。改进的 M–H 算法与一般 M–H 算法的根本区别在于利用建议分布产生备选样本的过程，在改进的 M–H 算法中备选样本仍旧是按照一个 n 维的建议概率分布函数计算得到的，但是备选样本每一部分的接受率是由两个 n_j 维（n_j 代表对随机变量分组后每组中的个数）联合概率密度函数的比值得到，这样可以有效地防止“零接受”现象的出现，如果将备选样本点分成 n 部分，这样接受率只涉及两个一维的概率密度函数，此时在利用 MCMC 方法产生样本点时将不再受到维数的限值。

7.2.3 子集模拟法的实现算法

从上面两节中可以知道子集模拟法的核心内容主要包括自动分层法和 MCMC 方法，这也是将子集模拟法程序化的重点和难点。MATLAB 作为各个行业工程人员所不可缺少的计算软件，代码简单易学，计算高效，利用其优势可以较为精确地完成计算，本书所涉及的利用子集模拟法计算可靠度都是基于 MATLAB 程序所编制的，下面给出编制 MATLAB 计算程序时的算法流程图（见图 7–1）。

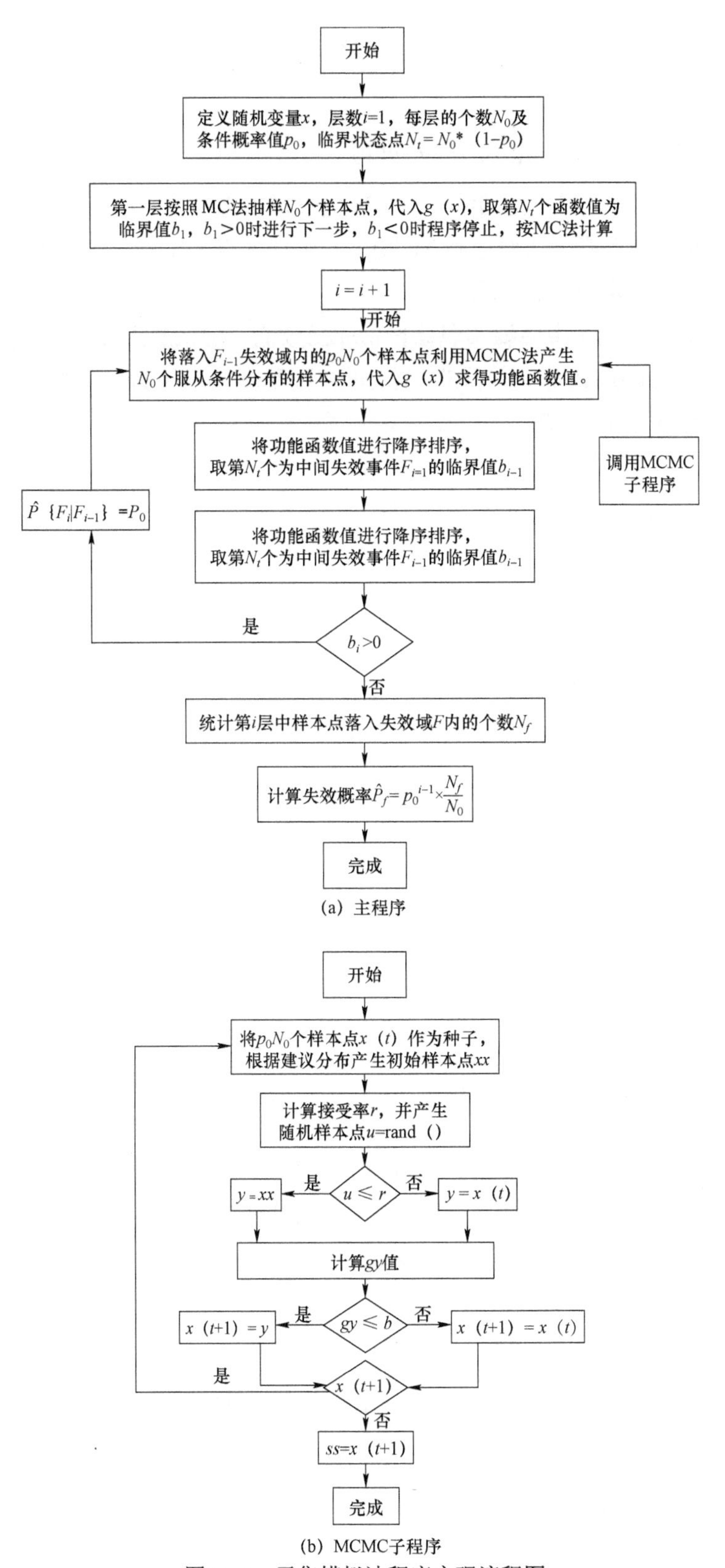

图 7-1　子集模拟法程序实现流程图

在程序的实现过程中，采用自定义 MCMC 方法的 Function 函数，在子集模拟法的主程序中实现调用。

```
function[xx]=MCMC(temp_x,N,mu,sig,b)
```

其中 temp_x 代表分层产生的种子点，N 代表样本点数量，mu，sig 代表随机变量的统计特征，b 代表临界值，从而返回 MCMC 产生样本点 xx，代入到功能函数 g（x）中进行重新计算排序，取临界值和种子点。

子集模拟法的主程序中主要实现计算功能函数值、确认放入 MCMC 模拟中的种子点及循环确认分层的层数等，部分实现代码如下所示，其中 TN 为中间失效值的位置，g=g（x）为计算功能函数值。

```
g=g(x);
[temp_g,ig]=sort(g,'descend');
b(i)=temp_g(TN);
while b(i)>0
i=i+1;
temp_x=x(ig(TN+1:end),:);
[x]= MCMC(temp_x,1/p0,mu,sig,b(i-1));
g=g(x);
[temp_g,ig]=sort(g,'descend');
b(i)=temp_g(TN);
end
b(i)=0;
N_f=length(find(g<=0));
pF=p0^(i-1)*N_f/N_Sub
```

7.2.4 算例分析

为验证子集模拟法在计算可靠度时的优越性及自身所具有的缺陷，文中算例包含了线性问题、非线性问题及小概率失效问题等一系列算例，全面分析了该方法的适用性，本节中所选择的建议分布在未提及时都采用正态分布，每条马尔可夫链样本点的数量为 10，即 $p_0=0.1$。

1. 算例 1

对于线性极限状态函数 $g(x)=-\sum_{i=1}^{n}x_i+3\sqrt{n}$，其中基本变量 x_i 均服从标准正态分布，n 为正整数。

随机变量维数对于 Subset 算法的影响如表 7-1 所示。

表 7–1　随机变量维数对于 Subset 算法的影响

n	P_f（MC）	P_f（Subset）	计算误差/%	总样本数
1	1.303×10^{-3}	1.300×10^{-3}	1.17	3 000
5	1.280×10^{-3}	1.240×10^{-3}	3.12	3 000
10	1.250×10^{-3}	1.290×10^{-3}	3.20	3 000
20	1.340×10^{-3}	1.400×10^{-3}	4.48	3 000

从表 7–1 中可以看出，利用子集模拟法所计算的结果误差满足计算的要求，计算所需求的样本点相对于 MC 法却大大减小，并且随着随机变量维数的增加，子集模拟法同样满足于计算。

下面计算当 n=3 时，取 N=500，建议分布取正态分布，连续计算 50 次，失效概率随着计算次数增加而变化的波动曲线见图 7–2。

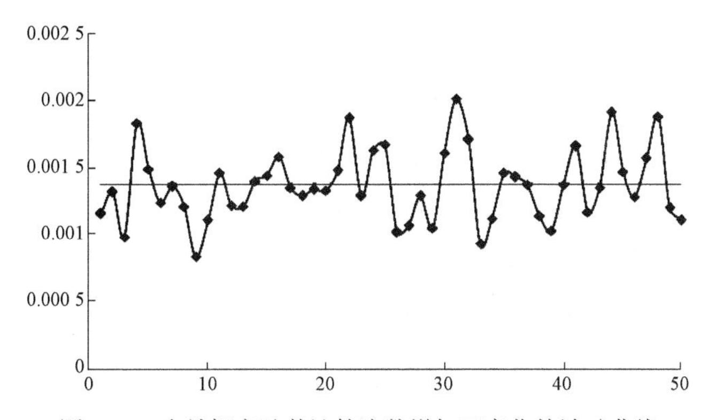

图 7–2　失效概率随着计算次数增加而变化的波动曲线

从图 7–2 中可以看出，失效概率随着计算次数的增加在精确解上下进行波动，其中绝大部分计算结果的误差在 10%以内，但最大的计算误差能达到 40%，说明每层为 500 个样本点时所计算的失效概率波动较大，所以此时建议将这 50 个失效概率的均值 1.383×10^{-3} 作为最终的计算结果。

从上面对比中可以看出，每层样本点的数量影响了子集模拟的计算精度和效率，其实归根结底每层样本点数量的不同最终影响的是 MCMC 方法中马尔可夫链，下面讨论马尔可夫链数量及链长对于其计算精度的影响。

1）马尔可夫链的数量对于计算精度的影响

下面在 N=1 000，3 000，5 000，10 000 四种情况下分别计算 50 次失效概率，这时候当每条马尔可夫链长为 10 时，这四种情况下将有 100，300，500，1 000 条马尔可夫链，用这 50 个样本的变异系数来估计失效概率的变异系数，对四种情况下失效概率的均值、变异系数进行求解分析。

子集模拟法中马尔可夫链的数量对计算精度的影响（n=3）如表 7–2 所示。

表 7-2　子集模拟法中马尔可夫链的数量对计算精度的影响（n=3）

N	链长	P_f（MC）	P_f 均值	P_f 变异系数	计算误差/%
1 000	100	1.379×10^{-3}	1.327×10^{-3}	0.196	3.77
3 000	300	1.379×10^{-3}	1.323×10^{-3}	0.154	4.10
5 000	500	1.379×10^{-3}	1.348×10^{-3}	0.101	2.25
10 000	1 000	1.379×10^{-3}	1.358×10^{-3}	0.080	1.52

从表 7-2 中可以看出，以 MC 和 MCMC 为基础的子集模拟法仍然符合大数定理，随着每层抽取样本点数量的增加，在保证每条马尔可夫链样本点数量一致的情况下，随着马尔可夫链数量的增加，失效概率的变异系数呈现减小的趋势，但是将失效概率的均值作为最终的失效概率，在计算误差上能够得到保证，所以为保证子集模拟法的计算精度，在此种情况下，采用计算失效概率平均值和增加每层抽样样本点数量两种方法进行。

2）马尔可夫链的长度对计算精度的影响

马尔可夫链的长度即$1/p_0$对于计算精度的影响。采用上面的算例进行计算分析，分别选取链长为 5，10，50，100，200 几种情况，为保证功能函数临界值位置为整数，取每层的样本点为 1 000，用这 50 个样本的变异系数来估计失效概率的变异系数，对四种情况下失效概率的均值、变异系数进行求解分析。

子集模拟法中马尔可夫链的长度对计算精度的影响（n=3）如表 7-3 所示。

表 7-3　子集模拟法中马尔可夫链的长度对计算精度的影响（n=3）

N	链长	P_f（MC）	P_f 均值	P_f 变异系数	计算误差/%
1 000	5	1.379×10^{-3}	1.340×10^{-3}	0.201	2.84
1 000	10	1.379×10^{-3}	1.327×10^{-3}	0.196	3.77
1 000	50	1.379×10^{-3}	1.341×10^{-3}	0.304	2.74
1 000	100	1.379×10^{-3}	1.446×10^{-3}	0.445	4.85
1 000	200	1.379×10^{-3}	1.735×10^{-3}	0.978	25.8

从表 7-3 中可以看出，随着马尔可夫链的长度的增加，失效概率的计算误差和变异系数当链长增加到 200 时，误差相对于其他链长较大，这主要是因为当链长增加时改变了 p_0 的大小，当链长增长时 p_0 在减小，对于计算失效概率较大的问题每层的条件概率较

小，导致计算的准确性降低，所以在确定马尔可夫链的长度时要综合考虑失效概率的大小，当失效概率无法估计时，尽量将马尔可夫链的长度减小，以此来保证计算效率及计算的准确性。

2. 算例 2

对于含有交叉项的非线性极限状态方程 $g(x)=2x_1x_2x_3x_4-x_5x_6x_7x_8+x_9x_{10}x_{11}x_{12}$，其中 $x_i\sim N(8,1)(i=1,2,\cdots,12)$。

3. 算例 3

本算例来源于柴小兵于 2014 年发表的文章：

对于含有交叉项、倒数项的高度非线性极限状态功能函数：$g(X)=X_2X_3X_4-\dfrac{X_5X_3^2X_4^2}{X_6X_7}-X_1=0$，其中 $X_1\sim N$（0.01，0.003），$X_2\sim N$（0.3，0.016），$X_3\sim N$（360，36），$X_4\sim N$（0.01，0.005），$X_5\sim N$（0.5，0.05），$X_6\sim N$（0.35，0.2），$X_7\sim N$（40，6）。

算例 2、算例 3 计算结果如表 7-4 所示。

表 7-4　算例 2、算例 3 计算结果

算例	P_f（MC）	CPU 运行时间/s	样本点数	P_f（Subset）	样本点数	计算误差/%	CPU 运行时间/s
算例 2	1.490×10^{-4}	2.13	10^6	1.450×10^{-4}	4 000	0.069	1.12
算例 3	0.151	0.04	10^3	0.147	1 000	2.65	0.03

注：文中计算所用的计算机配置为 i-5-2450M@2.50 GHz CPU，4.0 GB RAM.

从表 7-4 中可以看出子集模拟法仍然适用于高度非线性的极限状态函数，并且对于随机变量的维数没有限制，计算结果的精度与蒙特卡罗法所计算的结果相当，完全满足计算要求；在 CPU 计算时间上，当采用 MC 进行样本点抽样时，随着样本点的增加，CPU 计算时间也会增加，虽然从表中可以看到二者差距不是太大，但是当对一个实际工程进行可靠度分析时，相差的这一秒将会被放大，所以子集模拟法的计算时间优势在进行工程分析时会较为明显。

通过二者计算结果及样本点数的对比可以看出，对于失效概率为 10^{-4} 等级的功能函数或者更低的小失效概率问题，利用子集模拟法进行可靠度的计算无论在样本点选用还是在计算时间上都有十分明显的优势，而对于失效概率较大的可靠度问题，如失效概率为 0.1 的事件子集模拟的计算仅在第一层就完成计算，对于其优势完全得不到显现，反而因为其复杂的算法和程序影响计算。

（1）经过实例验证对比发现可以通过调整马尔可夫链的数量和马尔可夫链的长度来保证子集模拟法的计算精度，在链长一定的情况下，可以增加马尔可夫链的数量，而链长的改变对于计算精度有较大的影响，此时需要通过失效问题的失效概率大小确定链长，在无法估计失效概率大小的情况下，可以将链长确定为10，在其他情况下随着失效概率的增大可以适当调整链长。

（2）子集模拟法的核心就是MC法、自动分层法和MCMC法抽样，由于MCMC法在产生样本点时具有相关性，影响了计算的效率，在MC法中由于伪随机数的产生影响了抽样效率，所以本书提出在改进子集模拟法中可以通过改进MC法和MCMC法或者替换二者的方法进行尝试计算，从而保证可靠度分析的精度与效率。

7.3 数论、重要抽样法和子集模拟法相结合的可靠度分析方法

在实际工程领域，高维小失效事件是比较常见的概率问题，但是常见的可靠性分析方法在解决此类问题时却存在很大的弊端，如一次二阶矩（FOSM）存在计算小失效事件的不精确性，而利用蒙特卡罗法（MC）计算时需要大量的样本点使得计算效率低下。为提高这类问题的计算速率，S. K. Au等人提出的子集模拟法作为针对计算小失效概率事件的可靠性分析方法，通过引入中间失效事件，将概率空间划分为具有逐级包含关系的子集，从而将小失效概率事件的概率转换为一系列较大条件失效概率的连乘积，但是子集模拟法仍然存在一些不足，比如建议分布选择的不同将会影响结果精确度，利用MCMC法产生的样本点具有一定的相关性。本书将采用子集模拟法自动分层法的思想，采用重要抽样法构造重要抽样密度函数进行中间条件概率的计算，并将数论理论中的低偏差点集思想引入其中产生各层样本点，采用三者结合的方法从而达到提高可靠度计算的目的。

7.3.1 数论方法

在数论方法中可以通过构造确定性的低偏差点集来取代MC方法中伪随机数数列，在计算可靠度时任何概率分布的样本点都是通过均匀分布得到的，伪随机数强调的是随机性，M.H. Kalos等人曾提出在利用蒙特卡罗方法计算积分时，样本分布得越均匀计算的积分就越准确。数论中的低偏差点集更多地保证了随机数的均匀性，Koksma-Hlawka不等式定理表明低偏差点集抽样方法的误差阶为$O(N^{-1}(\log N)^s)$，而MC方法的误差阶为$O(N^{-1/2})$，所以低偏差点集的抽样方法的收敛速度明显快于传统MC方法，换句话说就是求解同样精度的解，低偏差点集的抽样方法比MC方法所用的样本点会明显减少，而正是利用这一优势将其引入可靠度计算中，以保证计算的效率和精度。

Korobov，Halton，Hlawka与华罗庚、王元等人提出了各种方法来获得C^s（s代表维数）上的低偏差点集，如GLP（good lattice point）点集、Hua-Wang（H-W）点集、

Halton 序列和 Hammersley 序列具有较小的偏差（王元、方开泰于 2009 年，戴鸿哲、王伟于 2009 年提出），下面重点介绍以上的四种低偏差点集。

1. GLP 点集

好格子点集（good lattice point，GLP）被认为是最为有用且便于计算的一种低偏差点集。由一个所谓的好格子点通过模 n 得到的集合称为 GLP 集合。

令$(n;h_1,\cdots,h_s)$为一个整矢量，满足$1\leqslant h_i\leqslant n, h_i\neq h_j(i\neq j), s<n$及最大公约数$(n,h_i)=1$，$i=1,\cdots,s$，令：

$$\begin{cases} q_{ki}=kh_i(\bmod n) \\ x_{ki}=(2q_{ki}-1)/2n \end{cases} \quad k=1,\cdots,n \quad i=1,\cdots,s \tag{7-13}$$

此处修改通常的同余乘法使 q_{ki} 满足 $1\leqslant q_{ki}\leqslant n$，则集合 $P_n=\{x_k=(x_{k1},\cdots,x_{ks}),$ $k=1,\cdots,n\}$ 称为生成矢量 $(n;h_1,\cdots,h_s)$ 的格子点集。如果 P_n 在所有可能的生成矢量具有最小偏差，则称 P_n 为 GLP 集合。所以定义 x_{ki} 可由下式来计算，其中$\{.\}$表示取小数部分。

$$x_{ki}=\left\{\frac{2kh_i-1}{2n}\right\} \tag{7-14}$$

由此可以看出 GLP 点集的核心内容就是确定最优化系数$(n;h_1,\cdots,h_s)$，只要计算得到最优化系数，就可以利用式（7–14）来得到 GLP 点集，《数论方法在统计中的应用》中已经附有 GLP 点集的最优化系数。

因为 GLP 集合便于使用，具有小偏差，而且不少已经被算出来，所以在实际应用中常被使用，方开泰、王元等人著的《数论方法在统计中的应用》中附有一些 GLP 点集的生成矢量，可以用来方便地产生 GLP 点集。但是这种点集也有局限性，就是其中只给出了 18 维以下好格子点集的生成矢量，而且对于抽样的数目也做了强制的规定，例如二维情况抽样数目只能是 8、13、21、34、55、89、144，等等，如果想抽样 100 个，则直接使用这种方法是不行的。

2. H–W 点集

由一个所谓的好点得到的集合称为 GP（good point）点集，在使用时一般采用平方根序列、分圆域方法等产生好点的方法。令$r=(r_1,r_2,\cdots,r_s)\in C^s$，如果集合$\{(\{r_1k\},\cdots,\{r_sk\}),k=1,2,\cdots\}$的前 n 项构成的点集 P_n 有偏差：

$$D(n,P_n)\leqslant O(r,\varepsilon)n^{-1+\varepsilon},n=1,2,\cdots \tag{7-15}$$

则称 P_n 点集为一个 GP 点集，而 r 为一个好点。

在实际使用中，常用的是分圆域方法，这一方法是华罗庚和王元于 1964 年建议的，所以又叫作华–王（H–W）点集。

$$\gamma=\left[\left\{2\cos\frac{2\pi}{p}\right\},\left\{2\cos\frac{4\pi}{p}\right\},\cdots,\left\{2\cos\frac{2\pi s}{p}\right\}\right] \tag{7-16}$$

其中 p 为素数并且 $p \geqslant 2s+3$，s 为维数，该集合具有的偏差为：

$$D(n)=O\left(n^{-\frac{1}{2}-\frac{1}{2(s-1)}+\varepsilon}\right) \tag{7-17}$$

3. Halton 序列

Halton 于 1960 年首先将 C^2 上的 Vander Corput 点集推广为 $C^s(s>2)$ 上的点集，我们称这一集合为 H 点集，Halton 方法基于自然数的 p 进制表示。

令 m 为一质数且 $m \geqslant 2$，则任何自然数 k 均有唯一的 m 进制表示：

$$k=b_0+b_1m+b_2m^2+\cdots+b_rm^r \quad 0 \leqslant b_i \leqslant m-1, i=0,1,\cdots,r \tag{7-18}$$

此处 $m^r \leqslant k < m^{r+1}$。

下面建立正整数 k 与（0, 1）中有理数之间的一一对应关系，对于上式中的任何整数 $k \geqslant 1$，令：

$$\phi_m(k)=b_0m^{-1}+b_1m^{-2}+\cdots+b_rm^{-r-1} \tag{7-19}$$

称 $\phi_m(k) \in (0,1)$ 为 k 关于基 m 的根逆。Halton 建议了下面的集合：

令 $p_i(1 \leqslant i \leqslant s)$ 为 s 个互不相同的素数，则：

$$\theta_k=(\phi_{p1}(k),\cdots,\phi_{ps}(k)), k=1,2,\cdots \tag{7-20}$$

其中式（7–20）称为 Halton 序列，Halton 证明了由式（7–20）的前 $n(>\max(p_1,\cdots,p_s))$ 项构成的集合偏差为：

$$D(n) \leqslant n^{-1}\prod_{i=1}^{s}\frac{p_i\log(p_in)}{p_i}=O(n^{-1}(\log n)^s) \tag{7-21}$$

因此 Halton 序列在 C^s 上是好的均匀散布集合。

4. Hammersley 序列

利用 Halton 点集，可以得到偏差比 Halton 点集更小的有限集合。令 $s \geqslant 2$ 及 $p_1,\cdots,p_{s-1}$ 为 $s-1$ 个互不相同的素数，则集合：

$$\theta_k=\left(\frac{2k-1}{2n},\phi_{p_1}(k),\cdots,\phi_{p_{s-1}}(k)\right), k=1,2,\cdots,n$$

此集合称为 Hammersley 点集。此时它的偏差为：

$$D(n) \leqslant n^{-1}\prod_{i=1}^{s}\frac{p_i\log(p_i n)}{p_i} = O(n^{-1}(\log n)^s) \tag{7-22}$$

GLP 点集是一个有限集，而 H-W 点集和 Halton 点集则均为无限集，当$s>18$时，GLP 点集未有现成的生成矢量，这种情况下，可用 GP 点集特别是 H-W 方法得到点集；当$s\leqslant 10$时，在大部分实际应用中，GLP 点集的偏差是最小的，但是考虑到在生成 GLP 点集时是按照方开泰、王元等人计算得到点进行生成，不能按照自己想要生成的数量进行生成，在对其进行拓展使用时不方便。戴鸿哲和王伟于 2009 年通过对比已经证明 Halton 点集由于其算法的限制导致生成样本点时明显比较耗时，所以在考虑到节省计算时间的前提下，本书不会考虑用此种方法去生成随机样本点，而 GLP 点集需要按照预定的数目进行生成，所以在下文中只将 H-W 点集引用到生成随机点，并转化进行抽样计算可靠度，下文中如不标明，所用的低偏差点集抽样方法是在 H-W 点集基础上生成的。

图 7-3（a）、图 7-3（b）分别为利用 H-W 点集和伪随机数点集生成的一个具有 1 000 点的点集，从图中可以看出利用 H-W 点集生成的点明显较伪随机数生成的点更加均匀。

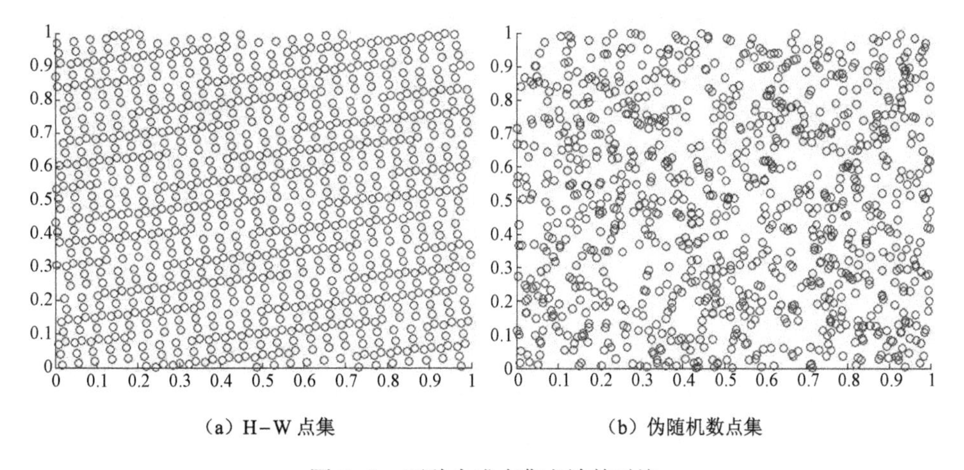

（a）H-W 点集　　（b）伪随机数点集

图 7-3　两种生成点集方法的对比

5. 基于低偏差点集的抽样方法

数论中的低偏差点集因其优势使得产生的随机样本点更加均匀，偏差更小，文中利用低偏差点集产生随机样本点，再利用第 2 章中提到的坐标变换法转换成为具有相应分布的样本点进行抽样，然后代入功能函数进行可靠度的计算，其中不同的低偏差点集代表了不同的抽样方法，具体的流程如图 7-4 所示。

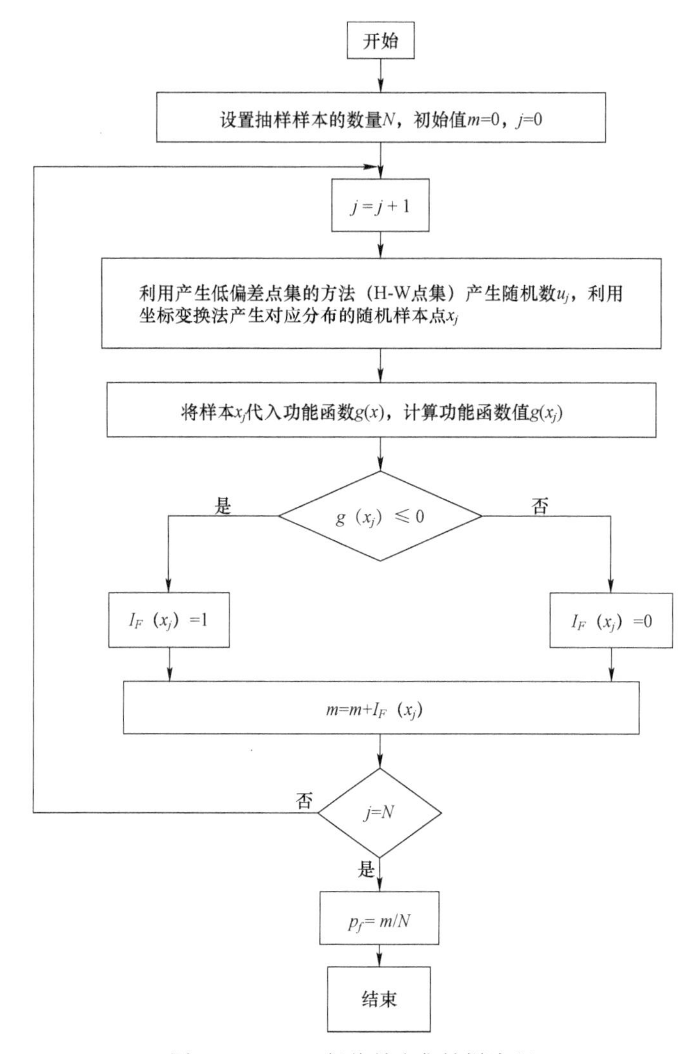

图 7-4　H-W 低偏差点集抽样流程

为验证低偏差点集抽样方法计算可靠度时的效率与精度，本书选用了几个常用的数字算例，分别采用蒙特卡罗法与低偏差点集抽样方法进行计算，并从计算精度、抽样次数、失效概率的变异系数等方面进行对照验证，其中失效概率的变异系数由计算 50 次失效概率得到的失效概率的标准差和均值确定。

算例 1：非线性极限状态函数 $g(x) = \exp(0.2x_1 + 1.4) - x_2$，其中各随机变量相互独立，且服从标准正态分布，算例 1 计算结果如表 7-5 所示。

表 7-5　算例 1 计算结果

方法	P_f	计算误差	抽样次数	变异系数
MC	3.540×10^{-4}	—	10^6	0.06
H-W	3.570×10^{-4}	1.4%	10^6	0.04

从表 7-5 中可以看出，利用 H-W 点集抽样法进行的可靠度分析的计算精度与 MC 相比误差较小，虽然抽样次数仍然较多，但是在同等的样本点数变异系数相对较小。

算例 2：本算例来自 Rackwitz 于 2001 年发表的文章，是一个用于检验算法有效性的典型算例。对于功能函数 $g(x)=n+\alpha\sigma\sqrt{n}-\sum_{i=1}^{n}x_i\lim_{x\to\infty}$，其中 x_i 为独立同分布的满足对数正态分布的随机变量，均值为 1，标准差为 $\sigma=0.2$，$\alpha=3$，维数 n 取为 50 或 100。

算例 2 计算结果如表 7-6 所示。

表 7-6　算例 2 计算结果

n	方法	P_f	计算误差/%	抽样次数	变异系数
$n=50$	MC	0.002 1	—	10^5	0.08
	H-W	0.001 9	9.52	10^5	0.07
$n=100$	MC	0.001 7	—	10^5	0.08
	H-W	0.001 6	5.88	10^5	0.06

从表 7-6 中可以看出，基于低偏差点集的抽样法对于高维随机变量仍然具有较高的适用性，并且计算结果与 MC 结果相比，在计算精度上相当。虽然基于低偏差点集的计算结果与 MC 法相当，但是其仍具有自身的优势，在抽样样本点较少时，H-W 点集抽样得到的样本点较为均匀，所以将其应用到重要抽样和子集模拟法这些对样本点数量要求更加稀少的方法来说，基于低偏差点集的抽样法能够较好地发挥其优势。

7.3.2　重要抽样法

重要抽样法（importance sampling，IS）是基于蒙特卡罗法的一种最常用的改进数字模拟方法，其以抽样效率高且计算方差小而得到广泛应用（吕震宇、宋述芳等于 2006 年提出）。造成蒙特卡罗法计算效率低下的主要原因是其样本点是按照原概率密度函数产生的，其中绝大部分样本点对于失效概率值的贡献是为零的，所以重要抽样法也是基于此原因进行改进的。重要抽样法的基本思想就是通过采用重要抽样密度函数来代替原来的抽样密度函数，使得样本落入失效域的概率增加，以此来获得高的抽样效率和快的收敛速度。重要抽样法最为重要的步骤就是构造重要抽样密度函数，目前构造重要抽样密度函数的一般方法为将重要抽样的密度函数中心放在极限状态方程的设计点，从而能够使得按照重要抽样密度函数抽取的样本点能够有较大的概率落入失效域内，使得失效概率能够较快收敛于真值，但是这种方法要依赖于一次二阶矩法等方法来寻找设计点。

1. 基本原理

重要抽样法通过引入重要抽样密度函数 $h_X(x)$，可将失效概率积分变换为式(7-23)：

$$P_f=\int\cdots\int_{R^n} I_F(x)f_x(x)\mathrm{d}x \\ =\int\cdots\int_{R^n} I_F(x)\frac{f_x(x)}{h_x(x)}h_x(x)\mathrm{d}x=E\left[I_F(x)\frac{f_x(x)}{h_x(x)}\right] \tag{7-23}$$

式中：R^n 为 n 维变量空间；$f_x(x)$ 为基本随机变量的联合概率密度函数；$h_x(x)$ 为重要抽样密度函数。

重要抽样法构造重要抽样密度函数的基本原则是使得对失效概率贡献大的样本以较大概率出现，这样可以减小估计值的误差，由于设计点是失效域中对失效概率贡献最大的点，因此一般选择密度中心在设计点的密度函数作为重要抽样密度函数。重要抽样中，较为重要和难解决的问题就是抽样区域和抽样密度函数的确定，本书采用 Melchers 的方法，即以原抽样函数方差相等，抽样中心为设计验算点的正态分布函数为抽样密度函数，若求得设计点为 $\boldsymbol{x}^*=(x_1^*,x_2^*,\cdots,x_n^*)$，则所构造的重要抽样密度函数为：

$$h_x(\boldsymbol{x})=\phi_n(\boldsymbol{x}-\boldsymbol{x}^*)=\frac{1}{(2\pi)^{n/2}(\det)^{1/2}}\exp\left[-\frac{1}{2}(\boldsymbol{x}-\boldsymbol{x}^*)^{\mathrm{T}}\boldsymbol{C}^{-1}(\boldsymbol{x}-\boldsymbol{x}^*)\right] \tag{7-24}$$

式中：$\boldsymbol{C}$ 为基本随机变量的协方差矩阵，当随机变量服从相互独立的正态分布时，$\boldsymbol{C}$ 为 n 维单位矩阵，$\phi_n(\boldsymbol{x})$ 为 n 维标准正态密度函数。

由重要抽样密度函数 $h_x(\boldsymbol{x})$ 抽取 N 个样本点 $x_i(i=1,2,\cdots,N)$，则式（7−23）中的数学期望形式表达的失效概率可由式（7−25）的样本均值来估计：

$$\hat{P}_f=\frac{1}{N}\sum_{i=1}^{N}I_F(x_i)\frac{f_x(x_i)}{h_x(x_i)} \tag{7-25}$$

而且计算得到的失效概率估计值是无偏的，即：

$$E[\hat{P}_f]=E\left[\frac{1}{N}\sum_{i=1}^{N}I_F(x_i)\frac{f_x(x_i)}{h_x(x_i)}\right]=\frac{1}{N}\bullet N\bullet E\left[I_F(x_i)\frac{f_x(x_i)}{h_x(x_i)}\right]=P_f \tag{7-26}$$

失效概率估计值的方差为：

$$\begin{aligned}\mathrm{var}[\hat{P}_f]&=Var\left[\frac{1}{N}\sum_{i=1}^{N}I_F(x_i)\frac{f_x(x_i)}{h_x(x_i)}\right]=\frac{1}{N^2}\sum_{i=1}^{N}Var\left[I_F(x_i)\frac{f_x(x_i)}{h_x(x_i)}\right]\\&=\frac{1}{N}Var\left[I_F(x_i)\frac{f_x(x_i)}{h_x(x_i)}\right]=\frac{1}{N}Var\left[I_F(x)\frac{f_x(x)}{h_x(x)}\right]\\&=E[\hat{P}_f^{\ 2}]-E[\hat{P}_f])^2\\&\approx\frac{1}{N-1}\left\{\frac{1}{N}\sum_{i=1}^{N}\left[I_F(x_i)\frac{f_x(x_i)}{h_x(x_i)}\right]^2-\left[\frac{1}{N}\sum_{i=1}^{N}[I_F(x_i)\frac{f_x(x_i)}{h_x(x_i)}\right]^2\right\}\\&\approx\frac{1}{N-1}\left\{\frac{1}{N}\sum_{i=1}^{N}\left[I_F(x_i)\frac{f_x^2(x_i)}{h_x^2(x_i)}-P_f^2\right]\right\}\end{aligned} \tag{7-27}$$

2. 计算步骤

根据上面所述的原理，一般实现重要抽样法计算工程结构失效概率的具体步骤如下。

（1）利用一次二阶矩或是其他优化的算法得到极限状态方程的设计点 x^*。

（2）以设计点 x^* 为抽样中心，取与原抽样函数相等的方差值，构造重要抽样密度函数 $h_x(x)$，并由 $h_x(x)$ 产生 N 个随机样本点 $x_i(i=1,2,\cdots,N)$。

（3）将第（2）步产生的随机变量 $x_i(i=1,2,\cdots,N)$ 代入到功能函数中计算功能函数值，根据指示函数 $I_F(x_i)$，对 $\dfrac{f_x(x_i)}{h_x(x_i)}$ 进行累计求和。

（4）按照式（7–25）求得失效概率的估计值 $\hat{P}_f$。

从上面的计算步骤中可以看出，重要抽样法作为一种改进的蒙特卡罗法，对于随机变量的维数、功能函数的形式及变量的分布形式都没有要求，只是将抽样的中心转移至设计点，但是这个设计点需要其他方法进行寻找，这也是与子集模拟法结合的切入点，使得更多的样本点落入失效域，提高抽样的效率，在控制抽样的方法上采用控制样本点或利用式（7–27）控制失效概率变异系数两种方法进行。

7.3.3　基于二者结合的子集模拟法

1. 基本思想

数论中低偏差点集抽样能够在较少的抽样点或者在与蒙特卡罗法抽样点相当的情况下具有较高的计算效率，重要抽样法作为可靠度计算中最为有效的方差缩减技术，对蒙特卡罗法的改进也是显而易见的。子集模拟法通过引入中间失效事件，将失效域进行分层，把失效概率分解为一系列较大的条件失效概率的乘积，但是子集模拟方法中，MCMC 方法中建议分布的选取会对结果产生一定的影响，并且利用 MCMC 方法产生的条件样本点具有一定的相关性，这在一定程度上影响了子集模拟法的计算精度（宋述芳、吕震宙于 2006 年提出）。

为了避免 MCMC 方法产生样本点所具有相关性，并提高计算效率，增加方法的稳健性，本书将重要抽样法引入子集模拟法中，将失效域进行分层，将小概率事件转化为较大失效概率事件的乘积，通过子集模拟法中提到的自适应分层来实现对失效域的分层，选取概率密度值最大的点构造重要抽样密度函数进行分层抽样，利用重要抽样法计算失效事件的概率值，直到分层结束。由于数论中的低偏差点集相对于伪随机数点集更加均匀，在较少的样本点时能发挥其巨大的优势，所以在首层抽样和利用重要抽样密度函数进行抽样的过程中，将低偏差点集抽样引入其中，根据 4.1 节中提出的低偏差点集的特点，H–W 点集相对于 GLP 点集、Halton 点集等具有更加明显的优势，本书主要将 H–W 低偏差点集的抽样方法引入其中来提高抽样的效率，从而保证计算结果精度和计算效率。

2. 实现过程

基于数论中低偏差点集抽样法和重要抽样法的子集模拟法在进行可靠度计算时，仍然按照子集模拟法中的自动分层法进行分层，其中条件概率值 P_0 取 0.1，每层的样本值取 N_i，对于 N_i 值的选择至少要保证 20 个以上的样本点落入下一个子集中，所以以

$P_0 = 0.1$为例，至少要保证$N_i \geqslant 200$，三者结合所实施的具体步骤如下。

（1）利用数论中低偏差点集中 H–W 点集的抽样法产生N_1个服从联合概率密度函数$f_x(x)$的独立同分布的样本$\left\{x_j^{(1)} : j=1,2,\cdots,N_1\right\}$。

（2）将步骤（1）中产生的随机样本点代入功能函数$g(x)$中得到N_1个功能函数值$\left\{g(x_j^{(1)}) : j=1,2,\cdots,N_1\right\}$，并将这$N_1$个响应值从大到小进行排序，取$(1-p_0)N_1$个值作为中间失效事件$F_1=\{x|g(x)\leqslant b_1\}$的临界值$b_1$，此时$b_1=g(X_{[(1-p_0)N_1]}^{(1)})$，$P_1=p_0$。

（3）从落在$F_{i-1}(i=2,3,\cdots,n)$内的$p_0 N_{i-1}$个样本中选取原联合概率密度值最大的点作为重要抽样密度函数$h_{i-1}(x)$的抽样中心，方差保持不变，并利用低偏差点集中 H–W 点集抽样法产生N_i个服从密度函数$h_{i-1}(x)$的样本，其中落入失效域$F_{i-1}(i=2,3,\cdots,n)$内的N_i个样本点服从分布条件密度$h_{i-1}(x|F_{i-1})$，记为$\left\{x_j^{(i)} : j=1,2,\cdots,N\right\}$。

（4）类比第（2）步，利用第 3 步得到的N_i个样本点再分别计算所对应的功能函数值$g(x_j^{(i)})(i=2,3,\cdots,n,j=1,2,\cdots,N)$，并按照降幂顺序进行排序，取第$(1-p_0)N_i$个值作为中间失效事件$F_i=\{x\,|\,g(x)\leqslant b_i\}$的临界值$b_i$，此时$b_i=g(x_{[(1-p_0)N_i]}^{(i)})$，根据下式求得条件失效概率的估计值$P_i$：

$$P_i = P\{F_i|F_{i-1}\} = \frac{1}{N_i}\sum_{j=1}^{N_i} I_{F_i}(x_j^i)\frac{q_x(x_j^i|F_{i-1})}{h_{i-1}(x_j^{(i)})} \tag{7-28}$$

由条件概率可知式（7–28）中$q(x_j^i|F_{i-1}) = \dfrac{f_x(x_j^i) I_{F_{i-1}}(x_j^{(i)})}{P(F_{i-1})}$，又因为$F_{i-1}\cap F_i = F_i$，所以$I_{F_i}(x_j^{(i)}) I_{F_{i-1}}(x_j^{(i)}) = I_{F_i}(x_j^{(i)})$，即式子可变换为：

$$P_i = \frac{1}{N}\sum_{j=1}^{N_i} I_{F_i}(x_j^i)\frac{f_x(x_j^i)}{h_{i-1}(x_j^{(i)})}\frac{1}{P(F_{i-1})} \tag{7-29}$$

式中：$P(F_{i-1}) = \prod_{j=1}^{i-1} P_j$。

（5）将第（3）步、第（4）步的计算过程重复进行，直到第m层所求得的功能函数值按降幂排序后第$(1-p_0)N_i$个值小于 0，此时自动分层自动结束。

（6）在分层结束后，根据以上的计算，最终得到的失效概率估计值为：

$$P_f = \prod_{i=1}^{m} P_i \tag{7-30}$$

从上述过程中可以看出，基于数论和重要抽样法的子集模拟法的实现主要集中在利用低偏差点集（H–W 点集）抽样法产生独立同分布的样本点、构造各层的重要抽样密度函数、计算每层的条件失效概率及自动分层等方面，这种方法集中了其他三种方法的优势所在，从理论上讲是可行的，对于计算结果的精确性及所适应的极限状态方程的非线性程度需要在下面的算例中进行验证。改进子集模拟法的计算流程如图 7–5 所示。

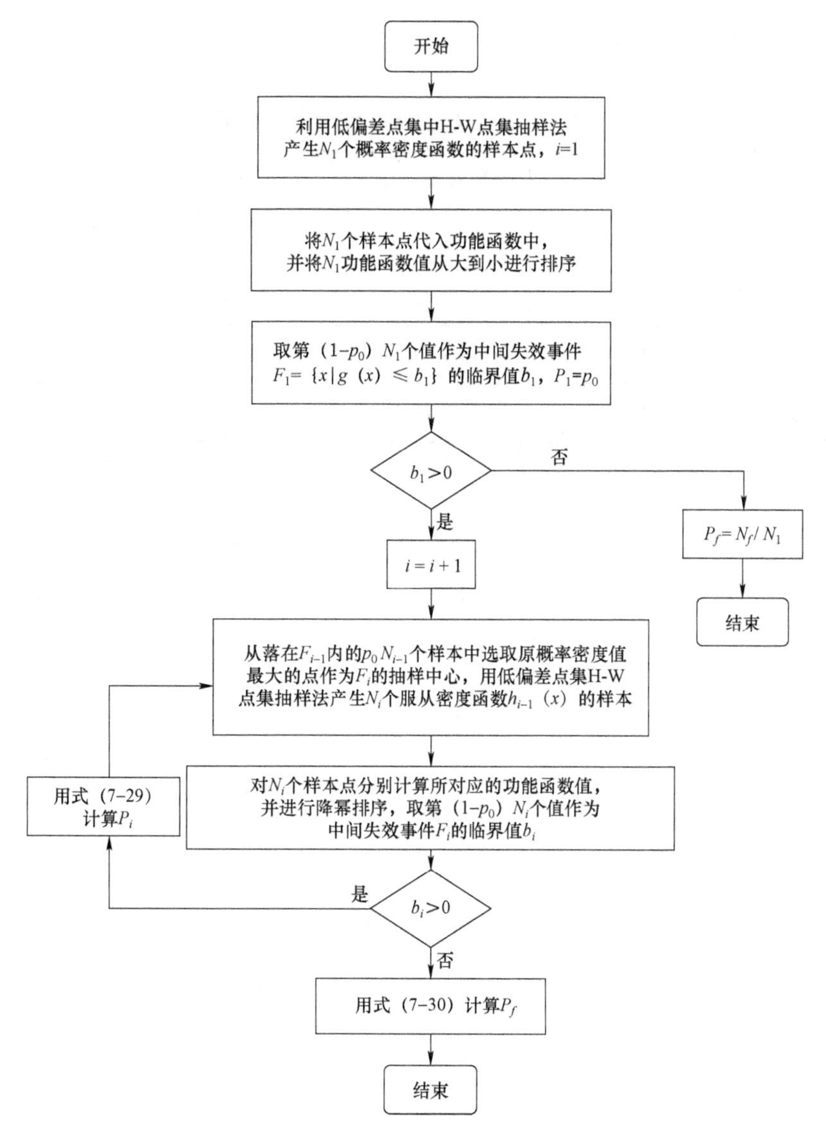

图 7−5　改进子集模拟法的计算流程

7.3.4　算例分析

为验证基于数论、重要抽样法的子集模拟法的适用性，文中通过线性问题、高度非线性问题及小失效概率问题逐一验证结果的正确性，并从计算误差、样本点抽样数量、失效概率变异系数等方面与 MC 法、传统的子集模拟法进行了对比分析，将利用 MC 法计算得到的结果作为精确解，其中每个算例的失效概率通过算例计算 50 次平均值求得，失效概率估计值的变异系数通过计算 50 次失效概率得到。

1. 算例 1

线性极限状态方程为 $g(x)=2-\dfrac{x_1+x_2}{\sqrt{2}}$，其中 x_1 和 x_2 为相互独立的标准正态分布变量，算例 1 可靠性分析的计算结果如表 7–7 所示。

表 7–7　算例 1 可靠性分析的计算结果

方法	失效概率	计算误差/%	样本点数目	变异系数
MC	0.021 7	—	10^4	0.067
Subset	0.021 8	0.46	1 000	0.131
New–subset	0.021 4	1.38	600	0.072
New–subset	0.021 6	0.46	1 000	0.066

注：New-subset 代表本书提出的改进方法。

从表 7–7 中可以看出，对于线性问题，改进的子集模拟能够较为准确地计算出线性问题的失效概率，相对于传统的子集模拟法来说，在计算的精度上与其相当，相对于 MC 计算的精确解误差也较小；在抽取的样本点数量上，改进的子集模拟法仅需要 600 个样本点就能较为准确地完成计算，虽然样本点抽样次数少，但是计算得到的失效概率变异系数较小，从而保证了计算的稳定性。

2. 算例 2

非线性极限状态方程 $g(x)=x_1^3+x_1^2x_2+x_2^3-18$，其中 x_1 和 x_2 为相互独立的正态分布变量，且 $x_1\sim N(10,5^2)$， $x_2\sim N(9.9,5^2)$，算例 2 可靠性分析的计算结果如表 7–8 所示。

表 7–8　算例 2 可靠性分析的计算结果

方法	失效概率	计算误差/%	样本点数目	变异系数
MC	0.005 78	—	10^5	0.041
Subset	0.005 71	1.21	3 000	0.189
New–subset	0.006 01	3.98	1 500	0.156

注：New-subset 代表本书提出的改进方法。

从表 7–8 中可以看出，对于非线性问题，改进的子集模拟法具有较好计算精度，在样本点数量上只需要 1 500 个样本点就能够满足计算要求，相对于传统的子集模拟法有较大的改善，而失效概率的变异系数较小，能够保证计算的稳定性。

3. 算例 3

高度非线性问题的功能函数为 $g(x)=\exp(0.2x_1+6.2)-\exp(0.47x_2+5.0)+500$，其中 x_1,x_2 独立且服从标准正态分布。算例 3 可靠性分析的计算结果如表 7–9 所示。

表 7–9　算例 3 可靠性分析的计算结果

方法	失效概率	计算误差/%	样本数目	变异系数
MC	3.95×10^{-5}	—	10^7	0.000 3
Subset	3.67×10^{-5}	7.08	5×10^4	0.136
New–subset	3.75×10^{-5}	5.06	4 000	0.129

注：New-subset 代表本书提出的改进方法。

从表 7–9 中可以看出，本书提出的改进方法对于高度非线性问题改进的子集模拟法同样适用，计算误差满足计算精度要求，并且在失效概率变异系数基本一致的情况下，基于数论、重要抽样法的子集模拟法在抽样次数上相对于传统的子集模拟法得到了大大的改善，抽样次数相对于传统子集模拟法减少 10 倍之多，说明改进方法能够在保证计算精度和稳定性的前提下，大大缩减抽样的次数，大大提高计算效率。下面给出在本算例中利用传统子集模拟法和改进方法进行可靠度计算时，每层的条件概率、抽样中心或临界点，以及对应的功能函数值，如表 7–10、表 7–11 所示。

表 7–10　抽样中心点及每层条件概率

层数	抽样中心点	功能函数值	条件概率
1	（0，0）	844.34	0.1
2	（–0.554，1.240）	675.30	0.13
3	（–1.035，2.399）	442.18	0.02
4	（–1.004，3.789）	22.10	0.15

表 7–11　临界点及每层条件概率

层数	临界点	功能函数值	条件概率
1	（–1.821，0.187）	680.39	0.1
2	（–1.665，1.792）	508.63	0.1
3	（–0.459，3.061）	324.50	0.1
4	（–0.577，3.670）	106.66	0.1
5	（–0.386，4.235）	–130.10	0.37

从表 7–10 和表 7–11 中可以看出，在计算同样的失效概率算例 3 时，传统子集模拟法需要五层进行模拟，改进的子集模拟法只需要四层就能完成计算，这主要是因为传统子集模拟法控制每层的条件概率为 0.1，而改进的子集模拟法利用重要抽样法计算每层的

条件概率，使得失效概率快速收敛；将算例 3 的计算结果与算例 1、算例 2 进行纵向对比，算例 3 作为小失效概率事件，当利用改进的子集模拟法进行可靠度分析时，在样本点的抽样次数和计算效率上相对于传统子集模拟法有较大的优势，而对于失效概率较大的问题这一优势体现得并不十分明显。

（1）数论中低偏差点集相对于伪随机数集在产生点集较少的情况下分布更加均匀，能够充满整个空间；基于 H−W 低偏差点集的抽样法能够进行可靠度的计算，对于失效问题的线性、非线性及变量的维数都没有限制，并且在抽样点一定的情况下相对于 MC 法，失效概率估计值的变异系数较小，计算更加稳定。

（2）基于数论、重要抽样法的子集模拟法对于线性及非线性失效问题都适用，在保证计算误差的情况下，改进的子集模拟法相对于传统的子集模拟法样本点的抽样次数得到了大大改善，并且失效概率估计值的变异系数更加小，说明基于数论、重要抽样法的子集模拟法在计算可靠度问题时更加稳定，所计算得到的失效概率波动性较小。

（3）提出的基于数论、重要抽样法的子集模拟法在计算小失效概率问题时有更好的计算效率，在样本点的抽样次数上能够得到大大改善，以算例 3 为例，在失效概率变异系数基本一致的情况下，相对于传统子集模拟法新提出的改进方法在样本点数量上能够减少 10 倍之多，这主要是因为利用数论低偏差点集产生的样本点更加均匀，得到的概率分布更加稳定，并且利用重要抽样法的重要密度函数进行每一层的抽样，能够更加快速地逼近失效域。

7.4 大断面黄土隧道二次衬砌的可靠度分析

隧道衬砌结构受力复杂，一般很难用解析法求得衬砌的荷载效应，本书以兰渝铁路胡麻岭隧道为工程背景，采用蒙特卡罗-随机有限元法进行隧道衬砌结构作用效应的统计，在进行荷载效应分析计算时采用 ANSYS 中的 PDS 技术，采用 APDL 语言基于荷载-结构计算模型建立了数值计算模型，并建立了大断面黄土隧道二次衬砌的极限状态方程，分别基于子集模拟法和基于数论、重要抽样法的子集模拟法两种方法计算抗压和抗拉极限状态下的失效概率和可靠性指标，从而验证了两种方法在隧道衬砌可靠度计算中的准确性，分析了大断面黄土隧道二次衬砌可靠度指标的分布特点，为工程设计提供参考依据。

7.4.1 荷载-结构计算模型的原理

荷载-结构计算模型是地下结构设计发展中的一个重要阶段，又称为结构力学计算模型。我国用这种理论模型设计了几千座隧道，总长超过 3 000 km，目前大多数完好，仍在发挥着正常功能。荷载-结构模型又称为作用-反作用模型，它将支护结构和围岩分开考虑，支护结构是承载主体，围岩作为荷载的来源和支护结构的弹性支承，同时认为地层对结构的作用只是产生作用在地下建筑结构上的荷载（包括主动地层压力和被动地层抗力），衬砌在荷载的作用下产生内力和变形。这一类计算模型主要适用于围岩因过分变形而发生松弛和崩塌，支护结构主要承担围岩松动压力，即支护结构承受的荷载主要是隧道开挖后由松动围岩自重产生的地层压力，所以用这一模型进行隧道支护结构设计的关键就在于如何确定作用在支护结构上的主动荷载，其中最主要的是围岩所产生的松动压力及弹性支承给支护结构的弹性抗力。这一方法与设计地面结构时采用的方法基本一致，区别在于计算衬砌内力时需要考虑周围地层介质对结构变形的约束作用。由于这个模型概念清晰，计算简便，而且容易被人们接受，所以至今在隧道及地下工程领域仍然较为通用。

早年常用的弹性连续框架（含拱形构件）法、假定抗力法和弹性地基梁（含曲梁）法等都可归属于荷载结构法，其中假定抗力法和弹性地基梁法都形成了一些经典计算法，而类属弹性地基梁法的计算法又可按采用地层变形理论的不同分为局部变形理论计算法和共同变形理论计算法，其中局部变形理论因计算过程较为简单而常用（闫立来于 2009 年提出）。

7.4.2　ANSYS 中 PDS 技术的介绍

在确定性的有限元分析中，有限元问题的所有参数都是确定不变的，计算得到的结构参数也是确定的，但是如果考虑实际工程中的不确定因素，有限元分析的任何一个方面或输入数值都是一个离散性分布的参数，即某种程度上都具有不确定性。为了研究不确定因素对实际工程的影响，必须利用概率设计技术进行研究分析，如果将有限元分析技术与概率设计技术相结合，就是基于有限元的概率设计，即 ANSYS 程序提供的 PDS 技术（probabilistic design system）（王成于 2012 年，博弈工作室于 2005 年提出）。这里的概率设计技术可以应用到工程的可靠性分析之中，本书也是利用 ANSYS 这一技术进行隧道二次衬砌的荷载统计分析。

ANSYS 中的 PDS 技术在进行可靠度分析时，主要解决的问题有以下几个（李书万于 2009 年提出）。

（1）根据输入参数的不确定性计算结构变量的不确定程度。

（2）确定由于输入参数的不确定性导致结构失效的概率数值。

（3）已知容许失效概率确定结构行为的容许范围，如最大变形、最大应力等。

（4）判断对输出结果和失效概率影响最大的参数，计算输出结果相对于输入参数的灵敏度。

（5）确定输入变量、输出结果等设计参数间的相关系数。

ANSYS 有限元软件中的 PDS 模块为科研和设计人员提供了进行工程可靠性分析的开发平台，本书在进行隧道二次衬砌的可靠度分析时基于数值模拟技术编制 APDL（ansys parametric design language）语言程序，并采用批处理方式和 GUI 方式相结合的方法进行分析。

（1）创建分析文件。创建分析文件是利用 ANSYS 进行可靠性分析时最为重要的一步，其关系到后面两步能不能执行及执行结果的准确性，分析文件其实就是基于 APDL 的参数化有限元分析过程，文件主要包括求解模块（/PREP7）、求解模块（/SOLU）、结果提取（*GET）等内容。创建分析文件主要有两种方式，一是在 GUI 界面中按照交互式方式利用参数创建有限元模型，施加荷载和边界条件并执行求解，然后将该过程中的 LOG 文件进行整理，保存为分析文件；二是直接利用文本编辑器逐行输入分析文件的命令流，本书采用二者结合的方式进行。

（2）可靠性分析阶段。可靠性分析阶段是利用 ANSYS 进行可靠性分析的核心部分，主要包括：进入 PDS 处理器（prob design）；指定分析文件，选择第一步建立好的.mac 文件；定义输入变量及其分布类型、变量间的相关系数；定义输出变量；选择可靠性分析方法，其中提供了蒙特卡罗法和响应面法两种分析方法；执行可靠性分析循环。

（3）可靠性结果输出阶段。最后结果的输出内容主要包括随机变量抽样结果的显示、绘制随机变量的分布函数、确定输入变量和输出变量的相关系数矩阵、灵敏度的分析、生成可靠性分析报告等。

ANSYS 中可靠性分析内部数据流程如图 7-6 所示。

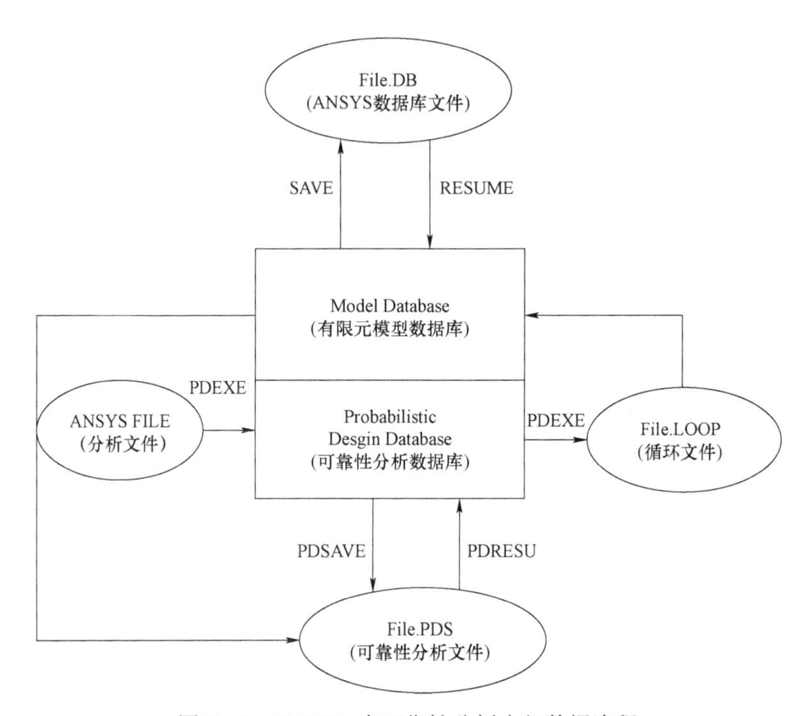

图 7-6　ANSYS 中可靠性分析内部数据流程

7.4.3　二次衬砌模型的建立

本书所进行的隧道二次衬砌可靠度分析模型为胡麻岭隧道工程，胡麻岭隧道工程位于甘肃省榆中县与定西市，进口位于榆中县龙泉乡下郭家庄村，出口位于定西市苦河左岸，穿越黄土梁、峁区。隧道里程范围 DK68+586～DK82+236，全长 13.65 km，地面高程一般为 2 105～2 430 m，洞身最小埋深 15.5 m，最大埋深 295 m。隧道进口段围岩主要为Ⅳ、Ⅴ级，其中Ⅳ围岩 1 330 m，Ⅴ级围岩 444 m。该隧道上部黄土冲沟极为发育，交通较为不便。工程涉及的地层主要为：第四系全新统冲积砂质黄土、细圆砾土；第四系上更新统风积砂质黄土、冲积粉质黏土、砂质黄土、黏质黄土、细砂、细圆砾土，中更新统风积砂质黄土及湖积粉质黏土；上第三系砂岩夹泥岩；下第三系砂岩夹砾岩；白罡系砾岩。

该铁路等级为Ⅰ级，双线铁路，旅客列车设计行车速度为 200 km/h，并预留提速条件，限制坡度为 8‰，线间距为 4.4 m，隧道设计使用年限为 100 年。在隧道施工中Ⅳ级围岩采用上下台阶法或三台阶临时仰拱法施工，Ⅴ级围岩采用 CD 法或三台阶临时仰拱法施工，如遇断层及其他不良地质，可根据实际情况，选择不同的超前加固措施，分步开挖，并配备管棚钻机，必要时使用。

本工程隧道设计均为复合式衬砌，初期支护采用锚喷支护，支护时机以安全及时，减少施工干扰为原则。当围岩和初期支护变形基本稳定，方可施作二次混凝土衬砌，隧道二次衬砌全部采用整体式液压衬砌台车施工，二次衬砌采用 50 cm 厚的 C35 钢筋混凝土浇筑。本书依据进口处隧道的施工断面图进行建模，高度为 10.5 m，跨度为 12.2 m，进口处隧道的施工断面图如图 7-7 所示。

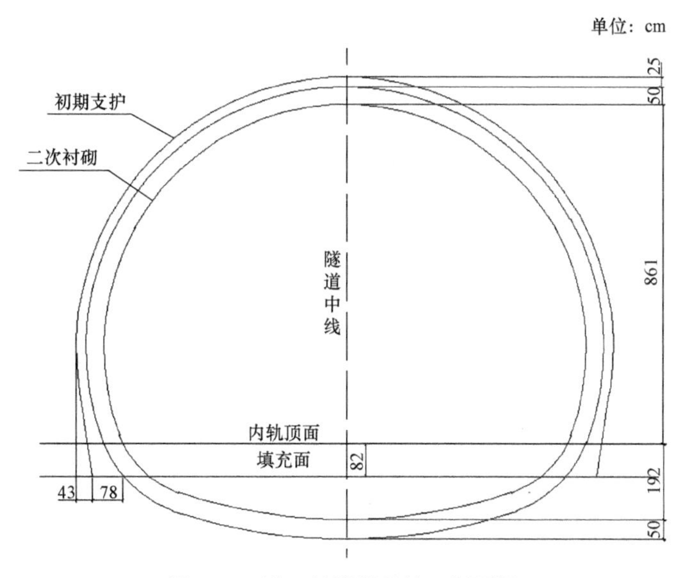

图 7-7　进口处隧道的施工断面图

在对本黄土隧道二次衬砌的内力和变形进行分析计算时，采用荷载-结构模型数值法进行计算，荷载-结构模型数值法的基本假定如下：

（1）假定衬砌为小变形弹性梁，衬砌为足够多个离散等厚度直梁单元。

（2）隧道为长细结构，采用平面应变模式进行分析。

（3）采用弹簧单元模拟围岩和结构之间的相互作用，弹簧单元受压不受拉，弹性抗力系数由 Winkler 假定为基础的局部变形理论确定，采用地层的弹性抗力系数 K 值，再计算得出模拟机构与地层相互间弹簧的弹性系数。

（4）隧道衬砌底部竖向反力为地面荷载、水压及结构自重。

（5）围岩水平压力等于上覆竖向松动围岩压力乘以侧压力系数，且认为围岩水平压力为矩形分布。

按照上述假定利用大型通用有限元分析软件 ANSYS 12.0 进行建模分析，二次衬砌采用 BEAM3 梁单元模拟，共 70 个单元；二衬与初支、围岩之间的相互作用采用 COMBIN14 弹簧单元进行模拟，70 个弹簧单元，计算时采用自编的 APDL 程序将荷载等效转化为集中荷载施加在节点上，并找到受压的弹簧单元将其“杀死”，所建立的二次衬砌计算模型如图 7–8 所示，图中编号为单元的编号。

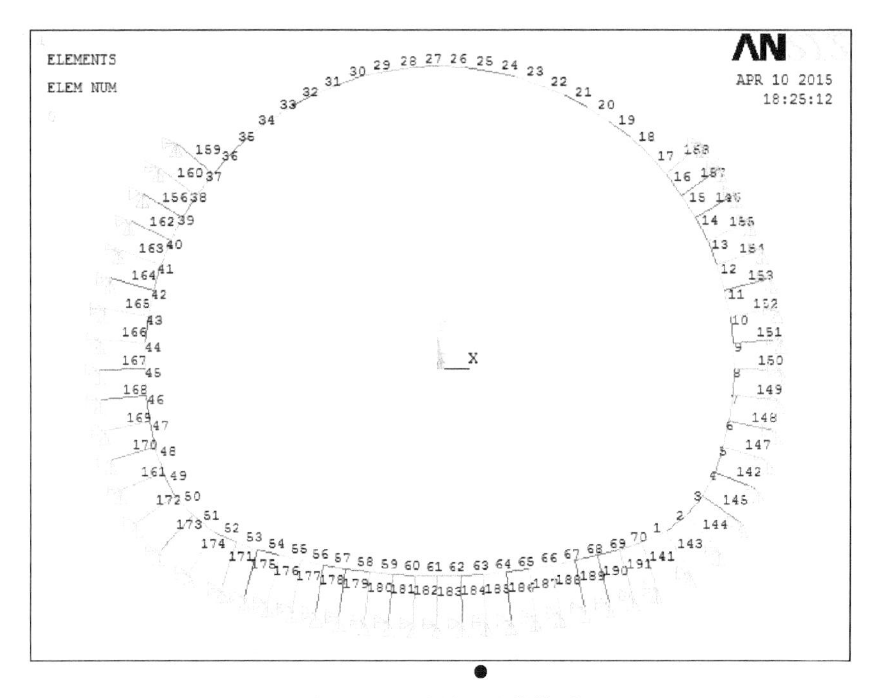

图 7–8　二次衬砌计算模型

7.4.4　二次衬砌可靠度分析的流程

在二次衬砌的计算模型建立之后，需要确定由于缺少实际工程随机变量的分布特征，本书采用现有研究成果的理论基础和实测结果确定统计随机变量的分布特征，建立衬砌抗压和抗拉极限状态函数，随后利用 APDL 语言编制 PDS 的分析文件（.mac），在建立分析文件时采用参数化编辑变量，然后在 ANSYS 平台上完成荷载效应的统计分析，根据得到的荷载效应统计结果和极限工程函数计算衬砌的失效概率和可靠度指标。

1. 随机变量的统计特征

为进行隧道衬砌结构的可靠度计算，必须找出几个主要的随机变量进行统计分析，这也是进行可靠度研究的基础工作。在建立隧道二次衬砌的有限元计算模型时，主要考虑的计算参数有上覆围岩的松动高度 h，围岩重度 r_0，侧压力系数 λ，围岩的弹性抗力系数 K_r，二衬的厚度 d，二衬所用混凝土的容重 r，混凝土的弹性模量 E，本书在计算二次衬砌作用效应时主要的随机变量有：上覆围岩的松动高度，围岩重度，二衬厚度，围岩的弹性反力，衬砌材料的力学性能等。

隧道上覆围岩的松动压力主要与围岩等级、隧道跨度直接相关，20 世纪 70 年代修订隧道设计规范时，统计了 417 个隧道塌方的高度，到 20 世纪 90 年代西南交通大学统计了 1 046 个铁路、公路和水工等隧道的塌方资料，将塌方数据值所属围岩级别各自统计，按照小样本数据整理出各级围岩塌方高度 h 的均值、标准值及变异系数，各级围岩塌方高度统计特征见表 7–12（景诗庭，朱永全等于 2002 年提出）。

表 7–12　各级围岩塌方高度统计特征

围岩级别	均值/m	标准差/m	变异系数	标准值
Ⅵ	6.417	2.998	0.467 2	11.351
Ⅴ	4.882	2.219	0.454 6	7.535
Ⅳ	2.406	0.957	0.397 8	3.982
Ⅲ	1.765	0.556	0.314 8	2.679
Ⅱ	1.142	0.272	0.237 9	1.590
Ⅰ	0.350	0.138	0.395 6	0.578

将各级围岩的塌方高度标准值进行回归后，得到围岩的垂直均布作用为：

$$\begin{cases} q = \gamma h \\ h = 0.41 \times 1.79^{s} \end{cases} \tag{7-31}$$

式中：h 为围岩塌方计算高度（m）；s 为围岩级别；γ 为围岩重度（kN/m^2）。

本书隧道塌方高度取Ⅴ级围岩塌方高度的均值，参考我国复合式衬砌围岩压力现场量测数据和模型试验结果及国内外资料，对Ⅱ～Ⅴ类围岩，以 30%～50%的围岩压力作为二次衬砌的外荷载，本书取 40%塌方高度的均值作为分析本工程的可靠度的塌方高度，故塌方高度取 1.953，变异系数取 0.467，服从正态分布，这样考虑的塌方高度应该要比实际情况下偏安全。

隧道设计规范中一直使用温克尔提出的局部变形理论来确定隧道的围岩弹性抗力，即“温克尔假定”，局部变形理论虽然不能完全反映围岩变形的实际特征，但它可以使隧道衬砌结构作用效应的计算得到简化从而满足一般工程结构设计的需要。隧道的围岩弹性抗力系数的确定是计算隧道围岩弹性反力的关键，但是因为现场实测工作量巨大，在设计阶段通常难以完成，一般在设计时采用隧道设计规范按照围岩级别给出的数值计算，如表 7–13 所示（景诗庭，朱永全等于 2002 年提出）。

表 7-13 围岩等级与弹性抗力系数的对应表

围岩等级	Ⅰ	Ⅱ	Ⅲ	Ⅳ	Ⅴ	Ⅵ
容重/（kN/m^3）	26～28	25～27	23～25	20～23	17～20	15～17
弹性抗力系数/（MPa/m）	1 800～2 800	1 200～1 800	500～1 200	200～500	100～200	<200

本书所涉及的工程没有实测资料，由于工程的隧道围岩等级为Ⅴ，大断面开挖隧道，弹性抗力系数取低值 200 MPa/m 作为其均值，变异系数取 0.25，服从正态分布。

隧道二次衬砌几何尺寸主要通过衬砌轴线和衬砌厚度两方面的变异性影响衬砌可靠度的计算，一般衬砌轴线的变异性对可靠度的计算影响不是很大，衬砌厚度的变异性是影响衬砌可靠度计算的主要几何因素，根据设计图纸胡麻岭隧道工程中二次衬砌的厚度为 0.5 m，变异系数根据统计资料取 0.1，服从正态分布。

围岩的容重和侧压力系数由于没有实际勘测资料，根据《铁路设计规范》中规定的取值范围和《隧道结构可靠度》一书中的建议值，其中围岩容重取 20 kN/m^3，变异系数取 0.05，服从正态分布；侧压力系数取 0.23，变异系数取 0.17，服从正态分布。

根据上面计算和分析得到本书在计算隧道二次衬砌可靠度时所用的基本随机变量统计特征，如表 7-14 所示。

表 7-14 随机变量统计特征表

随机变量	松动高度 h/MPa	弹性抗力系数 k/（$MPa \cdot m^{-1}$）	二衬厚度 t/m	侧压力系数 λ	围岩容重 γ /（$kN \cdot m^{-3}$）	混凝土弹模 E/GPa
均值	1.953	200	0.5	0.23	20	32
变异系数	0.467	0.25	0.1	0.17	0.05	0.085 3
概率分布	正态	正态	正态	正态	正态	正态

2. 功能函数的建立

在完成二次衬砌的内力后，要对其进行强度验算。20 世纪 50 年代以后的铁路隧道设计规范，混凝土和砌体衬砌截面按破损阶段进行强度验算，即材料强度和尺寸，算出偏压构件的抗压和抗裂极限承载力，与计算的构件实际内力进行对比，求出该截面的抗压或抗拉安全系数，这种计算安全系数的方法可以作为概率极限状态设计的基础，演变成 R-S 模型，即把构件破损和开裂时的极限承载能力作为广义的抗力 R，将衬砌内力作为广义作用效应 S，然后利用合适的可靠度计算方法计算可靠度指标。

目前我国的隧道设计规范将轴心受压和偏心受压统一成一个检算公式，不再采用大、小偏心，而用偏心影响系数 α 来表示不同偏心距对受压构件承载力的影响。α 既包括了截面应力不均匀分布和受压面积有可能减少的影响，也包括了偏心距相对减少和局部受压面积上的抗压强度相应提高的影响（余永康于 2010 年，景诗庭等于 2002 年提出）。

对偏心受压矩形截面，极限抗压承载能力 N_p 为：

$$N_p = \varphi \alpha R_a bh \tag{7-32}$$

式中：φ 为构件纵向弯曲系数，对隧道衬砌、明洞拱圈及墙背紧密回填的边墙，$\varphi=1$；α 为轴向力的偏心影响系数；R_a 为混凝土的抗压极限强度；b 为截面宽度；h 为截面厚度。

为了确定 α 值，西南建筑研究设计院、清华大学、铁三院等都在《混凝土及钢筋混凝土》杂志上发表过混凝土偏压试验的文章，但是这些文章并没有给出 α 的统计特征。后来，石家庄铁道学院经过大量的试验研究，对试验数据 α 的均值 u_α 和变异系数 δ_α 进行了三次曲线回归，给出了 u_α 和 δ_α 的三次曲线回归方程：

$$\begin{aligned} u_\alpha &= 1.000 + 0.648(e_0/h) - 12.569(e_0/h)^2 + 15.444(e_0/h)^3 \\ \delta_\alpha &= 0.156 + 0.921(e_0/h) - 2.872(e_0/h)^2 + 3.046(e_0/h)^3 \end{aligned} \tag{7-33}$$

式中：e_0 为截面偏心距。

对于偏心受拉矩形截面的抗拉承载力 N_{pl} 为：

$$N_p = \frac{\gamma_m R_l bh}{\frac{6e_0}{h} - 1} \tag{7-34}$$

式中：γ_m 为混凝土偏压时的抗拉强度较轴心抗拉时强度 R_f 增大的系数，取与混凝土结构设计规范一致的 1.75；R_l 为混凝土的抗拉极限强度。

对于混凝土的抗压极限强度 R_a 和抗拉极限强度 R_l 的统计特征已经经过大量实验分析和数理统计方法得到，本书可以直接引用。

根据式（7–33）和式（7–34）得到的二次衬砌混凝土的抗压承载力和抗拉承载力，建立二次衬砌的抗压和抗拉两种极限状态，抗拉极限状态属于正常使用极限状态，抗压极限状态属于承载力极限状态，其中抗压承载能力极限状态功能函数：

$$Z_1 = \alpha R_\alpha bh - N \tag{7-35}$$

抗拉承载力极限状态功能函数：

$$Z_2 = \frac{1.75 R_l bh}{\frac{6e_0}{h} - 1} - N \tag{7-36}$$

式中：N 为截面的轴向力。

式（7–35）和式（7–36）中的 α、R_a、R_l、h、N、e_0 都是基本随机变量，N、

e_0可以根据 5.5.2 节和 5.5.3 节中的计算结果统计得到，h的统计特征与二衬厚度的统计特征一致，α的统计特征根据式（7−33）可以计算得到，其余两个关于混凝土强度参数统计特征根据工民建系统和铁路有关部门所做的大量实验所得到的统计特征确定，上述随机变量的统计特征如表 7−15 所示。

表 7−15　随机变量的统计特征

随机变量	R_a	R_l	h
均值/MPa	28.57	3.41	0.5
标准差/MPa	3.14	0.41	5
变异系数	0.11	0.12	0.1
服从分布	正态	正态	正态

7.4.5　二次衬砌的可靠度分析

随机结构的数值分析方法分为统计逼近和非统计逼近两种，其中模拟法是最常用的统计逼近法，蒙特卡罗法模拟是大家最为熟悉的。非统计逼近包括数值积分法、二次矩法、随机积分方程数值解法、随机有限元法等，其中随机有限元法由于概念清晰，适应性和通用强，而被广泛使用。蒙特卡罗−有限元法是确定性有限元法和蒙特卡罗模拟的结合，该法始于 20 世纪 70 年代，目前随着计算机运算技术的迅速提高和普及，该法以其计算准确、计算速度快而被广泛应用，得到了较好的发展。该法主要是通过在计算机上随机抽样产生样本函数来模拟系统的输入量的概率特性，并针对每个给定的样本点，对系统进行确定的有限元分析，从而得到系统的随机响应量的概率特征。本书采用在 ANSYS 有限元分析平台上实现蒙特卡罗−有限元法，利用 PDS 技术中提供的蒙特卡罗法进行计算，根据上节中统计的随机变量，采用 APDL 命令流和交互方式结合的方法实现对隧道二次衬砌作用效应的概率统计。

在评价隧道工程衬砌结构的承载能力时，一般认为隧道衬砌结构被评为一级安全等级，对于截面抗压承载能力的极限状态来说，按照我国《建筑结构设计统一标准》规定的目标可靠度指标为 4.2；对于隧道衬砌结构截面的抗拉承载力状态来说，从目前的研究成果来看要求的可靠度指标目标值较低，从隧道相关设计规范和大部分研究成果可以看出，一般规定隧道衬砌结构的抗拉极限状态的目标可靠度指标取 2.5，本书也是根据这两个目标值对隧道衬砌的可靠性进行评价分析的。

1. 衬砌内力的统计特征

本书采用 ANSYS 平台内置的蒙特卡罗最基本的抽样方法进行，为保证能够较为准确地统计出衬砌内力的分布特征，在本次计算中采用 10 000 次的循环抽样次数，通过计算得到各截面内力的分布特征，图 7−9 为随机变量的输入历史曲线，可以从曲线中读出随机变量在 10 000 次的循环中输入值的波动曲线图。

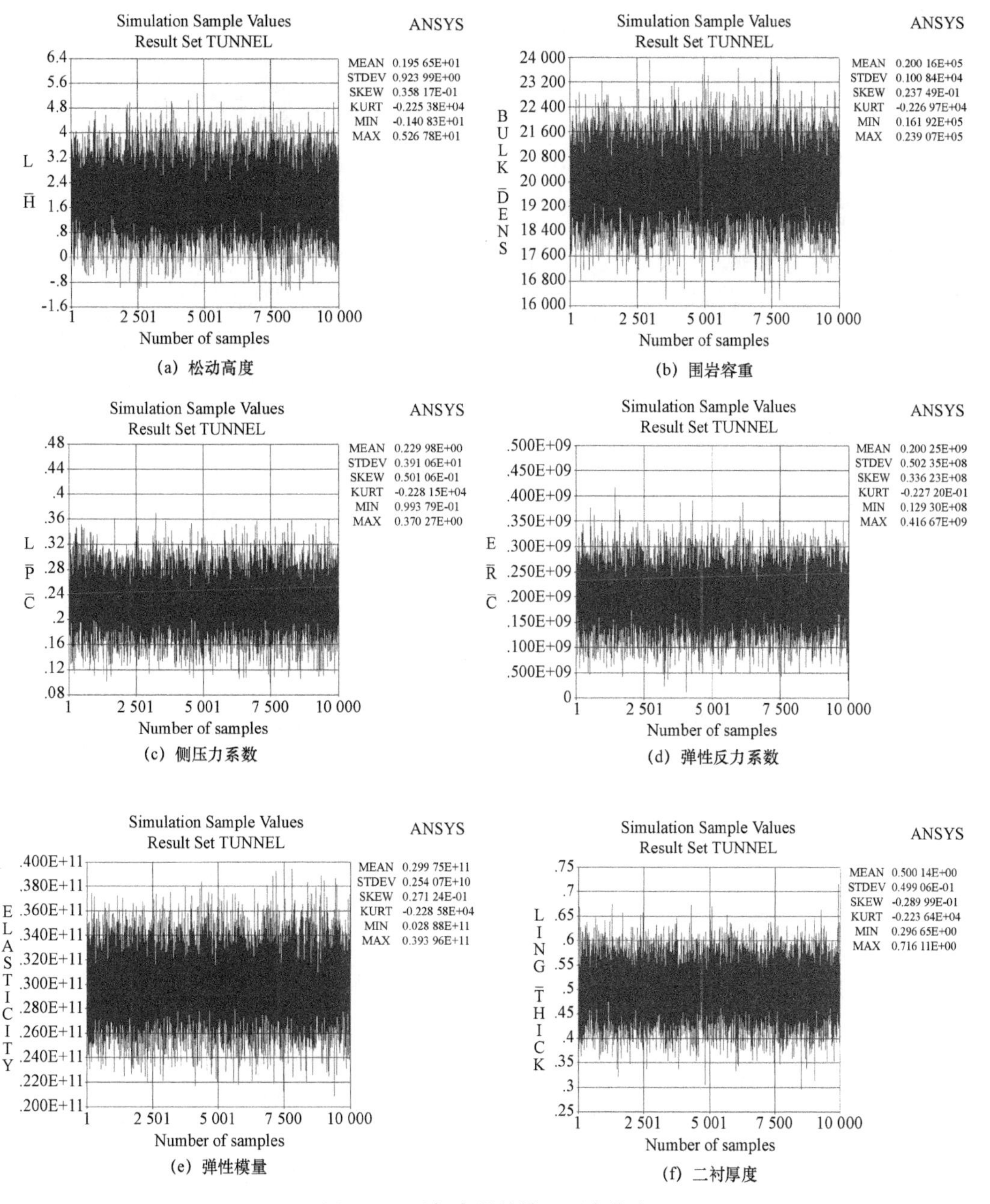

图 7-9 随机变量的输入历史曲线

在完成计算分析后，可以得到衬砌弯矩和轴力统计分布，图 7-10 和图 7-11 分别为衬砌中部分截面弯矩和轴力的直方图。

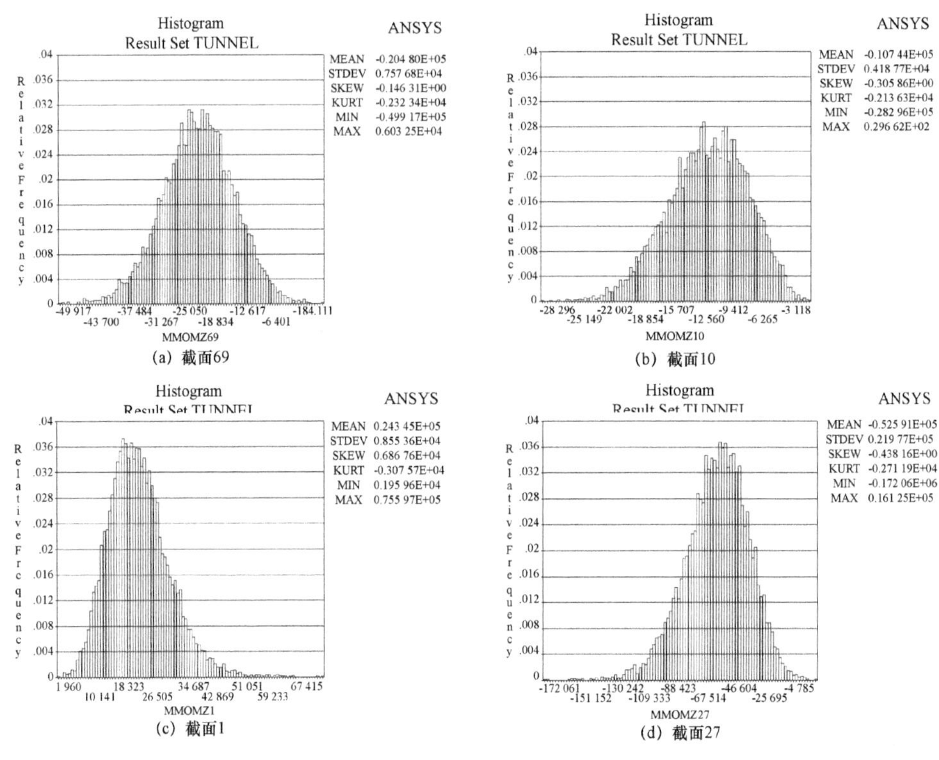

图 7-10　衬砌中部分截面弯矩的直方图

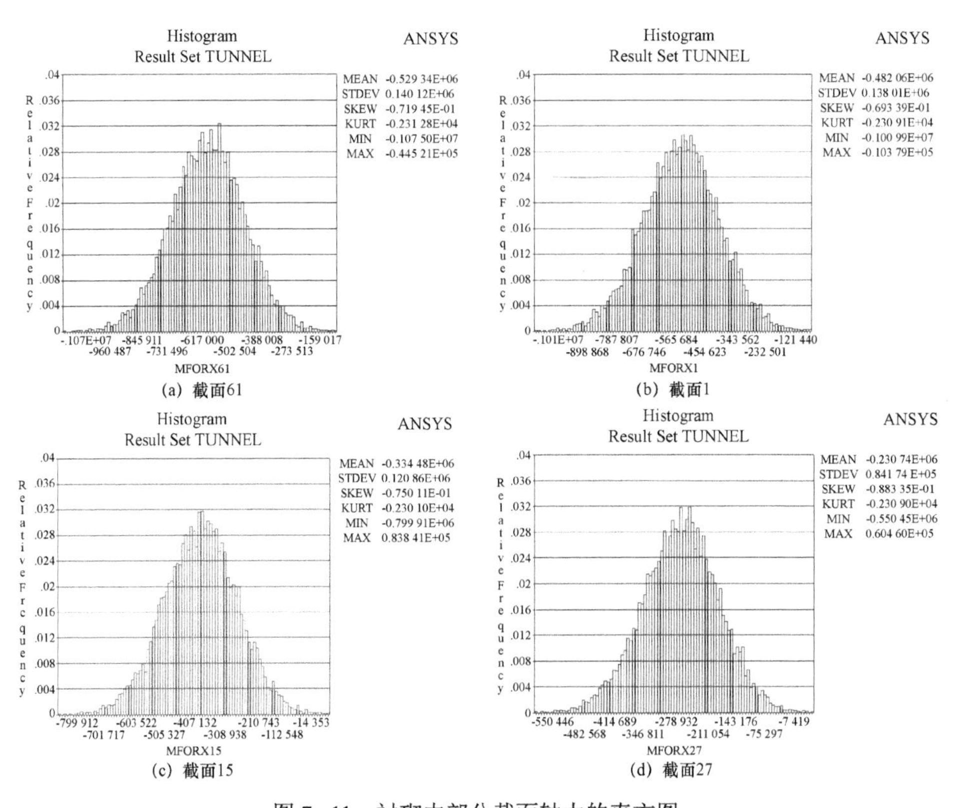

图 7-11　衬砌中部分截面轴力的直方图

根据图 7-10、图 7-11 中所呈现的衬砌内力的概率分布曲线，可以看出衬砌弯矩的概率分布服从对数正态分布，而轴力的概率分布服从正态分布，由于衬砌的对称性，下面只统计二次衬砌右侧各截面的内力统计特征参数，其中弯矩外侧受拉为正，内侧受拉为负；衬砌轴力以受拉为正，受压为负，如表 7-16 所示。

表 7-16　二次衬砌各截面弯矩和轴力统计特征

截面编号	弯矩			轴力		
	均值/（kN·m）	标准差/（kN·m）	变异系数	均值/（kN·m）	标准差/（kN·m）	变异系数
61	−0.357	3.038	8.510	−530.02	141.05	0.266
62	−0.358	3.038	8.486	−529.34	140.12	0.265
63	−1.174	3.248	2.767	−528.13	139.99	0.265
64	−3.641	3.963	1.088	−525.62	139.97	0.266
65	−7.767	5.230	0.673	−521.86	139.34	0.267
66	−13.38	6.864	0.513	−516.89	138.84	0.269
67	−19.83	8.508	0.429	−506.11	137.81	0.272
68	−24.93	9.483	0.380	−499.18	137.19	0.275
69	−20.48	7.577	0.370	−491.69	136.63	0.278
70	0.462	3.682	7.970	−484.20	136.26	0.281
1	24.35	8.554	0.351	−482.06	138.01	0.286
2	31.85	11.53	0.362	−473.15	139.06	0.294
3	31.85	11.54	0.362	−455.95	138.40	0.304
4	−27.66	10.65	0.385	−434.43	136.33	0.314
5	−6.643	1.460	0.220	−413.16	133.48	0.323
6	−14.91	4.490	0.301	−398.46	132.16	0.332
7	−16.68	5.831	0.350	−387.18	131.42	0.339
8	−16.63	5.909	0.355	−378.77	131.13	0.346
9	−14.64	5.694	0.389	−372.72	131.18	0.352
10	−10.74	4.188	0.390	−366.99	130.72	0.356
11	0.666	2.639	3.962	−361.09	129.65	0.359
12	8.916	6.516	0.731	−354.94	128.04	0.361
13	19.57	10.94	0.559	−348.51	125.98	0.361
14	32.28	15.35	0.476	−341.76	123.58	0.362
15	44.96	19.06	0.424	−334.48	120.86	0.361
16	52.58	20.76	0.395	−326.22	117.76	0.361
17	52.59	20.76	0.395	−315.93	114.03	0.361
18	45.58	17.90	0.393	−303.94	109.74	0.361
19	21.43	83.90	3.915	−288.03	105.26	0.365
20	65.77	33.91	0.516	−276.00	100.81	0.365
21	−8.559	5.055	0.591	−264.48	96.57	0.365
22	−22.81	10.31	0.452	−253.99	92.72	0.365
23	−35.11	15.10	0.430	−244.99	89.45	0.365
24	−44.59	18.82	0.422	−237.90	86.86	0.365
25	−50.56	21.73	0.430	−233.08	85.08	0.365
26	−52.59	21.98	0.418	−230.74	84.17	0.365

根据表 7-16 统计的衬砌内力分布特征参数，分别绘制弯矩和轴力取均值时的内力图，如图 7-12 和图 7-13 所示。

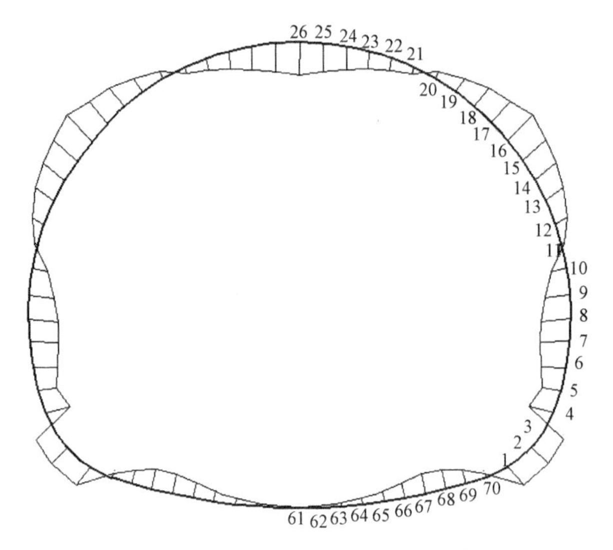

图 7-12　二次衬砌的弯矩均值示意图

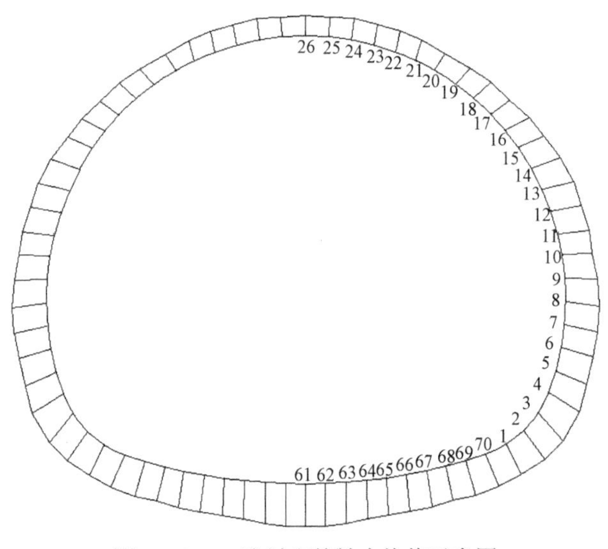

图 7-13　二次衬砌的轴力均值示意图

从表 7-16 和图 7-12、图 7-13 中可以看出，隧道二次衬砌弯矩的均值在拱顶第 26 截面处有最大负弯矩，从拱顶顺沿着拱肩，负弯矩的绝对值在减小，并在第 20 截面出现正弯矩，逐渐增大，在拱肩附近第 17 截面处出现最大正弯矩，随后又开始减小，在第 10 截面处出现负弯矩，从第 10 截面到第 4 截面的弯矩均值变化范围不大，波动较小，在第 3 截面出现均值正弯矩直到拱底第 70 截面处出现均值负弯矩，在第 62 截面到第 67 截面有较小的负弯矩，在 68 截面处拱底有负弯矩均值的最大；从表 7-16 中可以看出，弯矩的变异系数在 0.3～0.6 之间，但是在拱底仰拱的第 62、63、64、65 截面的变异系数较大，这是因为在进行的 10 000 次模拟计算中，截面弯矩时正时负导致均值变小，使得变异系数较大。

隧道二次衬砌轴力的均值均为负值，表现为压力，最大轴力均值在拱底仰拱第 62 截面处，最小轴力均值在拱顶第 26 截面处，并且从拱底到拱顶逐渐减小；轴力的变异系数在 0.3～0.4 之间，变化范围较小，并且从拱底到拱顶逐渐增大。

2. 衬砌偏心影响系数的统计特征

从 5.4 节所建立的功能函数可以看出，隧道衬砌的可靠度计算与衬砌的偏心影响系数有关，而根据式（7−33）可以看出，偏心影响系数与偏心率 e_0 / h 有关，根据 ANSYS 统计的部分截面的偏心率直方图如图 7−14 所示。

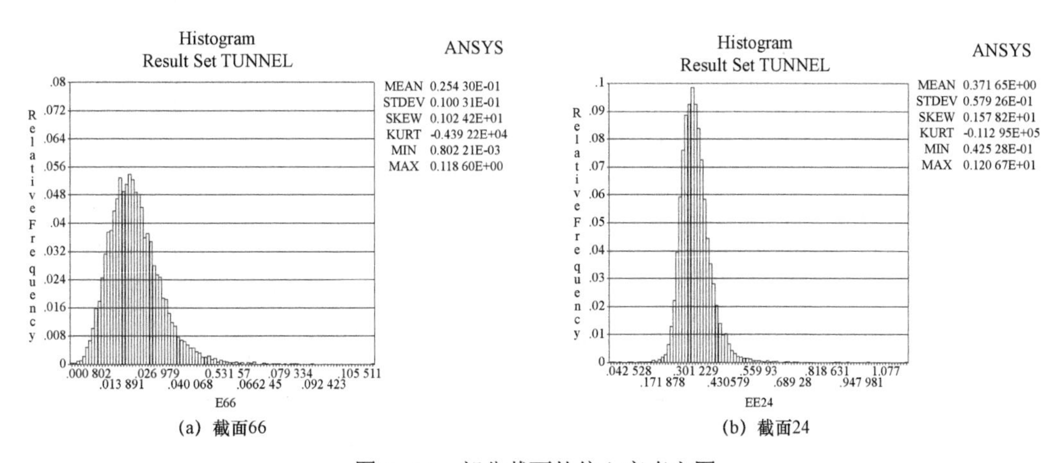

(a) 截面66　　(b) 截面24

图 7−14　部分截面的偏心率直方图

从图 7−14 中可以看出，衬砌偏心率的分布大致服从正态分布，根据式（7−33）计算得到偏心影响系数 α 的均值与变异系数，其也大致服从正态分布。二衬的各截面偏心率和偏心率影响系数 α 的统计特征如表 7−17 所示。

表 7−17　二衬的各截面偏心率和偏心率影响系数 α 的统计特征

截面编号	偏心率 e_0 / h			偏心率影响系数 α		
	均值	标准差	变异系数	均值	标准差	变异系数
61	0.006	0.008	1.333	1.003	0.162	0.161
62	0.006	0.008	1.333	1.003	0.162	0.161
63	0.006	0.009	1.500	1.003	0.162	0.161
64	0.013	0.012	0.923	1.006	0.169	0.167
65	0.028	0.015	0.536	1.009	0.181	0.180
66	0.050	0.017	0.340	1.003	0.196	0.195

续表

截面编号	偏心率 e_0/h			偏心率影响系数 α		
	均值	标准差	变异系数	均值	标准差	变异系数
67	0.076	0.017	0.224	0.983	0.207	0.211
68	0.097	0.015	0.155	0.959	0.212	0.221
69	0.081	0.013	0.160	0.978	0.209	0.213
70	0.013	0.015	1.154	1.006	0.169	0.167
1	0.102	0.024	0.235	0.952	0.213	0.223
2	0.136	0.168	1.235	0.895	0.211	0.236
3	0.140	0.027	0.193	0.887	0.210	0.237
4	0.129	0.320	2.481	0.908	0.212	0.234
5	0.037	0.044	1.189	1.008	0.188	0.186
6	0.080	0.057	0.713	0.979	0.208	0.213
7	0.092	0.075	0.815	0.965	0.211	0.219
8	0.101	0.663	6.564	0.953	0.212	0.223
9	0.088	0.489	5.557	0.970	0.210	0.217
10	0.062	0.030	0.484	0.996	0.202	0.203
11	0.008	0.010	1.250	1.004	0.164	0.163
12	0.050	0.031	0.620	1.003	0.196	0.195
13	0.113	0.058	0.513	0.935	0.213	0.228
14	0.191	0.093	0.487	0.773	0.192	0.248
15	0.273	0.122	0.447	0.554	0.142	0.255
16	0.326	0.144	0.442	0.411	0.105	0.257
17	0.338	0.264	0.781	0.379	0.097	0.257
18	0.301	0.180	0.598	0.477	0.122	0.256
19	0.151	0.219	1.450	0.864	0.208	0.240
20	0.050	0.112	2.240	1.003	0.196	0.195
21	0.066	0.078	1.182	0.992	0.204	0.205
22	0.178	0.060	0.337	0.804	0.198	0.246
23	0.284	0.054	0.190	0.524	0.134	0.256
24	0.372	0.058	0.156	0.297	0.077	0.258
25	0.431	0.069	0.160	0.181	0.048	0.263
26	0.453	0.096	0.212	0.150	0.040	0.267

从表 7–17 中可以看出，二次衬砌各截面的偏心率离散性较大，最大的变异系数已经超过 3，主要出现在正负弯矩的交汇截面，这是由于弯矩和轴力增长率不同导致偏心距变异性较大，又因为二次衬砌厚度本身带来的变异性较大更使得偏心率的变异性增大。计算得到的偏心率影响系数离散性较小，大多无限接近于 1.000，仅有在拱顶截面处的偏心率影响系数

偏小。

3. 参数的概率灵敏度分析

概率灵敏度作为概率分析中一个重要参数，为输入参数在概率情况下对于输出参数的影响程度。输入参数对输出参数的敏感度，可用饼状图和柱状图的形式给出，本书在进行灵敏度分析时选取的显著性水平为 0.025。由于篇幅的限制，本书只进行了衬砌 26 截面的弯矩、轴力及偏心率的概率灵敏度分析。

轴力对于随机输入参数的灵敏度图如图 7-15 所示，弯矩对于随机输入参数的灵敏度图如图 7-16 所示，偏心率对于随机输入参数的灵敏度图如图 7-17 所示。

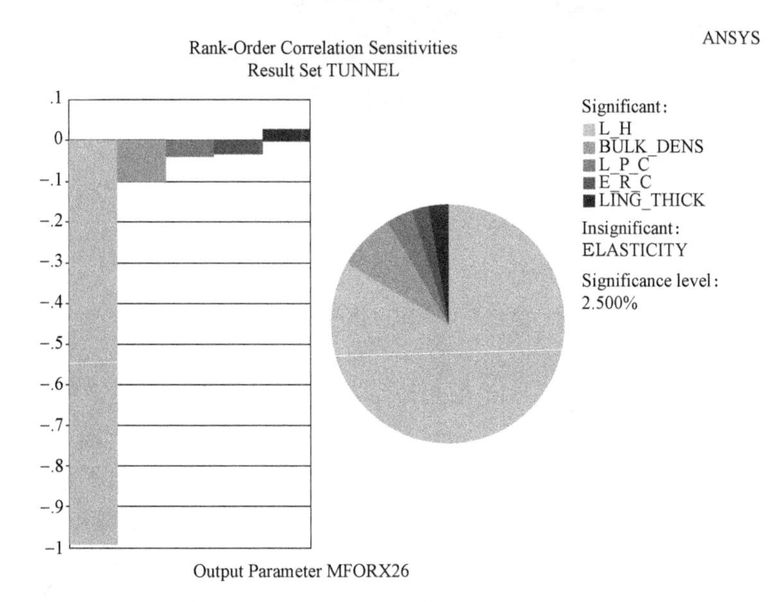

图 7-15　轴力对于随机输入参数的灵敏度图

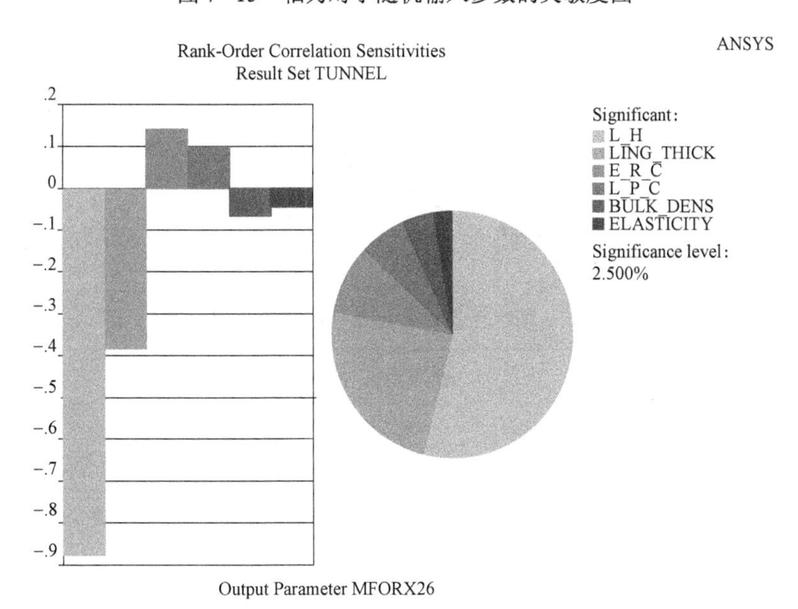

图 7-16　弯矩对于随机输入参数的灵敏度图

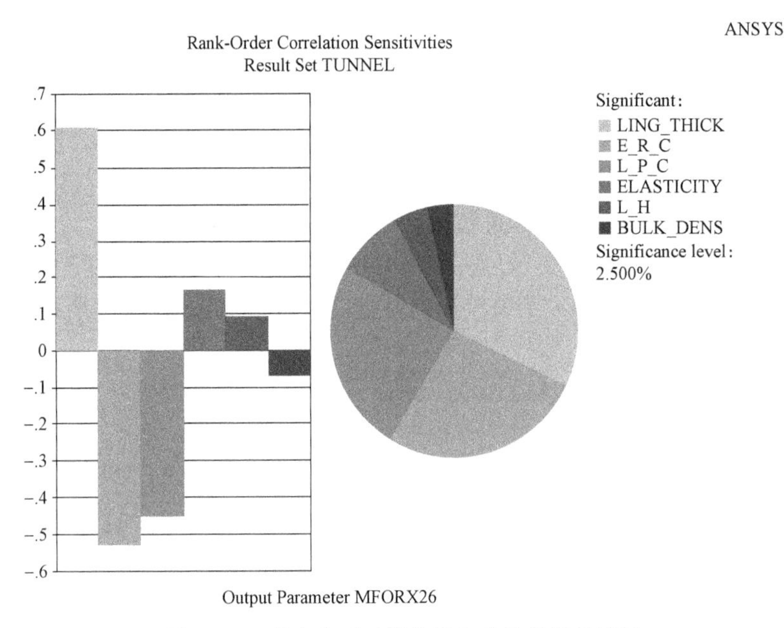

图 7-17　偏心率对于随机输入参数的灵敏度图

从图 7-15、图 7-16、图 7-17 中可以看出轴力对于塌方高度、围岩容重、侧压力系数、弹性抗力系数、衬砌厚度、弹性模量等参数的敏感性逐一减弱，并且对塌方高度、围岩容重、侧压力系数、弹性抗力系数的灵敏度小于 0，由于轴力为负值，随着四个参数的增大，轴力的绝对值减小，其余参数情况与之相反；弯矩对于塌方高度、衬砌厚度、弹性抗力系数、侧压力系数、围岩容重、弹性模量等参数的敏感性逐一减弱，并且对于弹性抗力系数、侧压力系数的灵敏度大于 0，由于此次的弯矩为负值，随着二者的增大，弯矩的绝对值增大，其余参数的情况与之相反；偏心率对于衬砌厚度、弹性抗力系数、侧压力系数、弹性模量、塌方高度、围岩容重等参数的敏感性逐一减弱，并且对于衬砌厚度、弹性模量、塌方高度的灵敏度大于 0，随着三者的增大，偏心率增大。

下面给出衬砌关键截面弯矩、轴力及偏心率对于塌方高度、围岩容重、侧压力系数、弹性抗力系数、衬砌厚度、弹性模量等参数的灵敏度，如表 7-18 所示。

表 7-18　随机变量对输出参数的灵敏度对比表

截面	输出参数	随机变量对输出参数的灵敏系数					
		塌方高度	围岩容重	侧压力系数	弹性抗力系数	衬砌厚度	弹性模量
拱底（61）	轴力	-0.980	-0.120	-0.090	—	-0.080	—
	弯矩	0.220	—	0.030	0.540	-0.640	-0.280
	偏心率	0.080	—	—	-0.220	-0.110	0.040

续表

截面	输出参数	随机变量对输出参数的灵敏系数					
		塌方高度	围岩容重	侧压力系数	弹性抗力系数	衬砌厚度	弹性模量
拱脚（3）	轴力	−0.990	−0.100	—	—	−0.090	—
	弯矩	0.780	0.080	—	−0.350	0.320	0.120
	偏心率	−0.110	—	0.070	−0.980	0.240	0.280
拱腰（12）	轴力	−0.990	−0.090	0.040	—	−0.030	—
	弯矩	0.420	0.040	—	−0.450	0.720	0.140
	偏心率	−0.150	—	0.040	−0.590	0.710	0.180
拱肩（17）	轴力	−0.990	0.090	—	—	−0.020	—
	弯矩	0.840	0.070	−0.070	−0.140	0.460	0.050
	偏心率	−0.280	−0.060	−0.180	−0.520	0.680	0.140
拱顶（26）	轴力	−0.990	−0.100	−0.050	−0.030	0.020	—
	弯矩	−0.970	−0.070	0.100	0.140	−0.480	−0.050
	偏心率	0.090	−0.070	−0.450	−0.520	0.610	0.150

注：“—”代表此随机变量的灵敏系数可忽略。

从表 7–18 中可以看出，各个截面的弯矩、轴力和偏心率对于塌方高度、围岩容重、侧压力系数、弹性抗力系数、衬砌厚度、弹性模量等参数的灵敏度各不相同。但是输出参数对于输入参数的灵敏度有一定的规律，轴力对于塌方高度的灵敏度最大，弯矩对于塌方高度和衬砌厚度的灵敏度最大，偏心率对于衬砌厚度和弹性抗力系数的灵敏度最大。

4. 二衬截面的可靠度计算

本书主要根据所建立抗拉承载力极限状态和抗压承载力极限状态的功能函数进行二次衬砌截面可靠度计算，当偏心率小于 1/6 时，如果按照抗拉承载力极限状态的功能函数进行可靠度的计算，得到的功能函数值始终小于 0，这是因为此时的内力合力在截面核心区域内，截面的边缘不会出现拉应力，所以构件也不会出现受拉开裂，此时也就不用验算其抗裂强度，所以在下面的计算中偏心率小于 1/6 的不再进行抗拉承载力的验算，默认此时的抗拉承载力的功能函数大于 0，所以下面在对衬砌抗拉承载力极限状态进行可靠度计算时，仅计算拱顶、拱肩、拱脚截面的可靠度指标。

在进行可靠度分析时，传统子集模拟法每层取 10^4 个样本点，基于数论、重要抽样法的子集模拟法（以下简称改进方法）每层取 1 000 个样本点，利用传统的子集模拟法及改进方法计算得到的截面可靠度指标如表 7–19 和表 7–20 所示。

表 7–19　截面的可靠度指标（抗压）

截面编号	子集模拟法		改进方法		失效模式
	失效概率	可靠度指标	失效概率	可靠度指标	
61	7.05×10^{-10}	6.05	6.45×10^{-10}	6.07	外缘受压
62	1.20×10^{-10}	6.33	1.34×10^{-10}	6.32	外缘受压
63	7.65×10^{-10}	6.04	8.03×10^{-10}	6.03	外缘受压
64	4.20×10^{-9}	5.76	5.75×10^{-9}	5.71	外缘受压
65	4.11×10^{-8}	5.36	5.21×10^{-9}	5.72	外缘受压
66	5.61×10^{-8}	5.31	4.95×10^{-8}	5.33	外缘受压
67	3.04×10^{-6}	4.52	2.70×10^{-6}	4.55	外缘受压
68	1.94×10^{-6}	4.61	2.09×10^{-6}	4.60	外缘受压
69	3.39×10^{-6}	4.51	4.93×10^{-6}	4.42	外缘受压
70	3.26×10^{-9}	5.80	4.07×10^{-9}	5.77	外缘受压
1	3.64×10^{-6}	4.48	4.06×10^{-6}	4.46	内缘受压
2	1.06×10^{-5}	4.25	1.24×10^{-5}	4.22	内缘受压
3	1.23×10^{-5}	4.22	1.19×10^{-5}	4.23	内缘受压
4	1.20×10^{-5}	4.45	1.02×10^{-5}	4.26	外缘受压
5	4.78×10^{-8}	5.33	4.25×10^{-8}	5.36	外缘受压
6	1.12×10^{-6}	4.73	1.34×10^{-6}	4.69	外缘受压
7	2.64×10^{-6}	4.55	3.02×10^{-6}	4.52	外缘受压
8	7.67×10^{-6}	4.32	7.12×10^{-6}	4.34	外缘受压
9	3.39×10^{-6}	4.50	3.78×10^{-6}	4.48	外缘受压
10	7.30×10^{-7}	4.82	6.87×10^{-7}	4.83	外缘受压
11	1.72×10^{-9}	5.91	1.45×10^{-9}	5.94	内缘受压
12	3.07×10^{-7}	4.99	2.33×10^{-7}	5.04	内缘受压
13	6.52×10^{-6}	4.36	4.47×10^{-6}	4.44	内缘受压
19	1.23×10^{-5}	4.22	1.18×10^{-5}	4.23	内缘受压
20	3.03×10^{-7}	4.99	4.36×10^{-7}	4.92	内缘受压
21	6.21×10^{-7}	4.85	7.20×10^{-7}	4.82	内缘受压

表 7-20　截面的可靠度指标（抗拉）

截面编号	子集模拟法		改进方法		失效模式
	失效概率	可靠度指标	失效概率	可靠度指标	
14	0.388	0.28	0.389	0.28	外缘受拉
15	0.196	0.86	0.193	0.87	外缘受拉
16	0.133	1.11	0.127	1.14	外缘受拉
17	0.261	0.64	0.257	0.65	外缘受拉
18	0.228	0.75	0.222	0.76	外缘受拉
22	0.427	0.18	0.421	0.20	内缘受拉
23	1.43×10^{-2}	2.19	1.48×10^{-2}	2.18	内缘受拉
24	2.50×10^{-4}	3.48	3.02×10^{-4}	3.43	内缘受拉
25	6.00×10^{-4}	3.24	5.67×10^{-4}	3.25	内缘受拉
26	3.30×10^{-4}	3.40	4.01×10^{-4}	3.35	内缘受拉

从表 7-19 和表 7-20 中可以看出，衬砌截面绝大部分的失效情况由抗压指标控制，仅在拱顶和拱肩处由抗拉指标控制，而且在拱顶靠下位置及拱肩位置截面的可靠性指标小于 2.5，衬砌可能会出现拉裂情况，为避免裂缝，在这些部位应加强配筋设计并注意监测。还可以看出，隧道衬砌的抗压可靠度指标绝大部分大于目标可靠度值 4.2，说明隧道衬砌不会出现压坏的情况，并且仰拱处的可靠度指标最大，在拱脚处的 1、2、3、4 截面虽然可靠度指标大于 4.2，但是可靠度指标都在 4.2 附近，应该注意加强这些部位的监测。在拱肩 19 截面处，可靠度指标也是刚刚大于 4.2，同样需要加强这一截面的配筋设计和监测。

子集模拟法和基于数论、重要抽样法的子集模拟法在计算隧道衬砌的失效概率和可靠性指标中具有相当的计算精度，且有一定的适应性，特别是当在计算中出现小失效概率问题，比如失效概率在 10^{-5} 以下甚至达到 10^{-10} 时，如果利用蒙特卡罗法计算可靠度时需要 10^{7} 以上的样本点，甚至需要 10^{12} 以上的样本点，这需要耗费大量的时间，子集模拟法需要几万次抽样即可达到计算精度，而改进方法只需要几千个样本点即可满足计算精度，对于整个隧道断面衬砌的可靠度计算来说计算优势是十分明显的，二者均可作为隧道衬砌结构可靠度分析中较为理想的可靠度计算方法。

7.5 结　论

本章根据可靠性理论的研究进展，介绍了常用可靠度分析方法在分析工程具体问题时的劣势所在，研究了子集模拟法在解决小概率事件问题、高维问题等工程问题上的优势，并针对子集模拟法的优势及自身存在的问题提出了一种基于数论、重要抽样法的子集模拟法，以胡麻岭隧道工程为工程背景，将子集模拟法及提出的新方法应用到实际工程的可靠度分析中，主要研究成果如下。

（1）对于子集模拟法来说，马尔可夫链的数量和马尔可夫链的长度对于其计算精度的影响是十分明显的，在链长不变的情况下，增加马尔可夫链的数量可以提高子集模拟法的计算精度；在马尔可夫链数量一定的情况下，链长的改变对于其计算精度有较大的影响，当问题的失效概率较大时，可以将链长减小，当问题的失效概率较小时，可以增加马尔可夫链的链长，在不确定问题失效概率的情况下，可以将链长确定为 5 或 10 等较短的链长。

（2）基于子集模拟法的核心为蒙特卡罗法和 MCMC 法，改进子集模拟法可以从改进蒙特卡罗法抽样和 MCMC 法两个方面进行，使用更加高效的抽样方法替代蒙特卡罗法，改进或者替换 MCMC 算法中 M–H 算法，从而在利用种子点产生新的样本点时能够产生更多贡献于失效域的样本点，从而加快在失效域内抽样的效率。

（3）提出了一种基于数论、重要抽样法的子集模拟法，基于数论中低偏差点集的均匀性，重要抽样法抽样的高效性及子集模拟法的自动分层法的优势，将三者进行了结合，通过实例验证得到新提出的方法对于失效问题的线性、非线性及维数都没有限制，在计算精度上能够与 MC 法保持一致，在样本点的抽样次数上相对于蒙特卡罗法和子集模拟法都有较大的减少，失效概率的变异系数相对于子集模拟法较小，说明改进的结合方法能够高效而又准确地完成可靠度计算。

（4）以胡麻岭隧道工程为工程背景，基于 ANSYS–PDS 平台的蒙特卡罗-随机有限元法进行隧道衬砌的荷载效应分析，统计得到隧道二衬的弯矩和轴力服从正态分布，但是在变异系数上轴力的变异系数分布更加均匀，而弯矩由于正负弯矩的出现导致变异系数在仰拱处有较大波动，隧道二衬各个截面的偏心率的变异系数波动较大。

（5）通过进行参数的概率敏感度分析得到各个截面的弯矩、轴力和偏心率对于塌方高度、围岩容重、侧压力系数、弹性抗力系数、衬砌厚度、弹性模量等参数的灵敏度各不相同，有一定的差异性，但是总体上遵循一定规律，轴力对于塌方高度的灵敏度最大，弯矩对于塌方高度和衬砌厚度的灵敏度最大，偏心率对于衬砌厚度和弹性抗力系数的灵敏度最大。

（6）通过计算得到的失效概率和可靠度指标，可以看出隧道衬砌在拱顶靠下位置以及拱肩位置由于抗拉可靠性指标小于 2.5，可能会出现拉裂情况；从抗压可靠度指标可以看出隧道二衬结构不会出现压坏情况，但是在拱肩、拱脚部分截面的可靠度指标在目标可靠度指标附近，应该注意加强对这些截面的监测。

（7）通过统计得到的荷载效应的分布特征及建立的抗压承载力和抗拉承载力进行隧道二次衬砌的可靠度计算，分别采用子集模拟法和基于数论、重要抽样法的子集模拟法进行失效概率和可靠度指标的计算，可以发现此时在计算小失效概率问题时发挥出了子集模拟法的优势，利用改进结合方法计算的可靠度指标与蒙特卡罗法和子集模拟法计算的精度相当，表明能够将子集模拟法和基于数论、重要抽样法的子集模拟法应用到隧道衬砌的可靠度分析中。

附录 A　间接线性回归计算公式

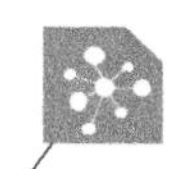

如果对于 n 组自变量 x_i 和因变量 y_i，存在线性回归方程：

$$y = a + bx + \varepsilon \tag{A-1}$$

其中ε是一平均值为 0，方差 $s_i^2 = s_0^2 / w_i$ 的随机变量，w_i 是自变量 x_i 对应的权重。

那么有加权平均值和 $\overline{y} = \dfrac{\sum w_i y_i}{W}$，其中 $W = \sum w_i$

根据最小化方差的要求，可得到：

$$b = \frac{\sum w_i (x_i - \overline{x})(y_i - \overline{y})}{\sum w_i (x_i - \overline{x})^2} = \frac{\sum w_i x_i y_i - W\overline{xy}}{\sum w_i x_i^2 - W\overline{x}^2} \tag{A-2}$$

$$a = \overline{y} - b\overline{x} \tag{A-3}$$

$$s_0^2 = \frac{\sum w_i (y_i - a - bx_i)^2}{n-2} \tag{A-4}$$

$$\mathrm{var}(b) = \frac{s_0^2}{\sum w_i (x_i - \overline{x})^2} \tag{A-5}$$

$$\mathrm{var}(a) = \frac{s_0^2 \sum w_i x_i^2}{n \sum w_i (x_i - \overline{x})^2} \tag{A-6}$$

$$\mathrm{cov}(a,b) = \frac{-\overline{x} s_0^2}{\sum w_i (x_i - \overline{x})^2} \tag{A-7}$$

式中：n 为数据总数。

上述公式在权重相同时，取 w_i=1，W=n 即可退化成最常见的最小二乘线性回归公式。

如果 $z=f(x,y)$ 是随机变量 x 和 y 的函数，x 和 y 的均值、标准差和相关系数分别为 x_m 和 y_m、σ_x 和 σ_y 与 ρ_{xy}。对 z 在 x 和 y 的均值处泰勒级数展开，有

$$\begin{aligned} z &= f\left(x_m, y_m\right)+\left(x-x_m\right)\frac{\partial f}{\partial x}+\left(y-y_m\right)\frac{\partial f}{\partial y}+ \\ &\frac{1}{2}\left[\left(x-x_m\right)^2\frac{\partial^2 f}{\partial x^2}+2\left(x-x_m\right)\left(y-y_m\right)\frac{\partial^2 f}{\partial xy}+\left(y-y_m\right)^2\frac{\partial^2 f}{\partial y^2}\right]+\cdots \end{aligned} \tag{A-8}$$

忽略二阶及二阶以上的高阶小量，将上式看成关于 x 和 y 的线性函数，令：

$$z=a_0+a_1x+a_2y \tag{A-9}$$

则：

$$\begin{cases} a_0=f\left(x_m,y_m\right)-x_m\dfrac{\partial f}{\partial x}-y_m\dfrac{\partial f}{\partial y} \\ a_1=\dfrac{\partial f}{\partial x} \\ a_2=\dfrac{\partial f}{\partial y} \end{cases} \tag{A-10}$$

根据随机变量期望值和方差的性质可以得到：

$$\begin{aligned} E(z) &= a_0+a_1E(x)+a_2E(y) \\ &= f\left(x_m,y_m\right)-x_m\frac{\partial f}{\partial x}-y_m\frac{\partial f}{\partial y}+x_m\frac{\partial f}{\partial x}+y_m\frac{\partial f}{\partial y}=f\left(x_m,y_m\right) \end{aligned} \tag{A-11}$$

$$\begin{aligned} \operatorname{var}(z) &= a_1^2\sigma_x^2+a_2^2\sigma_y^2+2a_1a_2\operatorname{cov}(x,y) \\ &= \sigma_x^2\left(\frac{\partial f}{\partial x}\right)^2+\sigma_y^2\left(\frac{\partial f}{\partial y}\right)^2+2\left(\frac{\partial f}{\partial x}\right)\left(\frac{\partial f}{\partial y}\right)\operatorname{cov}(x,y) \end{aligned} \tag{A-12}$$

如果同时还有 $w=w(x,y)$，同样进行泰勒级数展开并忽略高阶小量，得到：

$$w=b_0+b_1x+b_2y \tag{A-13}$$

那么 z 和 w 的协方差为：

$$\operatorname{cov}(z,w)=a_1b_1\sigma_x^2+a_2b_2\sigma_y^2+a_1b_2\sigma_x\sigma_y+a_2b_1\sigma_x\sigma_y \tag{A-14}$$

附录B　关中灌区6座大坝坝体填筑土的三轴试验成果

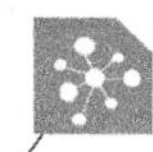

关中灌区6座大坝的坝体填筑土的三轴固结不排水测孔压的试验成果如表B-1～B-6所示。

表B-1　王家崖水库大坝坝体填筑土的三轴固结不排水试验成果表

土样编号	σ_3=100 kPa		σ_3=200 kPa		σ_3=300 kPa		σ_3=400 kPa	
	$(\sigma_1-\sigma_3)_f$	u_f	$(\sigma_1-\sigma_3)_f$	u_f	$(\sigma_1-\sigma_3)_f$	u_f	$(\sigma_1-\sigma_3)_f$	u_f
WJA1-1	154	46	284	80	332	168	574	163
WJA2-1	200	25	284	80	374	148	432	226
WJA4-2	272	12	406	47	556	81	716	100
WJA4-3	292	36	424	75	470	132	552	160
WJA4-5	368	20	482	19	664	29	812	88
WJA5-1	96	59	164	130	222	200	306	279
WJA5-2	538	16	636	22	812	39	932	70
WJA6-1	82	52	256	113	354	180	454	213
WJA6-2	312	24	540	32	608	66	780	71
WJA6-3	134	51	262	94	298	192	450	221

表B-2　石堡川水库大坝坝体填筑土的三轴固结不排水试验成果表

土样编号	σ_3=100 kPa		σ_3=200 kPa		σ_3=400 kPa		σ_3=600 kPa	
	$(\sigma_1-\sigma_3)_f$	u_f	$(\sigma_1-\sigma_3)_f$	u_f	$(\sigma_1-\sigma_3)_f$	u_f	$(\sigma_1-\sigma_3)_f$	u_f
SBC1	260	-41	331	0	565	22	743	54

续表

土样编号	σ_3=100 kPa		σ_3=200 kPa		σ_3=400 kPa		σ_3=600 kPa	
	$(\sigma_1-\sigma_3)_f$	u_f	$(\sigma_1-\sigma_3)_f$	u_f	$(\sigma_1-\sigma_3)_f$	u_f	$(\sigma_1-\sigma_3)_f$	u_f
SBC2	326	−22	587	−52	781	66	1 269	91
SBC3	238	−18	368	17	629	39	900	100
SBC4	208	23	394	67	561	156	740	274
SBC5	103	44	121	118	384	240	681	265
SBC6	327	−29	431	35	514	175	727	285
SBC7	231	13	305	40	461	132	662	208
SBC8	229	11	341	31	507	110	711	184
SBC9	168	18	272	34	422	122	613	196
SBC10	164	33	240	85	352	194	476	375
SBC11	207	23	485	18	529	191	744	281

表 B−3　信邑沟水库大坝坝体填筑土的三轴固结不排水试验成果表

土样编号	σ_3=100 kPa		σ_3=200 kPa		σ_3=400 kPa		σ_3=600 kPa	
	$(\sigma_1-\sigma_3)_f$	u_f	$(\sigma_1-\sigma_3)_f$	u_f	$(\sigma_1-\sigma_3)_f$	u_f	$(\sigma_1-\sigma_3)_f$	u_f
XYG0−1	185	18	267	87	404	213	579	352
XYG0−2	124	19	222	118	302	265	448	391
XYG1−1	98	58	143	119	237	248	375	386
XYG1−2	81	77	250	115	258	260	477	363
XYG1−3	149	95	264	88	351	248	560	300
XYG1−4	156	38	162	122	279	240	480	313
XYG1−5	133	38	191	94	345	238	555	345
XYG2−1	81	65	146	105	278	296	481	312
XYG2−2	152	50	216	110	432	171	600	228
XYG2−3	47	61	127	110	235	271	421	307
XYG2−4	94	51	156	102	270	238	361	319

表 B–4　沮河水库大坝坝体填筑土的三轴固结不排水试验成果表

土样编号	σ_3=100 kPa		σ_3=200 kPa		σ_3=400 kPa		σ_3=600 kPa	
	$(\sigma_1-\sigma_3)_f$	u_f	$(\sigma_1-\sigma_3)_f$	u_f	$(\sigma_1-\sigma_3)_f$	u_f	$(\sigma_1-\sigma_3)_f$	u_f
1–1	152	35	233	86	316	192	395	326
1–2	113	44	200	87	417	217	492	339
1–3	201	18	270	067	432	232	576	332
2–1	90	49	164	110	295	239	366	351
2–2	126	43	256	103	436	202	606	313
2–3	162	41	244	105	306	277	451	346
2–4	66	55	116	127	222	252	319	369
2–5	278	4	441	46	677	119	932	185
3–1	164	32	240	85	371	232	542	346
3–2	92	56	117	119	253	263	366	360
3–3	351	−34	571	−19	590	183	990	174

表 B–5　大北沟水库大坝坝体填筑土的三轴固结不排水试验成果表

土样编号	σ_3=100 kPa		σ_3=200 kPa		σ_3=400 kPa		σ_3=600 kPa	
	$(\sigma_1-\sigma_3)_f$	u_f	$(\sigma_1-\sigma_3)_f$	u_f	$(\sigma_1-\sigma_3)_f$	u_f	$(\sigma_1-\sigma_3)_f$	u_f
DBG–1	432	12	655	60	928	147	1 120	225
DBG–2	205	34	362	94	565	160	653	276
DBG–3	228	30	292	86	403	238	617	350
DBG–4	169	65	235	127	349	222	675	306
DBG–5	177	38	302	88	409	252	573	395
DBG–6	115	35	213	82	325	178	490	289
DBG–7	127	40	268	102	599	170	730	290
DBG–8	354	12	480	55	657	158	928	280
DBG–9	241	44	363	65	604	162	776	283
DBG–10	272	17	440	73	514	202	678	363
DBG–11	281	10	373	52	726	135	823	283

表 B–6　桃曲坡水库大坝坝体填筑土的三轴固结不排水试验成果表

土样编号	σ_3=100 kPa		σ_3=200 kPa		σ_3=300 kPa		σ_3=400 kPa	
	$(\sigma_1-\sigma_3)_f$	u_f	$(\sigma_1-\sigma_3)_f$	u_f	$(\sigma_1-\sigma_3)_f$	u_f	$(\sigma_1-\sigma_3)_f$	u_f
1–1	180	23	230	30	290	70	418	111
1–2	169	10	232	27	260	73	296	105
1–3	246	15	316	5	378	29	402	50
2–1	251	–10	328	–16	398	20	449	40
2–2	135	30	146	80	181	130	253	173
3–1	185	0	302	1	338	56	432	90
3–2	231	30	315	30	421	35	482	90
4–1	373	–9	450	13	545	30	603	60
4–2	352	–41	392	20	464	85	560	76
5–1	245	–40	448	–7	596	–13	668	–10
5–2	145	11	175	67	218	130	262	195

附录 C　小浪底主坝防渗体原状样基本特性指标与 CD 试验成果

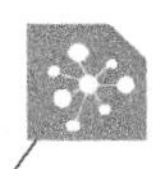

小浪底主坝防渗体原状样基本特性指标与取样情况、三轴固结排水试验成果如表 C-1～C-2 所示。

表 C-1　小浪底主坝防渗体原状样基本特性指标与取样情况

试样编号	黏粒含量/%	相对密度	含水率/%	干密度/(g/cm^3)	取样断面		
					高程 EL /m	桩号 DO+ /m	离程 U/S /m
1	42.0	2.78	22.10	1.690	139.70	495.00	120.00
2	30.3	2.77	20.60	1.640	139.70	495.00	65.00
3	30.0	2.74	20.86	1.638	140.00	667.00	80.00
4	24.0	2.74	20.74	1.623	144.70	671.00	80.00
6	30.0	2.75	20.98	1.616	148.40	574.00	80.00
7	37.0	2.78	21.70	1.650	151.75	672.00	60.00
8	33.0	2.77	22.31	1.608	155.10	685.00	77.00
9	25.0	2.78	19.20	1.660	159.80	665.00	58.00
10	46.0	2.76	21.52	1.648	165.40	680.00	50.00
11	26.0	2.73	20.40	1.650	167.01	827.00	42.96
12	42.0	2.76	20.84	1.484	173.42	821.00	33.64
13	25.0	2.74	19.00	1.690	179.58	792.00	34.31
14	46.0	2.76	23.25	1.546	178.59	678.00	62.69
15	37.0	2.74	20.61	1.635	190.03	841.00	25.22
16	43.0	2.74	20.07	1.669	199.27	835.00	31.46
17	27.0	2.74	18.25	1.760	210.37	856.24	25.88
A1	37.0	2.75	20.86	1.644	133.36	246.16	101.40

续表

试样编号	黏粒含量/%	相对密度	含水率/%	干密度/（g/cm³）	取样断面		
					高程 EL /m	桩号 DO+ /m	离程 U/S /m
A2	28.0	2.73	19.60	1.650	133.81	240.15	69.23
A3	35.0	2.73	21.10	1.660	140.00	289.00	90.00
A4	26.0	2.73	20.80	1.630	140.80	250.00	65.00
A5	28.0	2.76	20.40	1.654	145.78	234.40	99.79
A6	26.0	2.77	18.95	1.707	146.70	251.47	59.26
A10	22.0	2.74	18.86	1.710	148.61	370.63	79.52
A11	25.0	2.76	20.35	1.657	148.95	290.60	80.00
A12	27.0	2.75	19.99	1.664	149.05	490.02	79.87
A13	22.0	2.74	16.50	1.664	150.38	500.00	95.00
A14	26.0	2.75	20.40	1.690	151.00	220.00	60.00
A15	32.0	2.77	22.91	1.582	151.08	500.35	64.56
A16	26.0	2.73	20.08	1.693	155.41	499.94	55.58
A17	32.0	2.74	21.30	1.632	155.94	498.35	92.18
A18	23.0	2.76	20.08	1.681	156.97	240.29	70.53
A19	22.0	2.75	19.48	1.578	159.60	498.67	49.51
A20	27.0	2.75	20.92	1.677	159.97	489.50	91.35
A21	22.0	2.76	20.54	1.644	162.07	264.10	100.36
A22	21.0	2.77	20.44	1.585	165.49	480.80	79.52
A23	22.0	2.75	19.93	1.667	167.79	243.52	61.74
A24	22.0	2.76	20.52	1.628	170.19	482.39	57.07
A25	26.0	2.75	20.30	1.599	173.11	246.65	45.40
A26	30.0	2.73	21.29	1.672	175.40	482.48	53.12
A27	28.0	2.75	18.64	1.668	175.51	485.40	87.14
A28	24.0	2.75	19.73	1.660	177.60	252.45	71.22
A29	26.0	2.72	24.58	1.593	179.98	475.46	70.50
A30	35.0	2.73	20.84	1.632	181.81	255.00	45.00
A31	33.0	2.73	20.49	1.687	182.32	668.71	55.48
A32	36.0	2.72	19.12	1.707	190.97	480.62	50.47

续表

试样编号	黏粒含量/%	相对密度	含水率/%	干密度/（g/cm³）	取样断面		
					高程 EL /m	桩号 DO+ /m	离程 U/S /m
A33	26.0	2.73	19.37	1.693	192.50	681.09	59.95
A34	30.0	2.72	18.73	1.640	192.01	248.16	40.66
A35	33.0	2.77	19.40	1.680	199.80	260.40	50.73
A36	34.0	2.73	16.65	1.754	201.07	492.80	58.76
A37	37.0	2.73	19.55	1.665	201.32	672.90	37.11
A38	25.0	2.73	19.39	1.696	209.36	228.90	23.74
A39	26.0	2.74	19.50	1.652	209.50	398.00	36.00
A40	25.0	2.74	18.22	1.743	210.50	678.84	32.90
A41	25.0	2.72	17.93	1.694	215.17	200.09	30.21
A42	26.0	2.72	18.27	1.649	220.06	241.90	36.64
A43	18.0	2.73	19.20	1.697	221.10	496.41	25.87
A44	18.0	2.73	20.18	1.648	220.49	678.04	11.56
A45	25.0	2.76	19.59	1.580	220.96	795.41	9.96
A46	25.0	2.76	19.65	1.593	24.018	674.10	7.89
A47	24.0	2.77	19.12	1.655	241.26	493.14	8.26
A48	35.0	2.77	20.92	1.596	239.74	802.85	6.34
A49	39.0	2.74	20.75	1.670	240.87	253.71	10.56
A50	23.0	2.74	19.70	1.680	259.57	817.97	4.30
A51	21.0	2.70	17.97	1.692	260.33	480.00	4.00
B1	39.0	2.73	20.04	1.670	161.00	333.00	347.00
B2	34.0	2.73	19.12	1.653	163.89	455.78	324.29
B3	30.0	2.72	20.11	1.705	165.93	324.51	329.55
B4	30.0	2.72	18.82	1.729	169.06	466.98	319.05
B5	34.0	2.75	19.20	1.668	172.60	325.90	304.80
B6	31.0	2.76	20.92	1.600	179.35	474.46	280.52
B7	39.0	2.72	20.02	1.694	182.04	325.59	278.15
平均值	29.35	2.75	20.09	1.655			
最大值	46.0	2.78	24.58	1.760			
最小值	18.0	2.70	16.50	1.484			

表 C-2　小浪底主坝防渗体原状样三轴固结排水试验成果

试样编号	应力	kPa	kPa	kPa	kPa	kPa	kPa
1	σ_3	200	400	600	1 000	1 400	
	σ_1	662	1 043	1 477	2 292	3 179	
2	σ_3	200	400	600	1 000	1 400	
	σ_1	607	1 188	1 668	2 635	3 653	
3	σ_3	100	200	400	500	800	1 000
	σ_1	380.9	581.7	1 083.9	1 302.8	2 005.5	2 320.8
4	σ_3	100	200	400	800	1 000	1 700
	σ_1	404.5	661.9	1 217.7	2 250.8	2 555.1	4 090.2
6	σ_3	300	400	800	1 200	1 600	
	σ_1	955.4	1 169	2 165.5	3 164.1	4 105.9	
7	σ_3	200	400	600	1 000	1 400	
	σ_1	502	953	1 497	2 276	2 935	
8	σ_3	150	250	300	800	1 200	1 500
	σ_1	561.9	744	832.3	1 800.8	2 621.5	3 169.5
9	σ_3	200	400	600	1 000	1 400	
	σ_1	681	1 165	1 714	2 646	3 612	
10	σ_3	200	500	800	1 000	1 600	
	σ_1	555.7	1 151.4	1 716.1	2 124.6	3 256.9	
11	σ_3	200	400	600	1 000	1 400	
	σ_1	483	1 010	1 421	2 376	3 224	
12	σ_3	100	400	500	600	800	1 100
	σ_1	328.7	1 061.9	1 290.6	1 547.8	2 075.3	2 749.4
13	σ_3	200	400	600	1 000	1 400	
	σ_1	646	1 282	1 649	2 567	3 519	
14	σ_3	200	400	800	1 150		
	σ_1	498	861.1	1 605.2	2 229.4		

续表

试样编号	应力	kPa	kPa	kPa	kPa	kPa	kPa
15	σ_3	200	500	900	1 300		
	σ_1	575.9	1 254.3	2 168.5	3 102.4		
16	σ_3	200	400	600	800	1 000	1 300
	σ_1	561.9	1 049.6	1 491.5	1 915.6	2 248.9	2 826.4
17	σ_3	200	400	1 000	1 400		
	σ_1	559	967	2 005	2 744		
A1	σ_3	200	300	600	900	1 300	1 700
	σ_1	589.4	808.1	1 538.5	2 196.1	2 911.5	3 797
A2	σ_3	200	400	600	1 000	1 400	
	σ_1	657	1 145	1 613	2 644	3 420	
A3	σ_3	200	400	600	1 000	1 400	
	σ_1	575	1 073	1 533	2 474	3 273	
A4	σ_3	200	400	600	1 000	1 400	
	σ_1	639	1 056	1 568	2 343	3 122	
A5	σ_3	200	300	500	600	1 100	1 600
	σ_1	672	875.3	1 401.7	1 563.2	2 743	3 633.8
A6	σ_3	200	300	500	600	1 100	1 600
	σ_1	378.4	953.7	1 415.4	1 569.7	2 679.5	3 853.7
A10	σ_3	200	300	500	1 200	1 500	
	σ_1	629.6	824.3	1 332.8	2 885.7	3 468.8	
A11	σ_3	200	400	600	1 000	1 500	
	σ_1	642.6	1 127.7	1 600.4	2 488.4	3 424.4	
A12	σ_3	200	300	600	1 100	1 500	
	σ_1	578	867.5	1 454	2 692.4	3 421.2	
A13	σ_3	200	400	600	1 000	1 400	
	σ_1	645	1 102	1 647	2 683	3 272	

续表

试样编号	应力	kPa	kPa	kPa	kPa	kPa	kPa
A14	σ_3	200	400	600	1 000	1 400	
	σ_1	672	1 144	1 664	2 689	3 468	
A15	σ_3	200	300	500	600	1 000	1 500
	σ_1	595.9	822.1	1 205.2	1 418.7	2 270.6	3 096.4
A16	σ_3	200	400	600	1 000	1 400	
	σ_1	653	961	1 567	2 458	3 244	
A17	σ_3	200	400	600	1 000	1 400	
	σ_1	662	1 071	1 713	2 370	3 251	
A18	σ_3	300	500	600	1 000	1 500	
	σ_1	886.9	1 352.8	1 571.8	2 411.2	3 476	
A19	σ_3	300	500	600	1 100	1 400	
	σ_1	728.3	1 275.3	1 375.3	2 434.5	3 289.6	
A20	σ_3	200	400	600	1 000	1 400	
	σ_1	536	1 079	1 519	2 394	2 952	
A21	σ_3	200	300	500	600	1 000	1 400
	σ_1	571.7	832.8	1 137.4	1 467.6	2 017.9	3 009.5
A22	σ_3	150	300	500	600	1 000	1 300
	σ_1	439	878.9	1 364.4	1 571.9	2 432.1	3 094.7
A23	σ_3	200	400	600	1 000	1 400	
	σ_1	711	1 237	1 592	2 449	3 346	
A24	σ_3	200	400	600	1 000	1 400	
	σ_1	693	1 257	1 681	2 743	3 801	
A25	σ_3	200	300	600	900	1 200	
	σ_1	624.2	825.7	1 560.1	2 313.5	2 893.5	
A26	σ_3	200	400	600	900	1 200	
	σ_1	695	1 157	1 564	2 259	2 896	

续表

试样编号	应力	kPa	kPa	kPa	kPa	kPa	kPa
A27	σ_3	200	400	600	1 000	1 400	
	σ_1	643	1 183	1 634	2 488	3 363	
A28	σ_3	200	400	600	1 000	1 400	
	σ_1	662	1 148	1 659	2 546	3 111	
A29	σ_3	200	400	600	1 000	1 400	
	σ_1	707	1 149	1 632	2 194	2 998	
A30	σ_3	200	300	500	850	1 200	
	σ_1	600	884	1 310	2 100	2 859	
A31	σ_3	200	400	800	1 100	1 300	
	σ_1	864	1 062	1 962	2 591	2 904	
A32	σ_3	200	300	400	600	950	
	σ_1	714	901	1 201	1 726	2 707	
A33	σ_3	200	400	600	1 000	1 400	
	σ_1	528	1 089	1 579	2 405	3 093	
A34	σ_3	200	400	600	1 000	1 500	
	σ_1	671	1 203	1 746	2 741	3 682	
A35	σ_3	200	400	600	1 000	1 400	
	σ_1	599	1 102	1 577	2 563	3 286	
A36	σ_3	200	300	500	900	1 000	
	σ_1	636	871	1 347	2 015	2 358	
A37	σ_3	200	400	600	1 000		
	σ_1	634	1 100	1 536	2 346		
A38	σ_3	200	300	500	700	900	
	σ_1	563	806	1 373	1 779	2 135	
A39	σ_3	200	400	600	1 000	1 400	
	σ_1	638	1 174	1 606	2 527	3 344	

续表

试样编号	应力	kPa	kPa	kPa	kPa	kPa	kPa
A40	σ_3	200	400	600	1 000	1 400	
	σ_1	680	1 179	1 713	2 636	3 496	
A41	σ_3	200	300	400	500	900	
	σ_1	695	912	1 133	1 411	2 534	
A42	σ_3	300	400	500	700	800	
	σ_1	896	1 221	1 400	1 949	2 164	
A43	σ_3	200	400	600	1 000	1 400	
	σ_1	709	1 206	1 617	2 430	3 586	
A44	σ_3	200	400	600	1 000	1 400	
	σ_1	706	1 181	1 630	2 390	3 333	
A45	σ_3	100	200	400	600		
	σ_1	385	625.4	1 171.2	1 724.9		
A46	σ_3	200	300	400	500		
	σ_1	676	981.8	1 193.1	1 483.7		
A47	σ_3	100	200	300	400		
	σ_1	443	693	887	1 230		
A48	σ_3	100	200	300	400		
	σ_1	335	645	821	1 038		
A49	σ_3	300	400	500	600		
	σ_1	872.1	1 152.9	1 336.7	1 557.1		
A50	σ_3	100	200	300	400		
	σ_1	436	717	1 078	1 321		
A51	σ_3	150	300	400	500		
	σ_1	436	896	1 092	1 389		
B1	σ_3	200	400	600	1 000	1 400	
	σ_1	586	1 037	1 313	2 368	3 089	

续表

试样编号	应力	kPa	kPa	kPa	kPa	kPa	kPa
B2	σ_3	200	400	500	1 000	1 400	
	σ_1	560	898	1 090.1	1 964.6	2 697.8	
B3	σ_3	200	400	600	900	1 300	
	σ_1	546.2	962.7	1 385.7	1 967.2	2 768.1	
B4	σ_3	200	300	500	600	1 000	1 400
	σ_1	656.8	903	1 394.1	1 748.3	2 743.2	3 762.9
B5	σ_3	200	400	600	1 000	1 400	
	σ_1	622	1 174	1 556	2 582	3 379	
B6	σ_3	200	400	600	1 000	1 400	
	σ_1	610	1 205	1 562	2 601	3 435	
B7	σ_3	200	400	600	900	1 200	
	σ_1	720.2	1 170.3	1 579	2 275.6	2 829.4	

参 考 文 献

[1] 李炜. 边坡稳定可靠性研究[D]. 大连：大连理工大学，2009.

[2] FREUDENTHAL A M. The safety of structures[J]. Transactions of american society of civil engineering. 1947，112：125–180.

[3] AU S K. Probabilistic failure analysis by importance sampling markov Chain simulation [J]. Journal of engineering mechanics. 2004，130（3）：303–311.

[4] AU S K，BECK J L. Estimation of small failure probabilities in high dimensions by subset simulation[J]. Probabilistic engineering mechanics. 2001，16（4）：263–277.

[5] AU S K. On the solution of first excursion problems by simulation with applications to probabilistic seismic performance assessment[D]. Pasadena：California institute of technology，2001.

[6] AU S K. Reliability–based design sensitivity by efficient simulation[J]. Computers & structures. 2005，83（14）：1048–1061.

[7] SANTOSO A. PHOON K K，QUEK S T. Reliability analysis of infinite slope using subset simulation[C]// International foundation congress and equipment expo，2009:278–285.

[8] AHMED A，SOUBRA A H. Subset simulation and its application to a spatially random soil[C]// Georisk，2011:209–216.

[9] MIAO F，GHOSN M. Modified subset simulation method for reliability analysis of structural systems[J]. Structural safety，2011，33（4–5）：251–260.

[10] SEN D，BHATTACHARYA B，MANOHAR C. Reliability of bridge deck subject to random vehicular and seismic loads through subset simulation[C]// 6th International conference on bridge maintenance，Safety and Management，2012：668–675.

[11] LI，H S，XIANG Y B，LIU Y M. Probabilistic fatigue life prediction using subset simulation[C]// 53rd AIAA/ASME/ASCE/AHS/ASC Structures，Structural Dynamics and Materials Conference，2012.

[12] HSU W C，CHING J Y. Evaluating small failure probabilities of multiple limit states by parallel subset simulation. Probabilistic engineering mechanics，2010，25（3）：291–304.

[13] 曹子君. 子集模拟在边坡可靠性分析中的应用[D]. 成都：西南交通大学，2009.
[14] 曹子君，王宇，区兆驹，等. 基于子集模拟的边坡可靠度分析方法研究[J]. 地下空间与工程学报，2013，9（2）：425–429.
[15] 宋述芳，吕震宙. 基于马尔可夫蒙特卡罗子集模拟的可靠性灵敏度分析方法[J]. 机械工程学报，2009，45（4）：33–38.
[16] 刘佩，姚谦峰. 基于子集模拟法的非线性结构动力可靠度计算[J]. 工程力学，2010，27（12）：72–76.
[17] 薛国峰. 结构可靠性和概率失效分析数值模拟方法[D]. 哈尔滨：哈尔滨工业大学，2010.
[18] 薛国峰，王伟，赵威. 基于多点 Metropolis 的子集模拟方法[J]. 哈尔滨工业大学学报，2011，43（S1）：120–125.
[19] 王冬青，王宝生，姜晶，等. 基于子集模拟法非能动系统功能故障概率评估[J]. 原子能科学技术，2012，46（1）：43–50.
[20] 张曼，唐小松，李典庆. 含相关非正态变量边坡可靠度分析的子集模拟方法[J]. 武汉大学学报：工学版，2012，45（1）：41–45.
[21] 张加兴. 基于子集模拟法的结构动力可靠度研究[D]. 广州：华南理工大学，2012.
[22] AU S K，BECK J L. Discussion of paper by F. Miao and M. Ghosn “modified subset simulation method for reliability analysis of structural systems”[J] Structural Safety，2012，34（1）：379–380.
[23] MATSUO M，SUGAI M，YAMADA E. A method for estimation of ground layered systems for the control of steel pipe pile group driving[J]Structural Safety，1994，14（1–2）：61–80.
[24] 松尾稔. 地基工程学：可靠性设计的理论与实际[M]. 北京：人民交通出版社，1990.
[25] POINTE P R L，WALLMANN P C，DERSHOWITZ W S. Stochastic estimation of fracture size through simulated sampling[J]. International journal of rock mechanics and mining science and geomechanics abstracts，1993，30（7）：1611–1617 .
[26] ZHANG L Y. EINSTEIN H H. Estimating the intensity of rock discontinuities[J]. International journal of rock mechanics and mining sciences，2000，37（5）：819–837.
[27] EINSTEIN H H，LABRECHE D A，MARKOW M J，et al. Decision analysis applied to rock tunnel exploration[J]. Engineering Geology，1978，12：143–161.
[28] KOHNO S，ANG A H S，TANG W H. Reliability evaluation of idealized tunnel systems[J]. Structural Safety，1992，11（2）：81–93.
[29] KOHNO S. Reliability-based design of tunnel support systems[D]. Urbana University of illinois at urbana-champaign，1989.
[30] MOHAMMADI J，LONGINOW A，WILLIAMS T A. Evaluation of system Reliability using expert opinions[J]. Structural safety，1991，9（3）：227–241.
[31] PHOON K K，KULHAWY F H. Characterization of geotechnical variability[J]. Canadian

Geotechnical journal, 1999，36（4）：612–624.

[32] NOWAK A S，PARK C–H，OJALA P. Calibration of design code for buried structures[J]. Canadian journal of civil engineering, 2001，28（4）：574–582.

[33] LASO E，GOMEZ L M S，ALARCON E. A level II reliability approach to tunnel support design[J]. International journal of rock mechanics and mining science and geomechanics abstracts，1996，33（4）：172.

[34] 关宝树. 铁路隧道围岩分类的定量化研究[R]. 成都：西南交通大学，1996.

[35] 谭忠盛，高波，关宝树. 偏压隧道衬砌结构可靠度分析[J]. 西南交通大学学报，1996，31（6）：595–601.

[36] XIE J C，TAN Z S. Optimum fit for the probability distribution function of loosened rock load on railway tunnel lining in china[C]// Proceedings of the International Congress，1990：639–644.

[37] 谢锦昌. 铁路隧道衬砌结构可靠性分析初探[J]. 铁道学报，1992，1（1）：63–68.

[38] 谢锦昌，王兵. 浅理隧道荷载的试验研究[J]. 铁道标准设计，1995（11）：27–30.

[39] 谭忠盛，谢锦昌. 用蒙特卡罗法分析隧道衬砌荷载效应的统计特征[J]. 铁道标准设计通讯，1991（2）：1–4.

[40] 张弥，沈永清. 用响应面方法分析铁路明洞结构荷载效应[J]. 土木工程学报，1993，26（2）：58–66.

[41] 张弥，李国军. 明洞填土压力的离心模型试验和计算模式的不确定性[J]. 铁道标准设计，1993（12）：30–33.

[42] 杨成永，张弥. 铁路明洞结构的可靠性设计方法[J]. 岩土力学与工程学报，1999，18（1）：40–45.

[43] 张清，王东元，李建军. 铁路隧道衬砌结构可靠度分析[J]. 岩土力学与工程学报，1994，13（3）：209–218.

[44] 赵万强，高波，关树宝. 隧道塌方高度的概率特征参数[C]// 中国科协第二届青年学术年会第三届青年岩石力学与工程学术研讨会论文集. 北京：中国岩石力学与工程学会青年工作委员会，1995.

[45] 高波，蔺安林，赵万强. 隧道衬砌结构可靠指标计算方法的研究[J]. 西南交通大学学报，1996，31（6）：583–589.

[46] 朱永全. 洞室稳定可靠性研究[D]. 北京：北方交通大学，1995.

[47] 宋玉香，刘勇，朱永全. 响应面方法在整体式隧道衬砌可靠性分析中的应用[J]. 岩石力学与工程学报，2004，23（11）：1847–1851.

[48] 宋振熊，李清和，孙三忠. 铁路隧道衬砌随机性数值分析[J]. 铁道标准设计，1992（4）：10–12.

[49] 宋玉香，景诗庭，刘勇. 单线电气化铁路隧道衬砌结构目标可靠指标的试算分析[J]. 岩石力学与工程学报，1999，18（1）：46–49.

[50] 景诗庭，冯卫星，朱永全. 混凝土偏压构件抗压强度试验研究[J]. 铁道学报，1996，

18（5）：91−97.
[51] 刘勇，宋玉香，景诗庭，等. 铁路隧道混凝土衬砌结构概率极限状态设计研究[J]. 石家庄铁道学院学报，2001，14（2）：1−4.
[52] 景诗庭，宋玉香，吴康保. 地下结构的概率极限状态设计[J]. 石家庄铁道学院学报 2000，13（3）：13−17.
[53] 景诗庭，朱永全，宋玉香. 隧道结构可靠度[M]. 北京：中国铁道出版社，2002.
[54] 景诗庭，朱永全. 地铁衬砌结构实施可靠度设计的探讨[J]. 都市快轨交通，2004，17（4）：20−23.
[55] 杨建宏. 隧道二次衬砌厚度概率分布特征与可靠度分析[D]. 成都：西南交通大学 2002.
[56] 吴剑，仇文革. 隧道衬砌厚度分布规律及结构可靠性分析[J]. 现代隧道技术. 2004，41（1）：22−25.
[57] 徐军，雷用. 地下隧洞稳定的可靠性分析[J]. 地下空间，2000，20（2）：100−104.
[58] 徐军，邵军，郑颖人. 遗传算法在岩土工程可靠度分析中的应用[J]. 岩土工程学报，2000，22（5）：586−589.
[59] 徐军，王跃文，郑颖人. 基于数值模拟和函数连分式渐近法的工程结构可靠度分析[J]. 岩石力学与工程学报，2001，20（增 1）：1038−1041.
[60] 谭忠盛，王梦恕. 隧道衬砌结构可靠度分析的二次二阶矩法[J]. 岩石力学与工程学报，2004，23（13）：2243−2247.
[61] 姚贝贝，孙钧. 基于响应面和重要抽样法的隧道衬砌结构时变可靠度[J]. 同济大学学报（自然科学版），2012，40（10）：1474−1479.
[62] 张璐璐，张洁，徐耀，等. 岩土工程可靠度理论[M]. 上海：同济大学出版社，2011.
[63] 陈祖煜. 土质边坡稳定分析：原理、方法和程序[M]. 北京：中国水利水电出版社，2003.
[64] 柴小兵. 300m 级混凝土面板堆石坝变形可靠性分析[D]. 北京：北京交通大学，2014.
[65] 吕震宙，宋述芳，李洪双，等. 结构机构可靠性及可靠性灵敏度分析[M]. 北京：科学出版社，2009.
[66] 宋述芳，吕震宙. 高维小失效概率可靠性分析的序列重要抽样法[J]. 西北工业大学学报，2006，24（6）：782−786.
[67] 王元，方开泰. 统计模拟中的数论方法[J]. 中国科学（A 辑：数学），2009，39（7）：775−782.
[68] 方开泰，王元. 数论方法在统计中的应用[M]. 北京：科学出版社，1996.
[69] 戴鸿哲，王伟. 结构可靠性分析的拟蒙特卡罗方法[J]. 航空学报，2009，30（4）：666−671.
[70] RACKWITZ R. Reliability analysis：a review and some perspective[J]. Structural safety，2001，23（4）：365−395.
[71] 闫立来. 岩质隧道围岩应力释放率的确定与结构力学性状研究[D]. 西安：长安大学，

2009.
[72] 王成. 岩溶地基对闸室内力及可靠度的影响分析研究[D]. 长沙：长沙理工大学，2012.
[73] 博弈创作室. ANSYS9.0 经典产品高级分析技术与实例详解[M]. 北京：中国水利水电出版社，2005.
[74] 李书万. 水底输气隧道二次衬砌可靠性研究[D]. 成都：西南交通大学，2009.
[75] 余永康. 深埋软弱围岩隧道支护结构可靠性分析[D]. 重庆：重庆大学，2010.
[76] 何涛. 地下结构随机荷载反演与可靠性分析研究[D]. 上海：同济大学，2007.